JIDIAN BAOHU JI ZIDONG ZHUANGZHI YUNXING YU WEIHU

继电保护及自动装置运行与维护

黄国平　余　江　倪伟东　等　编

中国电力出版社
CHINA ELECTRIC POWER PRESS

内 容 提 要

本书以继电保护及自动化装置相关技术规范为依据，结合日常维护、缺陷处理、故障排查心得编写而成。本书共分九章，主要内容包括概述、自动装置运行维护技术、线路保护现场运行维护技术、变压器保护运行维护技术、母差及失灵保护运行维护技术、故障录波器和继电保护故障信息系统运行维护技术、小电流接地系统运行维护技术、电流互感器运行维护技术、电压互感器运行维护技术。

本书可作为从事继电保护自动装置设计人员、管理人员、现场调试维护人员及高等院校相关专业师生的参考书，还可以作为继电保护高级工、技师、高级技师考试培训教材。

图书在版编目（CIP）数据

继电保护及自动装置运行与维护/黄国平等编 . —北京：中国电力出版社，2018.8
ISBN 978-7-5198-2315-3

Ⅰ.①继… Ⅱ.①黄… Ⅲ.①继电保护 ②继电自动装置 Ⅳ.①TM77

中国版本图书馆 CIP 数据核字（2018）第 183965 号

出版发行：中国电力出版社
地　　址：北京市东城区北京站西街 19 号（邮政编码 100005）
网　　址：http://www.cepp.sgcc.com.cn
责任编辑：翟巧珍（010—63412351）　高 芬
责任校对：黄 蓓 李 楠
装帧设计：郝晓燕
责任印制：邹树群

印　　刷：北京时捷印制有限公司
版　　次：2018 年 8 月第一版
印　　次：2018 年 8 月北京第一次印刷
开　　本：710 毫米×1000 毫米　16 开本
印　　张：17.75
印　　数：0001—2000 册
字　　数：311 千字
定　　价：69.00 元

编委会名单

随着电力系统的不断发展以及大电网的产生，电网的运行和技术管理发生了深刻的变化，特别是随着变电站综合自动化技术的不断发展，继电保护及自动装置技术也日新月异，这就对现场运行维护人员提出了新的要求。

为保证继电保护及自动装置更安全、可靠地运行，提高维护人员的技术、技能，编者结合继电保护及自动装置的技术规范要求及日常维护、缺陷处理、故障排查的实践，撰写了本书，以便读者通过该书解决继电保护自动装置现场运行与维护工作中所遇到的问题，领会继电保护自动装置在运行过程中出现故障的维护方法，降低继电保护自动装置现场维护工作的难度，从而提高对继电保护自动装置维护工作的兴趣，培养分析问题、解决问题的能力。

本书立足于现场，理论联系实际，并紧密联系了现代继电保护自动装置的新技术、新规范、新反措，主要内容包括：概述、自动装置运行维护技术、线路保护现场运行维护技术、变压器保护运行维护技术、母差及失灵保护运行维护技术、故障录波器和继电保护故障信息系统运行维护技术、小电流接地系统运行维护技术、电流互感器运行维护技术、电压互感器运行维护技术，共九章。全书贯彻了实用和通俗的原则，从继电保护及自动装置的日常运行维护出发，列举了大量现场运行维护及典型事故缺陷分析处理实例，从技术规范要求、管理要求、运行维护要求等方面，由浅入深地进行阐述并与现场实际相结合，是从事继电保护自动装置维护及运行管理人员的技能培训读物，可供从事电力系统继电保护自动装置的科研、设计的技术人员及高等院校相关专业的师生参考阅读，也可以作为继电保护自动装置高级工、技师、高级技师培训考试指导用书。

在本书编写过程中得到了佛山供电局局长张良栋、副局长梁敏杰的指导和大力支持，在此表示衷心的感谢！

由于时间紧迫，加之编者水平有限，疏误之处在所难免，恳请专家及广大读者批评指正。

编者

2018 年 5 月

目　录

第一章 概 述

第一节 继电保护及自动装置基础知识

一、继电保护及自动装置的定义

继电保护装置是指安装在被保护元件上，反应于被保护元件的故障或不正常运行状态并作用于断路器跳闸或发出信号的一种自动装置。

安全自动装置（简称自动装置）是一种为提高供电可靠性、保证电能质量、提高电能生产和分配经济性及减轻劳动强度的自动装置，包括电力系统稳定控制装置（简称稳控装置）解列装置、联切装置、低频低压自动减载装置、设备过负荷自动减载装置、备用电源自动投入装置（简称备自投装置）等保证电力系统安全稳定运行的装置。

电力系统的运行状态分为正常状态、警戒状态、紧急状态、失步状态、恢复状态。保证电力系统安全稳定运行的三道防线如图 1-1 所示。

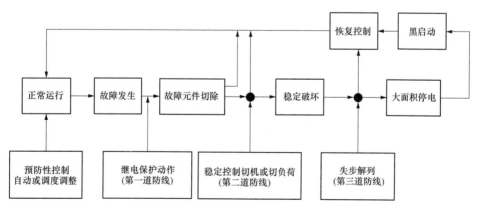

图 1-1 保证电力系统安全稳定运行的三道防线

（1）装置正确检测出故障并快速动作切除故障元件，切除的速度越快对电力系统的影响越小，使电力系统能够继续稳定运行，这是第一道防线。

（2）当电力系统发生单一严重故障或多重故障，在故障切除后系统可能存在暂态稳定、设备过载或电压稳定问题，此时依靠稳定控制装置在送端电厂采取切机，受端电网采取切负荷、直流功率快速调制等措施，维持系统事故后的安全稳定运行，这是第二道防线。

（3）当出现多重故障或稳定控制的量不足，系统可能失去同步或出现电压、频率不稳定状态，在此紧急关头采取解列失步的系统，按低频、低压尽快切除一定量的负荷（送端系统高周切机），使解列后的电网实现功率重新平衡，有效制止事故的扩大，防止系统崩溃及大面积停电事故，这是第三道防线。

继电保护及自动装置是电力系统的重要组成部分，对保证电力系统的安全经济运行，防止事故发生和扩大起到关键性的决定作用。由于电力系统的特殊性，电气故障的发生是不可避免的。一旦发生局部电网和设备事故，若得不到有效控制，就会造成对电网稳定的破坏和大面积停电事故。

二、 电力系统对继电保护及自动装置的基本要求

动作于跳闸的继电保护，在技术上一般应满足四条基本要求，即选择性、速动性、灵敏性和可靠性。

（1）选择性。选择性是指继电保护装置动作时，仅将故障元件从电力系统中切除，保证系统中非故障元件仍然继续运行，尽量缩小停电范围。

一般地，把满足系统稳定和设备安全要求，能以最快速度有选择地切除被保护设备和线路故障的保护称为主保护（如纵联保护）。当主保护或断路器拒动时，用来切除故障的保护称为后备保护；后备保护可分为远后备保护和近后备保护（如失灵保护）。在复杂的高压电力系统中，当主保护或断路器拒动时，由相邻电力设备或线路保护来实现的后备保护称为远后备。当主保护拒动时，由本电力设备或线路的另一套保护来实现后备的保护；当断路器拒动时，由断路器失灵保护来实现的后备保护称为近后备。为此，在每一元件上装设单独的主保护和后备保护，并装设断路器失灵保护。由于远后备保护是一种完善的后备保护方式，它对相邻元件的保护装置、断路器、二次回路和直流电源引起的拒动，均能起到后备保护作用，同时它的实现简单、经济，因此应优先采用。只有当远后备保护不能满足要求时，才考虑采用近后备保护方式（220kV 及以上系统均采用近后备保护方式）。

（2）速动性。快速地切除故障可以提高电力系统运行的稳定性，减少用户在

电压降低情况下的工作时间，缩小故障元件的损坏程度。因此，在发生故障时，应力求保护装置能迅速动作，切除故障（如 220kV 及以上系统，要求全线快速切除故障，以确保系统稳定）。

（3）灵敏性。灵敏性是指对于保护范围内发生的故障或非正常运行状态的反应能力。满足灵敏性要求的保护装置应该是在事先规定的保护范围内部发生故障时，不论短路点的位置、短路的类型如何以及短路点是否有过渡电阻，都能敏锐感觉、正确反应。

（4）可靠性。保护装置的可靠性是指在其规定的保护范围内发生了应该动作的故障时，不应该拒绝动作；而在任何其他该保护不应该动作的情况下，则不应该错误动作。这是可靠性的两个方面，前者称可信赖性，后者称安全性。保护装置的拒动率越低，其可信赖性越高；误动率越低，其安全性越高。

继电保护装置误动作和拒动作都会给电力系统造成严重的危害，但提高其不误动的可靠性和不拒动的可靠性措施常常是相互矛盾的。由于电力系统的结构和负荷性质的不同，拒动和误动的危害程度有所不同，因而提高保护装置可信赖性和安全性的着重点在各种情况下也应有所不同。例如，对于传送大功率的骨干输电线路保护（如 220kV 及以上输电线路），一般宜强调可信赖性；而对于其他线路保护，则宜强调安全性。

提高继电保护安全性的措施，主要是采用元件及工艺质量优良的装置并对其经过全面的分析论证及试验（测试）运行以确认其技术性能能满足要求。而提高继电保护的可信赖性，除采用上述措施外，重要的还可以采用装置双重化。

继电保护及自动装置的四个基本要求之间既有在一定条件下统一的一面，又有矛盾的一面。

（1）继电保护的可靠性是电力系统对保护装置最基本的性能要求。为了提高可靠性，防止继电保护或断路器拒动的可能性，就需要设置后备保护。因此，保护设备的主保护和后备保护之间及后备保护之间就存在灵敏系数的相互配合的问题，只有正确地计算保护整定值和校验其灵敏系数，才能使得各继电保护的动作具有选择性。可见，继电保护的可靠性与选择性和灵敏性是相辅相成的。

（2）保护的选择性除了通过故障量参数的整定来获取外，还需要通过保护动作时限的整定来配合。这种保护动作的时限，使得保护装置为了获取选择性而牺牲了保护的速动性。反之，凡是瞬时动作的保护，显然不具备后备保护的功能。为了提高整套保护装置的可靠性，瞬时动作的保护还必须配有后备保护，以构成完整的保护装置。可见，保护的"快速性"与保护的"选择性"、"可靠性"之间是相互制约的。

（3）对自动装置，同样应满足可靠性、选择性、灵敏性和速动性的要求。即自动装置该动作时应可靠动作，不该动作时应可靠不动作；能有选择性地按预期实现控制作用；装置的启动元件和测量元件在系统故障和异常运行时能可靠启动和正确判断；装置应动作迅速，以满足系统稳定和限制事故影响的要求。

三、 继电保护及自动装置的任务和作用

继电保护的作用就是在电力系统发生故障和不正常运行时，迅速而有选择性地切除故障元件，保证非故障部分能继续安全运行并及时发出报警信号。因此，继电保护装置的基本任务为：

（1）自动、迅速、有选择性地将故障元件从电力系统中切除，使故障元件免于继续遭到破坏，并保证其他无故障元件迅速恢复正常运行。

（2）反应电气元件不正常运行情况，并根据不正常情况的种类和电气元件维护条件，发出信号，由运行人员进行处理或自动地进行调整或将那些继续运行会引起事故的电气元件予以切除。

自动装置一方面配合继电保护装置提高供电的可靠性（如自动重合闸、备自投）；另一方面不断调整系统电压和频率，以保证供电质量及并列运行机组间的功率合理分配。

四、 继电保护的基本原理、 构成

（一）继电保护的基本原理

电力系统中任何电气设备发生故障时，必然有故障信息出现，而故障信息可分为内部故障信息和外部故障信息两大类。这两类信息是继电保护原理的根本依据。在具体的保护装置中既可单独使用一类信息，也可联合使用两类信息。内部故障信息用于切除故障设备，外部故障信息用于防止切除非故障设备。利用内部故障信息或外部故障信息的特征来区分故障和非故障设备，是继电保护的最基本的原理。

在按照上述原理构成各种继电保护装置时，可以使它们的参数反应于工频电

气量（如过电流保护、电流速断保护、低电压保护、电压与电流比值的变化构成的距离保护等）或工频电气变化量（工频变化量距离保护、工频变化量差动保护等），还可以使之反应于上述两个量的对称分量（如负序、零序、正序电气量及其变化量）。正常运行时，负序和零序分量很小；发生不对称接地短路时，负序和零序分量却有较大的数值；发生不接地的不对称短路（包括断线故障）时，虽然没有零序分量，但负序分量却很大，因此利用这些分量及其变化量构成的保护装置一般都具有良好的选择性和灵敏性。

此外，除了反应于各种工频电气量的保护原理外，还有反应非工频电气量的保护，如高压输电线路的行波保护和反应于非电气量的电力变压器的气体（瓦斯）保护、过热保护等。

（二）继电保护装置的构成

继电保护装置由测量部分、逻辑部分、执行部分组成，其原理结构如图 1-2 所示。

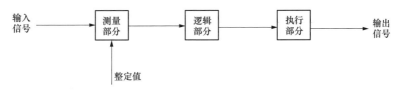

图 1-2　继电保护装置的原理图

（1）测量部分。测量被保护对象输入的各类故障信息，并与给定的整定值进行比较，根据比较的结果，给出模拟或数字的输出信号，以供保护逻辑部分判断使用。

（2）逻辑部分。根据测量部分各输出的组合，使保护装置按一定的逻辑关系工作，最后确定是否应该使断路器跳闸或发出信号，并将有关命令传给执行部分。常用的逻辑有"或""与""否""延时""记忆"等。

（3）执行部分。根据逻辑部分传送的信号，完成保护装置最终的跳闸动作和发告警信号。

测量部分、逻辑部分、执行部分三个组成部分对任何继电保护装置都适用，不同的仅仅是构成这三个部分的结构及原理不同而已。如对微机保护而言，逻辑部分主要是由软件的程序实现；而继电器式保护装置的逻辑部分是由硬件组成的逻辑回路实现。

第二节　继电保护运行管理技术

继电保护是保证电力系统安全稳定运行的第一道防线，应对其制定相应的技术规范要求和运行管理要求，统一继电保护运行的基本规定、加强定值执行管理、完善其通道的定义和调度命名、定义其运行状态，确保继电保护安全可靠运行。

一、继电保护装置运行的基本规定

（1）任何设备都不允许在无保护的情况下运行。

（2）运行中的保护装置出现异常情况后，现场运行人员应及时向相关当值调度员或监控员汇报，并根据相关规定，决定是否申请退出该保护；任何保护装置在确认为误动的情况下，现场运行人员应立即向相关当值调度员或监控员申请退出该保护装置；线路的一侧纵联保护申请退出时，相关当值调度员还应下令退出该线路另一侧对应的纵联保护，同时，现场运行人员应通知继保人员尽快处理。

（3）各运行维护单位对继电保护装置异常情况的处理应当实事求是，不得隐瞒。

（4）保护装置动作后，无论正确与否，现场运行人员都应立即将相关信息准确、全面地向相关当值调度员或监控员汇报。

（5）下列情况可退出不停电设备的保护装置进行检查或试验：

1）用已投入运行的母联断路器保护或临时保护代替。母联兼旁路断路器替代出线断路器运行接线如图 1-3 所示，当线路保护故障需要退出时，采用母联兼旁路断路器保护代替，可继续运行。

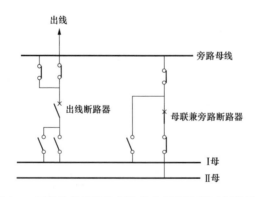

图 1-3　母联兼旁路断路器替代出线断路器运行接线图

通过母联断路器为线路充电如图 1-4 所示，利用母联保护为新投产线路 1 充电，为了保护全线故障的切除，并根据系统稳定的要求，应将线路 1 相间、接地距离Ⅱ段时间缩短，此整定时间应确保与极限切除时间有足够的时间级差，该配合级差主要考虑保护动作时间、断路器开断时间以及一定的时间裕度，220kV 及以下系统一般改为 0.2s，当线路 1 发生故障时，母联保护动作跳开母联断路器，线路 1 相间、接地距离Ⅱ段也可能跳闸。

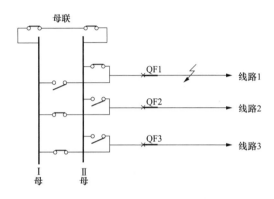

图 1-4　通过母联断路器为线路充电

2）正常运行的双配置保护装置，如遇需要退出（非故障退出）其中之一进行更改定值，可直接向相应调度当值调度员申请；应轮流进行定值更改。

3）上一级保护正确投入且具有远后备保护功能时，110kV 及以下设备停用全部保护进行定值更改时，应获得相应调度当值调度员的许可，并在天气良好的情况下尽快完成定值更改工作。某远后备保护接线如图 1-5 所示，当需要更改保护 3 整定定值时，需将保护 3 跳闸出口退出，QF3 将失去保护，此时当出线发生故障，将由远后备保护 1 切除故障，但应在天气良好的情况下尽快完成定值更改。

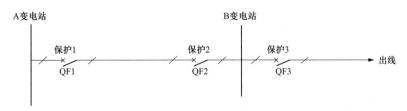

图 1-5　某远后备保护接线图

（6）新投运或检验工作中可能造成交流回路有变化的保护装置，原则上应制定设备启动方案，应在设备投运前或重新投入前利用负荷电流和工作电压对交流回路的正确性进行相量检查；确实无法在设备投运前或重新投入前利用负荷电流和工作电压对交流回路的正确性进行相量检查的，应征得继保专业管理部门的同意，并在送电后立即利用负荷电流和工作电压对交流回路的正确性进行相量检查，并将检查结果及简要结论汇报相应调度当值调度员。

1）测试时负荷电流不应小于 TA 额定电流的 10%。

2）投运后进行保护相量检查时，应有能够保证切除故障的其他保护。

3）如保护装置投运后，因负荷小，对相量检查有怀疑时，运行单位应填写继电保护带负荷测试备忘录并附保护采样值，报继保专业部门同意并采取措施后可投运。投运后应尽快创造条件安排带负荷测试，将检查结果及简要结论汇报继保专业管理部门。

4）微机保护装置投入运行后感受到的第一次系统故障，保护人员应及时打印保护装置和故障录波器报告，以校核保护交流采样值、收发信开关量、功率方向以及差动保护差流值是否正常，该检查结果视同检验报告签名、归档。凡电流、电压回路变更时，应补充上述工作。

5）220、110kV 母线 TV 二次解线恢复送电时，若其开口三角零序电压已接入，必须退出相应变压器保护相应侧的零序过电压保护，TV 送电正常，测量零序电压值正常，测量零序过电压保护出口无异极性后投入该保护。合 TV 二次空气开关或熔断器前，必须在 TV 二次空气开关或熔断器两侧对相正确后，才能并列。

6）在新设备投产过程中，不要求用保护试跳断路器。跳闸回路的完好性检验在设备投产验收阶段时完成。

【案例】

××年××月××日，雷击使××站 1 号主变压器低压侧 501 断路器柜损坏，断路器柜需更换，断路器柜厂家协助现场安装并负责完成断路器柜内接线，抢修工作前没有制定施工方案及验收启动方案，对验收工作只采用口头汇报形式。抢修工作完成后恢复 10kV Ⅰ母线供电，2h 后，1 号主变压器差动动作跳两侧断路器，10kV Ⅰ母线失压。

事故原因：经检查发现 1 号主变压器低压侧 501 断路器柜柜内电流互感器差动保护用二次绕组极性接反，把 A481、B481、C481 接到 1K2，把 N481 接到 1K1（正确接法应为 A481、B481、C481 接到 1K1，N481 接到 1K2），造成 1 号主变压器差动保护出口跳闸。启动前技术人员未认真核对 501 断路器柜 TA 接线，同时，由于1号主变压器带负荷测试时，负荷较轻（小于TA额定电流的10%），受技术水平限制，现场测试人员未能判断出差动回路TA极性接反，造成事故的发生。

（7）变动保护装置的硬件、软件、定值及其二次回路必须经所属调度管辖的保护管理部门批准后方可进行。运行单位应制定相应的管理办法及审批手续，保证图纸、资料与运行设备的一致性，保证保护装置及其二次回路变更的正确性。

（8）护装置的投入、退出等操作均需得到相应调度当值调度员的指令或许可（当装置本身有故障或有误动危险时除外，但退出后应及时向相应调度当值调度员汇报），由运行值班人员进行操作。

（9）如保护装置的某些投、退方式仅由所在厂、站的运行方式决定时，其投、退方式规定应纳入现场运行规程，不必由调度下令。

（10）在下列情况下应退出整套微机继电保护装置：

1）微机继电保护装置使用的交流电压、交流电流、开关量输入、开关量输出回路作业。

2）装置内部作业。

3）继电保护人员输入定值（220kV及以上保护双重化时，可逐一退出进行定值修改；上一级保护正确投入且具有远后备保护功能时，110kV及以下设备停用全部保护修改定值时，应在天气良好情况下在规定的时间内完成定值修改）。

（11）投、退某保护装置（功能）时，除按要求投、退该保护装置（功能）外，还应投入、退出其启动其他保护、联跳其他设备的功能，如启动失灵等。退出保护一般不应断开保护装置及其附属二次设备的直流。

（12）闭锁式纵联保护装置如需关闭直流电源，应在两侧纵联保护退出后，才允许关闭直流电源。

（13）系统一次设备倒闸操作时，应特别注意如下事项：

1）高压电气设备充电时，必须有可靠的瞬动保护。

2）双母、双母分段接线母线各有一组TV的厂、站，正常情况下保护装置交流电压应取自该元件所在母线的TV。倒母线操作拉合母线隔离开关后，应检查电压切换继电器的切换状态是否正确。

3）双母、双母分段接线方式，对设备进行由一组母线倒至另一母线操作时，对无自适应功能的母差保护，应先投入母线互联压板、并将母联（分段）断路器的操作直流电源断开；断开母联（分段）断路器的操作直流电源前，投入母差保护、失灵保护互联压板；合上母联（分段）断路器的操作直流电源后，退出母差保护、失灵保护互联压板。

4）对变压器操作完毕后，应按规定方式保留变压器中性点接地方式。

5）不停电的转电操作应使合环时间尽量缩短。

二、 继电保护定值执行与管理

（1）正常情况下，所有一次设备投运前都必须按相应定值单要求投入继电保护装置，无正式整定单的继电保护装置不得投入运行。

（2）运行中继电保护装置定值的更改必须征得相关当值调度员的许可。任何人员不得擅自改动运行中继电保护装置的定值。

（3）继电保护装置定值单要求文字和数据清晰无误，加盖定值专用章，按生产管理系统定值流程送发相关部门。

（4）现场运行部门应根据定值整定单位的定值变更要求，在规定的时间内完成，并做好相关记录。定值的种类有临时定值和正式定值两种：

1）临时定值：应在规定的时间内执行完毕，并根据对应的运行方式检修单要求决定该定值是否需要恢复。

2）正式定值：新投产设备的定值及与投产工程相配合的定值要求在启动前执行。

（5）定值更改原则上应由继保人员进行，继电保护装置定值区的切换可由现场运行人员完成，定值及定值区更改后应打印核对新定值。所有保护定值的更改都必须做好记录并签名。

（6）线路保护定值变化后，对应旁路保护定值在下达后立即申请执行。

（7）正式定值单执行后应按相关规定在规定时间内完成定值回执工作。

1）总调下达的定值需在执行后应通过网上流程立即回执。

2）中调下达的定值需在执行后一周内按照规定格式完成定值回执，并报送调度中心。

3）地调下达的定值需在执行后一周内在"安全生产管理信息系统"中完成回执，回执中应有当值调度、执行人、核对人的签名，并注明执行时间。

（8）各运行部门应建立完善的定值管理制度，厂、站端应保存完整的设备运行定值单及装置打印定值单。定值册中将正式定值单和整定后的打印签名版定值单放置在定值册的同一页套中，废旧过期的打印定值单要及时清理，保存最新的一份正式定值和打印件在定值册中。

（9）微机型继电保护装置的软件必须经相应调度机构的保护部门认定后，方可投入运行。版本定值单属于继电保护装置定值单的一部分，应保证版本定值单与保护装置软件版本的一致性，并按继电保护装置定值单的流程执行。

（10）微机继电保护装置在运行中需要切换已固化好的成套定值时，由现场运行人员按规定的方法改变定值，并立即打印核对新定值。

（11）上一级保护正确投入且具有远后备保护功能时，110kV 及以下设备更改保护定值，若退出全部保护，在天气良好情况下在规定的时间内完成保护定值的更改工作。

（12）110kV 电压等级，如系统非常规运行方式且运行时间在 4h 以内，可以不更改保护定值。

（13）输入保护多套定值时，保护人员应将每套保护定值的投入条件与定值区的对应位置交待清楚，明确标识在保护屏面上，并将相关说明写入现场操作细则。

三、 继电保护装置及保护通道的命名

1. 基本原则

所有的继电保护装置应按调度机构的相关规定命名，必须有明确的标识，并写入现场运行规定，在相关的工作申请、调度操作、保护投退等方面工作中遵照执行。

2. 线路保护的命名

通过通道交换保护信号，实现对全线故障有快速切除功能的线路保护称为线路纵联保护，包括纵联距离保护、纵联零序保护、纵联方向保护、纵联电流差动保护等。一般情况下，220kV 和 500kV 线路配置两套线路纵联保护，部分远距离输送的重载 500kV 长线路应配置三套纵联保护。除保留 220kV 线路采用双套专用收发信机高频通道模式的称为 A、B 或 C 屏保护外，采用其他通道配置模式的线路保护均定义为主一、主二保护。

3. 110kV 及以下线路保护的调度命名

（1）110kV 线路一般配置一套保护，命名为 110kV××线路保护，其中的零序保护、距离保护称为 110kV××线零序保护、110kV××线距离保护。

（2）110kV 线路若配置两套保护，参照 220kV 线路命名规定。

（3）35kV 线路配置一套保护，命名为 35kV××线路保护。

（4）10kV 线路配置一套保护，命名为 10kV××线路保护。

4. 220kV 线路单通道保护的调度命名

(1) 基本原则。保护通道优先：线路纵联保护通道模式为"光纤＋载波"，使用光纤通道的称为主一保护，使用载波通道的称为主二保护；线路纵联保护通道配置类型相同、保护原理不同的，原理优先，配备纵联电流差动、纵联方向的称为主一保护，配备纵联距离、纵联零序的称为主二保护；线路纵联保护同为光纤通道且保护原理相同的情况下，使用专用光纤芯的称为主一保护，复用光纤通道的称为主二保护；在线路两套纵联保护通道、保护原理完全相同的情况下，保护范围大的一套称为主一保护、小的一套称为主二保护。采用专用收发信机高频通道的线路保护，根据通道的加工相，依次命名为 A 屏、B 屏或 C 屏保护。线路两侧保护命名相同的必须一一对应。

线路保护具体的调度命名：对线路保护命名为主一保护、主二保护的，其纵联保护称为××线主一保护的纵联保护（简称为××线主一纵联保护）、××线主二保护的纵联保护（简称为××线主二纵联保护），其零序保护、距离保护则依此类推。

对线路保护命名为 A 屏、B 屏或 C 屏保护的，其纵联保护分别称为××线 A 相高频保护（简记为 fA）××线 B 相高频保护（fB）××线 C 相高频保护（fC），其零序、距离保护分别称为××线 A 屏零序保护、××线 A 屏距离保护；××线 B 屏零序保护、××线 B 屏距离保护；××线 C 屏零序保护、××线 C 屏距离保护。

(2) 无纵联保护的线路保护，命名为××线独立后备保护。一条线路有多套此类保护的，称为××线独立后备保护一、二等。

(3) 220kV 变电站旁路保护命名为××站 2030（2070 等）旁路保护。有多套此类保护的，称为××站 2030（2070 等）旁路保护一、二等。

5. 500kV 线路保护的调度命名

(1) 线路保护中利用通道构成的一整套全线速动快速保护装置称主保护，不具备传输通道的保护装置称为独立后备保护。

(2) 同一条线路如有多套主保护，依次命名为××线主一保护、××线主二保护等（一般情况下，以边断路器为准，从母线算起接入第一组 TA 回路的命名为主一保护，其余的照此排序）。

(3) 线路保护中的纵联保护分别命名为××线主一保护的纵联保护（简称为××线主一纵联保护）××线主二保护的纵联保护（简称为××线主二纵联保护），其零序保护、距离保护称为××线主一保护的零序保护、××线主一保护的距离保护以及××线主二保护的零序保护、××线主二保护的距离保护。

（4）同一条线路中仅有一套独立后备保护，命名为××线独立后备保护。其零序保护、距离保护称为独立后备保护的零序保护、独立后备保护的距离保护。

（5）同一条线路的两套远跳保护命名为辅 A 保护、辅 B 保护，分别与线路主一保护、主二保护对应。

6. 元件保护的调度命名

母线保护、变压器保护、断路器保护、失灵保护、短引线保护、电抗器保护、电容器保护等依据其设备种类直接命名。

（1）母差保护：命名为××站 500kV(220kV 等)(×M) 母差保护。双配置的称为××站 500kV(220kV 等)(×M) 母差保护一和 (×M) 母差保护二。具体的命名方法由现场运行部门决定。

（2）变压器保护：双配置主后合一的保护屏命名为××站×号变压器保护一和保护二，其差动保护称为××站×号变压器差动保护一和差动保护二；其后备保护称为××站×号变压器后备保护一和后备保护二。若两套差动保护中，一套使用断路器 TA、另一套使用变压器套管 TA，则使用断路器 TA 的命名为差动保护一，使用套管 TA 的命名为差动保护二；同时使用断路器 TA 的，则命名接靠近母线 TA 回路的为差动保护一，另一套为差动保护二（3/2 接线的 500kV 主变压器以边断路器 TA 为准）。

双配置主保护、后备保护分离的变压器保护，由运行部门根据实际情况按上述原则命名，要求简洁明了。

（3）断路器保护：命名为××站××断路器保护，双配置的则称为××站××断路器保护一和断路器保护二。在调度操作指令中直接对其具体的保护名称下令。

1）220kV 的断路器保护一般包括充电保护、过电流保护、三相不一致保护和失灵启动等。

2）500kV 的断路器保护一般包括断路器失灵保护、重合闸装置和充电保护、过电流保护、三相不一致保护等。

（4）220kV 失灵保护：命名为××站 220kV(××母线) 失灵保护。双配置的则称为××站 220kV（××母线）失灵保护一和失灵保护二；如双配置失灵保护是随母差保护的，命名原则应相互对应。

（5）短引线保护命名为××站××线（×号变××侧）短引线保护；双配置的则称为××站××线（×号变××侧）短引线保护一和短引线保护二。

（6）电抗器、电容器等元件保护和变压器非电气量保护的命名由运行部门决定。

7. 保护通道的调度命名

（1）专用收发信机载波通道根据所在线路的加工相进行命名，依次称为 A 相高频通道、B 相高频通道、C 相高频通道。

（2）线路纵联保护、辅助保护同时使用多路复用载波通道时，命名为××线载波通道一、××线载波通道二等；线路纵联保护、辅助保护同时使用多路由光纤通道时，命名为××线光纤通道一、××线光纤通道二等，通道包括专用光纤通道和复用光纤通道时，专用光纤通道命名为××线光纤通道一，复用光纤通道命名为××线光纤通道二；线路两侧的通道命名必须相互对应。

（3）线路纵联保护、辅助保护同时使用载波通道和光纤通道时，命名为××线载波通道和光纤通道。

（4）同一套保护同一个通道的名称两侧应一致。

（5）保护通道全名采用"线路名称＋保护名称＋通道名称"。

（6）双通道及多通道保护，每套保护的通道依次分别命名为"通道一""通道二""通道三""通道四"和"通道五"；单通道保护的通道直接命名为"通道"。

（7）通道命名的顺序原则为先主保护后辅助保护、先光纤后载波、先本线光纤后相邻线光纤、先直达光纤通道后迂回光纤通道、先短路径后长路径。

8. 继电保护和重合闸装置的三种状态

（1）投入状态：指其工作电源投入，相应的功能压板、跳闸（重合）出口压板投入的状态。

（2）退出状态：指其工作电源投入，通过退出相应的功能压板或跳闸（重合）出口压板，把部分保护功能或跳闸（重合）回路退出的状态。

（3）停用状态：指其工作电源退出，出口跳闸（重合）压板退出时的状态。

第三节　自动装置运行管理技术

自动装置是保证电力系统安全稳定运行的第二、三道防线，应对其制定相应的技术标准和运行维护管理要求，统一自动装置运行管理的基本规定、加强定值管理、完善定义和命名、明确检验管理要求，确保自动装置安全可靠运行。

一、 定义与命名

（1）双重化配置的自动装置（系统）分别命名为 A、B 套装置（系统）。

（2）自动装置分为未运行装置和运行装置。未运行装置是指未得到调度下令或许可投入正式运行的装置（包括新建、改建、退出进行软硬件升级、挂网试运行的装置）；运行装置是指已经调度下令或许可投入正式运行的装置。

（3）运行的自动装置的四种状态：

1）投入状态：指能够进行就地或远方出口控制，对外通信正常（具备通信功能的）的运行状态。投入就地功能状态指能进行本地出口控制，对外通信断开（不具备通信功能的）的运行状态。

2）投信号状态：指所有出口均退出，不能够进行就地和远方出口控制，但对外通信正常（具备通信功能的），具有正常判断、发出信号功能的运行状态。

3）退出状态：指其工作电源投入，对外通信通道、所有出口压板和功能压板均退出的状态。

4）停用状态：指其工作电源退出，对外通信通道、所有出口压板和功能压板均退出的状态。

（4）通信通道状态分为投入、退出两种。通道投入状态指通道压板投入、通信连接正常的状态，通道退出状态指通道压板退出、通信连接物理断开的状态。

二、 自动装置定值管理

（1）自动装置的定值整定计算责任范围原则上与调度管辖范围一致。

（2）稳控装置执行站的低频低压自动减载或主变压器过负荷自动减载功能需要投入时，由地调负责向中调提出有关整定建议，并最终以中调下达的定值单为准。

（3）新建、扩建、技改工程的自动装置以及运行中自动装置涉及的一次间隔名称、TA 变比、110kV 及以上设备允许载流量等因工程改造而发生变化时，工程项目管理单位应在工程投运前 1 个月填写自动装置定值申请表和新型装置的技术说明书提交至系统运行部运行方式组。

（4）总调调管的自动装置定值单直接经总调信息系统下达至变电站，变电站运行人员收件后应及时通知继电保护人员执行；中调、地调下达的自动装置定值单由地调经管理信息系统发至运行单位继电保护部门安排执行；对工程项目申请的自动装置定值单则发至项目管理单位安排执行（定值单由施工单位执行后移交运行单位）。

（5）定值单执行单位应按定值单载明的执行日期要求完成装置整定工作。定值单"要求执行日期"一般分 4 种，具体含义如下：

1）接调度令——由调度员通知执行（中调下达的自动装置定值单原则按此模式）。

2）收到即改——运行单位接到通知单后 24h 内安排执行。

3）投运前——新保护装置交接试验时执行。

4）已执行——现场已执行新补发的定值单。

（6）自动装置定值按定值单要求输入后，应打印装置程序版本和定值清单，核对无误后，执行人在定值清单上注明装置运行名称、定值单编号、执行时间和执行人，并向现场运行人员交代定值单执行情况。运行人员确认后在定值清单签名，并向当值调度员报告装置定值单执行完毕。

（7）定值单执行完毕后，执行人应在 5 个工作日内填写定值单回执。

（8）在执行定值单过程中发现有定值疑问时，执行人应与自动装置专责人联系，直至问题得到明确的回复后方可执行，并且将定值单修改内容及修改许可人在定值单回执上注明。

（9）自动装置运行现场应妥善保存定值单和装置打印的有签名的最新软件版本号、有效定值清单。

三、 自动装置检验管理

（1）自动装置在投运后的 2 年内应进行一次全部检验，以后每 3 年进行一次部分检验，每 6 年进行一次全部检验；停用 1 年及以上的自动装置再次投入运行前应进行检验。

（2）自动装置的检验按性质分为验收检验、定期检验和补充检验；稳控装置按范围可分为本体检验和联合试验，本体检验包括稳控装置的硬件、就地功能和外部二次回路，联合试验包括稳控主站与稳控子站之间、稳控子站与各执行站之间的策略和通信检验。

（3）运行管理单位应于年底将本年度的自动装置定期检验计划完成情况报地调，制定下年度的定期检验计划并报地调，地调综合后按调管范围报送中调或总调。

（4）运行管理单位应于每月 20 日前将自动装置定检完成情况和下月定检计划报地调，地调综合后按调管范围报送中调或总调。

（5）运行管理单位应于自动装置定检工作前5个工作日在管理信息系统填报工作申请单，并按调管机构批复单开展工作。

（6）落实稳控装置硬件更换、软件版本更改等反措方案时，应按照总调或中调审批的方案进行相应的验收检验或补充试验。

（7）在进行稳控装置本体检验工作时，应申请将装置操作为退出状态，做好TA、TV二次回路的安全措施；在进行稳控系统联合试验时，原则上应将联合试验系统内所有执行站的跳闸出口压板退出，同时还应断开联合试验稳控系统与运行稳控装置（系统）的通信通道连接。

（8）检验结束后，检验人员要清除稳控装置内的试验定值，核对装置运行定值、软件版本，向现场值班员交代检验情况和结论，做好现场工作记录，存在遗留问题时要及时上报给上级管理部门。

四、 自动装置运行基本规定

（1）运行的自动装置未经值班调度员同意，不得擅自退出运行或改变其定值。如因定值输入、故障处理、定检等需退出运行，须经值班调度员许可，工作完毕后应报值班调度员恢复正常运行。

（2）自动装置投入运行前，应组织完成现场运行规程的编写或修编。现场运行规程应说明装置的主要功能及构成、投退细则、巡视检查内容、故障及动作处理要点、安全工作注意事项等。

（3）调度监控人员应监视自动装置的运行状态，分析处理自动装置发出的告警信号，及时通知巡维人员到现场检查异常情况。

（4）变电站巡维人员应周期巡视运行的自动装置和试运行自动装置，特维设备按特维要求开展巡视，及时发现并处理装置异常现象。

（5）自动装置动作切除110kV或10kV负荷时，未经调管该自动装置的值班调度员许可，不得擅自恢复送电。

（6）自动装置动作后2个工作日内，运行管理单位应将动作初步分析报告报相关调度。

（7）自动装置操作状态改变时，投入的一般次序为退出状态→投信号状态→投入状态；退出的次序反之。

（8）通信通道状态改变操作时，投入通道的一般次序为先投入通道连接，再投入通道压板；退出通道的次序反之。

（9）稳控系统的投入程序如下：

1) 首先投入该系统中无就地控制出口的控制站，各站可不分先后同时下令操作。

2) 第二步投入该系统中有就地控制出口的控制站，再投入相应控制站所带的执行站，各站可不分先后同时下令操作。

（10）稳控系统的退出程序如下：

1) 首先退出该系统中有就地控制出口的控制站；退出相应控制站所带的执行站，各站可不分先后同时下令操作。

2) 第二步退出该系统中无就地控制出口的控制站，各站可不分先后同时下令操作。

（11）除试运行和投信号状态外，自动装置的元件允切压板与出口压板应遵循"同投同退"原则：在投入元件出口压板时，应同时投入对应元件的允切压板；退出亦相同。

（12）自动装置旁代压板的操作应遵循"先投先退"原则：一次断路器旁路代路操作前，先将自动装置的相应旁代压板投入；恢复线路断路器供电操作前，先退出自动装置的相应旁代压板，再操作一次断路器。

（13）自动装置的元件运行压板操作应遵循"先退后投"的原则：一次设备停电操作前，先退出相应元件的运行压板；一次设备复电后，再投入运行压板。须注意的是，对于总调管辖的稳控装置 A、B 套，按照《总调直调安全稳定控制系统调度运行规定》条款，停电时应先操作一次设备停电，再操作"××断路器运行压板"退出；送电时应先操作"××断路器运行压板"投入，再操作一次设备复电。

（14）备自投装置元件检修压板的操作应遵循"先投后退"原则：一次设备停电操作前，应先投入备自投装置中对应的检修压板；一次设备复电后，再退出检修压板。

（15）对稳控装置，元件在热备用状态时应投检修压板（或退出运行压板）；对备自投装置，元件在热备用状态时应退检修压板（或投入运行压板），除非人为设置其不参与备自投逻辑而投入检修压板（或退出运行压板）。

（16）自动装置通信通道上的工作，应做好风险评估和安全隔离措施，通报相关厂站，明确其影响及措施。若自动装置通信通道上的工作不影响系统功能，仅造成通信中断且不超过 4h，不要求两侧的自动装置进行配合操作。

第四节 继电保护与自动装置的运行配置要求

一、 继电保护及自动装置运行的要求

（1）新继电保护自动装置在投入运行前，运行部门应编制或修编现场运行规程。新编或新修编的现场运行规程必须经运行维护单位继电保护自动装置运行专责或以上人员审核，确保有关保护操作的正确性，配合做好相关培训工作。

（2）现场运行规程的继电保护与自动装置部分应包括如下内容：

1）保护与自动装置配置及装置型号、名称、组屏方式、硬压板投退表，保护与自动装置原理简单说明等。

2）对保护与自动装置运行监视及操作等的基本技术要求。

3）不同一次方式下各保护与自动装置的运行操作规定。

4）保护与自动装置及其回路异常或故障时的处理方法，应包括：各种异常信号出现时的相应处理原则及注意事项；电流互感器、电压互感器停电或故障时，对有关保护与自动装置的处理措施；查找直流接地时的有关规定等。

（3）仅装置中的某种功能退出时，原则上不允许在该装置及其交流电压、交流电流、直流控制、直流操作等二次回路上进行可能影响保护与自动装置安全的工作。确需工作时，应先退出整套装置的出口压板。

（4）保护与自动装置的信号呼唤、异常告警等信息应做好记录并有合理的解释，判断无异常后方能复归。对运行中和检验中发现的缺陷，必须做好记录、统计、分析及上报工作。保护与自动装置、故障录波器的打印报告应妥善保存，装置内的报告不得清除。变电站或监控中心运行人员在保护与自动装置动作时，应查明并记录保护与自动装置动作情况后再复归信号。对无人值班变电站，怀疑保护与自动装置动作正确性时应到现场检查，在未弄清保护与自动装置动作情况前，不得随意复归信号。

（5）用于充电的母联、分段充电、过电流保护，在对有关一次设备充电时应按照有关启动方案定值更改要求投入，充电完毕后应退出功能压板和出口压板，并将定值项按正常运行定值单恢复。任何人员不得擅自投入母联、分段充电、过电流保护，确需投入时，必须征得调度继电保护运行专责的同意，且报调度继电保护管理部门备案后方可投入。

（6）设备停电时，应先停一次设备，后退出保护与自动装置；电气设备转热备用前，继电保护与自动装置应按规定正常投入。

（7）微机型保护与自动装置、故障录波器和保护信息子站等，投运时应校对时间；进行采样检查、故障录波器手动录波检查等。必要时运行人员定期对装置进行采样值检查、可查询的开入量状态检查，时钟校对定期（至少一个月内）检查一次并应做好记录。

（8）除有发文的特殊检查外，每年迎峰度夏之前进行一次保护与自动装置压板、定值及保护与自动装置版本的检查核对工作，一般要求 5 月 30 日前完成 220kV 及以上变电站内保护压板及定值的检查核对工作，6 月 30 日前完成 110kV 及以下变电站内保护与自动装置压板及定值的检查核对工作。要求打印全站各微机型保护与自动装置定值，与原存档定值核对，并在打印定值单上记录核对日期、核对人，保存该定值直到下次核对或更改定值。

（9）运行人员应保证打印报告的完整性和连续性，妥善保管，并及时移交保护人员。无打印操作时，应将打印机防尘盖盖好，并推入盘内。运行人员应每月检查打印纸是否充足、字迹是否清晰，负责加装打印纸及更换打印机色带。

（10）要加强对保护室空调、通风等装置的管理，明确检查、维护职责。运行人员发现异常后，要及时上报通知维护人员处理。对于安装在断路器柜中的 10kV 微机继电保护装置，要求环境温度在−5～45℃范围内，最大相对湿度不应超过 95％。微机继电保护与自动装置室内月最大相对湿度不应超过 75％，应防止灰尘和不良气体侵入。微机继电保护与自动装置室内环境温度应在 5～28℃范围内，若超过此范围应装设空调。

二、 继电保护装置的配置原则要求

（1）继电保护装置的配置应满足可靠性、选择性、灵敏性和速动性的要求。

（2）保护装置双重化配置是防止因保护装置拒动而导致系统事故的有效措施，同时又可大大减少由于保护装置异常、检修等原因造成的一次设备停运现象，但继电保护装置的双重化配置也增加了保护装置误动的概率。因此，在考虑保护双重化配置时，应选用安全性高的继电保护装置，并遵循相互独立的原则，注意做到：

1）遵循"强化主保护、简化后备保护"的原则，采用主保护和后备保护一体化、具备双通道的微机型继电保护装置，每套线路保护应遵循完全独立的原则配置，220kV 及以上系统保护装置采用不同厂家设备。两套保护之间不应有任何电气联系，充分考虑到运行和检修时的安全性，当一套保护退出时不应影响另一套保护的运行。

2）每套保护装置的交流电压、交流电流应分别取自电压互感器和电流互感器互相独立的绕组，其保护范围应交叉重叠，避免死区。

3）为与保护装置双重化配置相适应，应优先选用具备双跳闸线圈机构的断路器，断路器与保护配合的相关回路（如断路器、隔离开关的辅助接点等），均应遵循相互独立的原则按双重化配置。每套保护应分别动作于断路器的一组跳闸线圈。

4）双重化配置保护装置的直流电源应取自不同蓄电池组供电的直流母线段。

5）双重化的线路保护应配置两套独立的通信设备（含复用光纤通道、独立光芯、微波、载波等通道及加工设备等），接口装置的电源应与所属通信设备使用同一电源且按双重化配置，两套通信设备应分别使用独立的电源。

6）双重化配置的线路、变压器和单元制接线方式的发电机变压器组（简称发变组）宜使用主、后一体化的保护装置；对非单元制接线或特殊接线方式的发变组则应根据主设备的一次接线方式，按双重化的要求进行保护配置。

（3）充分利用系统光纤通道资源，优先采用以光纤通道为基础的新型线路保护，逐步淘汰采用载波通道的保护设备。

三、　自动装置的配置原则要求

（1）自动装置的配置应满足可靠性、选择性、灵敏性和速动性的要求。

（2）对于总调管辖的稳控装置，应按双重化配置，设稳控 A 柜（A 系统）、B 柜（B 系统）以及通信接口柜，两套系统并列运行，功能相同。其主要功能是向各主站稳控装置发送总可切负荷；接收各主站稳控装置发来的切负荷命令，经防误判断后先切某个稳控主站负荷，若某个稳控主站负荷不够切则将剩余需切量转发给另一个稳控主站。

（3）稳控主站按双套配置，设稳控主机 A 柜（A 系统）和主机 B 柜（B 系统）以及通信接口 A、B 柜，两套系统相互间可以交换信息。其主要功能是接收控制子站的可切负荷量，计算得出电网总可切负荷量并上送至总调稳控装置；接收总调稳控装置发来的需切负荷量，分配给控制子站。切除负荷容量按比例及各子站切负荷上限值分配至各控制子站。

（4）稳控子站按双套系统设置，设稳控主机 A 柜（A 系统）、从机 A 柜（A

系统）、主机 B 柜（B 系统）、从机 B 柜（B 系统）以及通信接口柜，两套系统相互间可以交换信息。其主要功能是接收执行站的可切负荷，计算得出本稳控子站可切负荷并上送至稳控主站；接收稳控主站发来的需切负荷量，执行本地元件 $N-2$ 或设备过载稳控功能，需切负荷量分配给执行站。

（5）稳控执行站由 1 台 RCS992 主机装置、4 台 RCS990 从机装置和 2 台 MUX-2M 通信接口装置组成，执行站单套配置，与上级稳控子站 A、B 套同时通信。稳控执行站主要功能是上送本站各轮次可切负荷及已切负荷至上级稳控子站，接收并执行稳控子站发来切负荷轮次命令。

（6）独立稳控装置是指不与站外稳控装置发生通信而仅采集本地电气量并实现本地稳控功能的装置。独立稳控装置单套配置，装置由 1 台 RCS992 主机装置若干台 RCS990 从机装置组成，其主要功能是 220kV 线路 $N-2$ 或设备（主变压器或 220kV 线路）过载切负荷以及低频低压自动减载功能。独立稳控装置通常还预备了接入稳控子站所需的软硬件（通信接口屏）。

（7）为与稳控执行站、独立稳控装置的低频低压减载功能相区别，称安装于 110kV 变电站的低频低压减载装置为独立低频低压减载装置。独立低频低压减载装置检测 110kV 变电站母线电压、频率及其变化率，满足低频低压定值时装置动作跳本站变压器低压侧断路器或 10kV 馈线断路器。

（8）失步解列装置是 500kV 主网主要送受电断面上的失步解列装置之一，装置型号为 RCS-993B，按双重化配置。装置主要利用 $U\cos\phi$ 原理判别系统发生失步振荡，并根据测量点电压值和振荡周期决定是否解列相应线路。

（9）220kV 备自投装置包括 500kV 变电站 220kV 侧备自投装置和 220kV 变电站 220kV 侧备自投装置。500kV 变电站配置双重化标准化的 220kV 母联/分段备自投装置，220kV 变电站配置单套标准化的 220kV 线路/母联备自投装置。

500kV 变电站 220kV 母联/分段备自投装置的主要功能是在 220kV 母线分列运行方式下发生主变压器故障跳闸，备自投装置动作合上一个分段或母联断路器，使 220kV 母线并列运行。

220kV 变电站的 220kV 线路/母联备自投装置则具有 220kV 母联备自投功能和 220kV 线路备自投功能，在 220kV 母线分列运行方式下因线路跳闸导致任一母线失压，220kV 母联备自投动作合上母联断路器，恢复失压母线供电；在 220kV 母线并列运行方式下因线路跳闸导致全站失压，220kV 线路备自投动作合上备用线路断路器，恢复本站供电。为防止备用线路/母联自动投入后设备过载，装置经计算并切除部分 110kV 线路负荷后再合备用断路器。

标准化的 220kV 线路/母联备自投装置可根据运行方式将 220kV 线路整定为互为自投的两个组别，备投组别内的线路可设为同时投入，或设为按优先级投入直至成功为止。

（10）110kV 备自投装置包括 220kV 变电站 110kV 备自投装置和 110kV 变电站 110kV 备自投装置，装置原则上按单套配置。

（11）220、110kV 变电站的 10kV 分段备自投装置，按单套配置。

第二章　自动装置运行维护技术

第一节　稳控装置现场运行维护技术

一、运行技术要求

（1）按电网运行状态分为：预防性控制、紧急控制、失步控制、解列后控制及恢复性控制；

（2）按控制范围分为：局部稳定控制、区域电网稳定控制、大区互联电网稳定控制；

（3）按稳定类型分为：暂态稳定控制、动态稳定控制、频率紧急控制、电压紧急控制、失步控制、设备过负荷控制。

（4）稳控策略制定原则：

1）发生第Ⅰ类扰动时，不采取稳定控制措施。

2）发生第Ⅱ类扰动时，保持系统稳定和主网完整，允许采取切机、切负荷、解列等稳控措施。

3）发生第Ⅲ类扰动时，必须采取措施，防止系统崩溃，使负荷损失尽可能减少到最小，应配置系统解列、低压低频自动减载等装置。

4）当电网发生第Ⅱ类扰动，采取稳定控制措施时，应尽量兼顾事故后的运行方式的调整。

5）优先采取切机措施，其次是解列。

6）不考虑站间装置通信故障情况。

7）单一装置误动不能导致发生大电网事故。

（5）稳控装置防误措施：

1）对于远方动作命令尽量采用就地突变量启动作为辅助的判据之一，在收到远方命令的同时还要有就地突变量启动才能出口。

2）对于从通道接收到的切机量、切负荷量进行有效范围的判别，过滤掉由于数据错误产生的超有效范围的切机、切负荷数据，提高装置的可靠性。

3）对装置通信进行至少四种校验，提高通信的可靠性、准确性。增加通道录波装置进行监视。

4）尽量取可靠的辅助判据。

二、 稳控装置校验维护技术

1. 稳控装置元件投停判断逻辑校验

稳控装置在电网故障时要进行各元件负荷的计算，而计算前必须判别线路、主变压器、机组等设备的运行状态。稳控装置每个间隔元件投、停判断逻辑校验内容见表 2-1，以表 2-1 第 1 行为例，试验时选定一个间隔（即元件），用试验仪加入一个略小于定值的电流和功率，运行压板投入，HWJ（合闸位置继电器）为 0，装置应判断该元件停运。

表 2-1　　　　　　　　　间隔元件投、停判断逻辑校验内容

元件	投运定值	运行压板	HWJ	测试电流	测试功率	检验标准	测试结果
元件 1	投运电流定值＝I_{ty} 投运功率定值＝P_{ty}	投入	0	$I_{ty}<$	$P_{ty}<$	停	
		投入	0	$I_{ty}>$	$P_{ty}\ll$	投，告警	
		投入	0	$I_{ty}\ll$	$P_{ty}>$	投，告警	
		投入	1	$I_{ty}\ll$	$P_{ty}\ll$	投	
		退出	1	$I_{ty}\gg$	$P_{ty}\gg$	停	
元件 n	……						

注　＜表示比定值略小的值，＞表示比定值略大的值，≫表示比定值大得多的值，≪表示比定值小得多的值，下文中符号意义相同。

2. 稳控装置过载告警功能校验

稳控装置过载告警功能校验内容见表 2-2。以表 2-2 最后 1 行为例，说明试验条件：当运行压板投入，加入电流 $I_{gj}>$，功率值 $P_{gj}>$ 时，稳控装置应告警。

表 2-2　　　　　　　　　稳控装置过载告警功能校验内容

定值	功能控制字	过载功能压板	测试电流	测试功率	功率方向	检验标准
告警电流＝I_{gj} 告警功率＝P_{gj} 告警时延＝T_{gj}	—	退出	$I_{gj}\gg$	$P_{gj}\gg$	—	不告警
	—	投入	$I_{gj}<$	$P_{gj}\gg$	—	不告警
	—	投入	$I_{gj}\gg$	$P_{gj}<$	—	不告警
	—	投入	$I_{gj}>$	$P_{gj}>$	—	时延 T_{gj} 后，过载告警

3. 稳控装置过载启动功能校验

稳控装置过载启动功能校验内容见表 2-3。以表 2-3 最后 1 行为例，说明试验条件：当运行压板投入，加入电流 $I_{qd>}$，功率方向满足时，稳控装置经 T_{qd} 延时后过载启动。

表 2-3 稳控装置过载启动功能校验内容

定值	功能控制字	过载功能压板	测试电流	功率方向	检验标准
	0	投入	$I_{qd\gg}$	满足	不启动
	1	退出	$I_{qd\gg}$	满足	不启动
启动电流＝I_{qd}	1	投入	$I_{qd<}$	满足	不启动
启动时延＝T_{qd}	1	投入	$I_{qd\gg}$	不满足	不启动
	1	投入	$I_{qd>}$	满足	时延 T_{qd} 后，过载启动

4. 稳控装置过载动作功能校验

稳控装置过载动作功能校验内容见表 2-4。以表 2-4 最后 1 行为例，说明试验条件：当过载控制字整定为 1，运行压板投入，加入电流 $I_{dz>}$，加入功率 $P_{dz>}$，功率方向满足时，稳控装置经延时 T_{dz} 后过载动作切负荷。

表 2-4 稳控装置过载动作功能校验内容

定值	功能控制字	过载功能压板	测试电流	测试功率	功率方向	检验标准
	0	投入	$I_{dz\gg}$	$P_{dz\gg}$	满足	不动作
	1	退出	$I_{dz\gg}$	$P_{dz\gg}$	满足	不动作
动作电流＝I_{dz}	1	投入	$I_{dz<}$	$P_{dz\gg}$	满足	不动作
动作功率＝P_{dz}	1	投入	$I_{dz\gg}$	$P_{dz<}$	满足	不动作
动作时延＝T_{dz}	1	投入	$I_{dz\gg}$	$P_{dz\gg}$	不满足	不动作
	1	投入	$I_{dz>}$	$P_{dz>}$	满足	时延 T_{dz} 后，过载动作 $P_{实切}>P_{应切}$，$P_{应切}＝P_{dz>}-P_{dz}$

5. 安稳装置过载动作切负荷的计算

过载动作后，装置会计算出应切负荷 $P_{应切}$，实际切除负荷 $P_{实切}$ 应略大于 $P_{应切}$，且满足最小过切原则：在满足本地优先级前提下，$P_{实切}-P_{应切}$ 为最小的切除方案。

6. 稳控装置低频低压减载功能校验

用继保测试仪输入额定电压，改变频率、电压，校验装置能正确动作的条件是：

（1）当加入频率比定值小 0.05Hz 时动作，大 0.05Hz 时不动作。

（2）当加入 1.01 倍电压整定值时动作，0.99 倍电压整定值时不动作。

7. 稳控装置异常的处理

（1）当出现装置闭锁、"运行"灯灭时，处理方法是检查装置硬件自检、软件自检、直流电源等；

（2）当出现装置告警时，处理方法是查看装置自检报告，重点检查通道、HWJ（合闸位置继电器）不对应，TV、TA 二次回路断线，长期启动等；

（3）当出现接口告警时，处理方法是检查相应的通道接口；

（4）当出现装置动作、"动作"灯亮时，处理方法是检查记录报告，判断装置是否正确动作，正常后复归。

8. 进行继电保护装置、稳控装置功能校验时应采取的安全措施

（1）应防止所加的试验电流回路串接至运行中设备，保护装置、测控装置试验误通电流至稳控装置，尤其是 220kV 线路或主变压器高压侧，以防稳控装置过流元件误动造成不必要的切负荷损失；另外一方面也要防止稳控试验误通电流至保护装置，造成其他保护误动。正确的做法是短接进入、流出稳控装置电流回路，用钳表测量稳控装置侧无电流后断开 TA 二次回路连接片。

（2）防止误投、退运行设备的出口压板；误投、退通道光纤或 2M 同轴电缆，这种情况最容易在做通道断开工作时发生，正确的做法是按调试大纲的要求，核对退出运行设备的出口压板、光纤通道。

（3）对继电保护装置、稳控装置进行调试，最需要注意的是：①跳闸回路，试验时不做传动试验切勿投入出口压板；②测量带电回路压板时万用表挡位必须是"电压挡"；③屏内端子工作注意对跳闸端子的监护和隔离。

（4）在进行稳控系统联合试验时，应将联合试验系统内所有执行站的跳闸出口压板退出，同时还应断开联合试验系统与外部的通信通道连接。

9. 修改稳控装置定值时需采取的安全措施

在进行稳控装置定值和策略表的修改时，应将稳控装置退出运行状态，即退出下列压板：跳闸出口压板、通道投入压板、试验状态压板、通道交换压板。

第二节　备自投装置运行维护技术

备自投装置是配电系统保证供电连续性的一个重要设备，能够根据设定的运

行方式自动识别现行运行方案，选择自投方式。不管是多种方案还是多种运行方式，不管是 220kV 备自投还是 110kV 备自投均应遵守相同的原则，其原则如下：

（1）工作电源确实断开后，备用电源才允许投入。

（2）备自投切除工作电源断路器必须经延时。

（3）手动跳开工作电源时，备自投装置不应动作。

（4）应具有闭锁备自投装置的功能。

（5）备用电源不满足有压条件时，备自投装置不动作。

（6）工作母线失压时还必须检查工作电源无电流，才能起动备自投，防止 TV 二次三相断线造成误投。

（7）备自投装置只允许动作一次。

一、 220kV 备自投装置运行维护技术

（1）220kV 线路备自投一次接线图如图 2-1 所示，其充电条件、动作过程、放电条件如下。

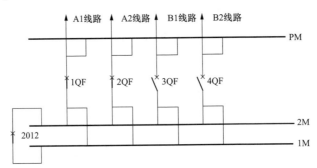

图 2-1　220kV 线路备自投一次接线图

1）220kV 线路备自投的充电条件逻辑如图 2-2 所示，备自投功能压板投入，2012 母联断路器在合闸位置，A1 线路、A2 线路为主供线路，B1 线路、B2 线路

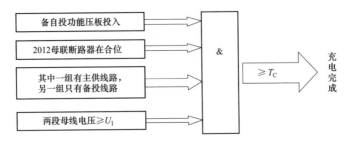

图 2-2　220kV 线路备自投充电条件逻辑图

为备投线路，1M、2M 电压均大于 U_1（有压定值）。

2）220kV 线路备自投动作过程如图 2-3 所示：充电完成后，当所有主供线路电流小于无流定值 I_{w1} 且其切换后电压小于电压启动定值 U_2，所有运行母线电压小于电压启动定值 U_2，与门经启动延时 T_q 动作跳开所有主供线路断路器，经 220kV 主供线路断路器跳闸等待延时 TT（动态时间）确认断路器是否在分位，若有任一主供线路断路器不在分位，备自投装置返回并发备自投失败信号；若所有主供线路断路器均在分位，备自投联切 110kV 负荷，合优先级为 1 的备投线路断路器，经备自投合断路器等待延时 T_h（动态时间）内，失压母线电压不小于有压定值 U_1，发备自投成功信号。若经备自投合断路器等待延时 T_h（动态时间）内，失压母线电压不大于有压定值 U_1，则判断是否有优先级为 2 的备投线路，若无优先级为 2 的备投线路，备自投发失败信号。若有优先级为 2 的备投线路，则补切 110kV 负荷后合上优先级为 2 的备投线路断路器。

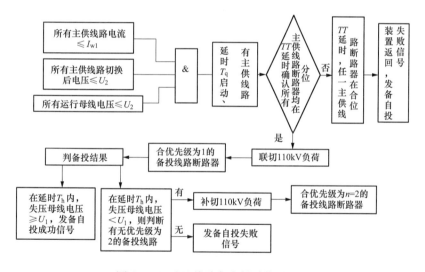

图 2-3 220kV 线路备自投动作过程图

（2）一次接线如图 2-1 所示，220kV 线路备自投的放电条件。

220kV 线路备自投的放电条件逻辑如图 2-4 所示。

（3）220kV 母联备自投的一次接线图如图 2-5 所示，其充电条件、动作过程、放电条件如下。

1）220kV 母联备自投的充电条件逻辑如图 2-6 所示，备自投功能压板投入，MDL 母联断路器在分闸位置，1M、2M 电压均大于 U_1（有压定值）。

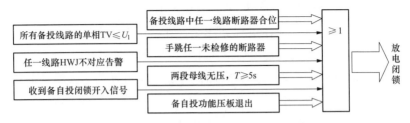

图 2-4　220kV 线路备自投放电条件逻辑图

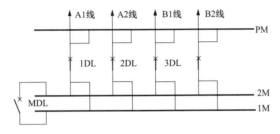

图 2-5　220kV 母联备自投一次接线图

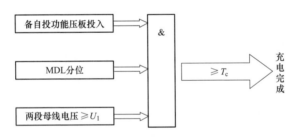

图 2-6　220kV 母联备自投的充电条件逻辑图

2）220kV 母联备自投动作过程如图 2-7 所示。充电完成后，当所有主供线路电流小于无流定值 I_{w1} 且其切换后电压小于电压启动定值 U_2，任一母线电压小于电压启动定值 U_2，另一母线电压大于有压定值 U_1 时，与门经启动延时 T_q 动作跳开无流无压的主供该段母线的线路断路器，经延时 TT（动态时间）确认无流无压的主供线路断路器是否在分位。若有任一无流无压的主供线路断路器不在分位，经延时 T_h 发备自投失败信号；若无流无压的主供线路断路器均在分位，备自投联切 110kV 负荷，合母联 MDL 断路器，经备自投合断路器等待延时 T_h（动态时间）后，两段母线电压不小于有压定值 U_1 且母联断路器 MDL 在合位，发备自投成功信号。若经备自投合断路器等待延时 T_h（动态时间）后，两段母线电压不大于有压定值 U_1 且母联断路器 MDL 在分位，则备自投发失败信号。

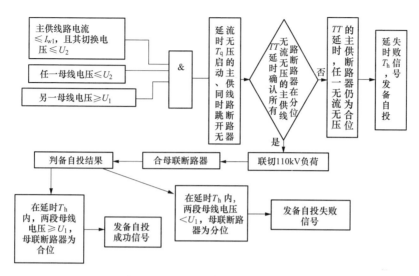

图 2-7　220kV 母联备自投动作过程

（4）一次接线如图 2-5 所示，220kV 母联备自投的放电条件。

220kV 母联备自投的放电条件如图 2-8 所示，满足图中任一条件，或门均动作，备自投放电。

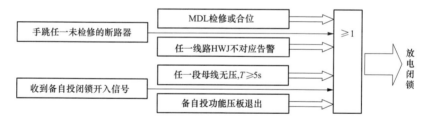

图 2-8　220kV 母联备自投的放电条件

（5）运行人员进行 220kV 备自投线路及母联检修操作时的注意事项

运行人员进行在线路及母联检修操作时应注意的事项如图 2-9 所示。

（6）220kV 备自投旁代操作时的注意事项

运行人员在进行旁代操作时应注意的事项如图 2-10 所示。

（7）运行时 220kV 备自投装置闭锁判断。

运行时 220kV 备自投装置的闭锁判断如图 2-11 所示。

（8）220kV 备自投装置的异常判断处理。

运行时 220kV 备自投装置的异常判断处理如图 2-12 所示。

31

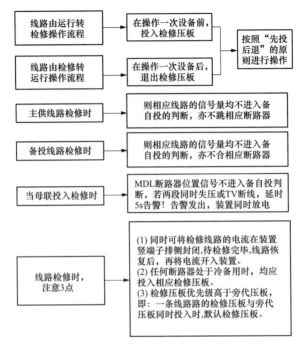

图 2-9　线路及母联检修操作注意事项

装置出现异常告警时的检查：

装置出现异常信号时，应及时到屏前检查装置的显示结果，查明是哪一部分异常，并尽快排除。如果是 TV、TA 回路断线引起的异常，应尽快查清断线原因，使 TV、TA 回路尽快恢复正常。

如果装置指示灯紊乱或显示不正常，在一时无法查清原因时，应先将装置出口压板退出，通知继电保护维护人员进行处理。

电网发生事故时，应及时检查装置动作情况

当系统发生事故时，应检查装置动作情况是否正确，并记录动作后的显示、各种指示灯的状态和事件记录内容，不配打印机时还应抄写数据记录的内容。复归动作信号后，把装置动作情况上报调度部门。接有打印机的装置，应将打印结果上报调度部门分析事故及备案。

注：未做完动作记录时，不准按动复归按钮，以免丢失动作信息。

（9）运行人员进行 220kV 备自投旁代操作步骤

第一步：投入需要代路线路的旁代压板→在开入查询页面检查旁代操作是否正确？→此时该线路的电气量不发生变化。

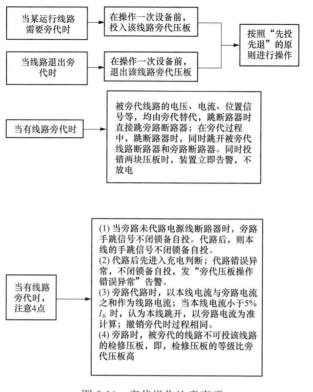

图 2-10　旁代操作注意事项

第二步：合上旁路断路器，分开待旁路断路器→检查旁代操作正确？查看该线路的断路器位置是否与实际断路器位置一致→ ①旁路分流 ②线路电流小于$5\% I_n$ 时，旁路代路成功。

线路恢复时，操作方法与旁代时一致，需先退出备自投的旁代压板，再操作一次设备。遵循"先投先撤"原则。

（10）运行人员进行 220kV 备自投检修操作步骤

第一步：投入需要检修线路的检修压板→在开入查询页面检查检修操作是否正确？→此时该线路的电气量不发生变化。

第二步：先分线路断路器，退线路保护→检查检修操作正确？查看该线路的断路器位置是否与实际断路器位置一致→①检修线路无流 ②退保护后，母线切换后电压为零，线路无流。

线路恢复操作方法：需先操作一次设备，再撤出备自投的检修压板。遵循"先投后撤"原则。

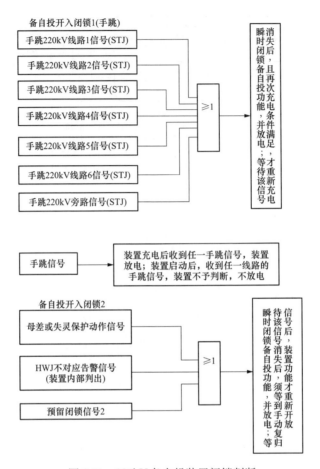

图 2-11　220kV 备自投装置闭锁判断

二、110kV 备自投装置运行维护技术

（1）110kV 线路备自投的一次主接线如图 2-13 所示，110kV 线路备自投装置输入 110kV 侧两段母线三相电压、进线断路器一相电流、进线 1、2 线路侧电压。进线 1、2 频率分别由软件方法和硬件方法测量获得。

110kV 线路备自投可分为进线 1 明备用和进线 2 明备用，其动作原理相同。现结合图 2-13 以进线 2 明备用为例对常规进线备自投作简单说明。

进线 2 明备用的充电条件：

1）定值整定正确，备自投正确投入；

2）110kV 1M、2M 的母线电压 YH1 和 YH2 均有压；

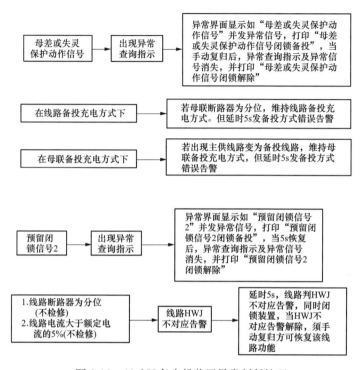

图 2-12 220kV 备自投装置异常判断处理

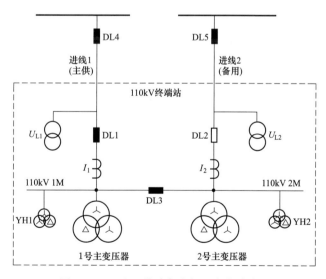

图 2-13 110kV 线路备自投一次主接线图

3）备用进线 2 的线路电压 U_{L2} 满足有压条件；

4）DL2 跳位，DL1 和 DL3 均合位且处于合后；

5）无闭锁备自投开入；

6）无放电条件。

常规 110kV 线路备自投动作过程

充电完成后，110kV 1M、2M 无压、U_{12} 有压且 I_1 无流，经整定延时跳 DL1。备自投确认 DL1 跳开后，再经整定延时合 DL2。备自投确认 DL2 合上后，进线 2 明备用备自投动作完成。

（2）一次主接线如图 2-13 所示，110kV 线路备自投装置的放电条件

110kV 线路备自投装置的放电条件如图 2-14 所示，满足以下任一条件，或门动作立即放电。

1）方式 1、2 功能压板退出；

2）有闭锁开入信号；

3）DL1、DL2、DL3 的 TWJ 异常；

4）方式 1、2 控制字为零；

5）1KKJ＝0（或 2KKJ＝0）或 3KKJ＝0；

6）备用 2 号（或 1 号）线路 TV 无压；

7）手合 DL2（DL1）。

（3）一次主接线如图 2-13 所示，110kV 线路备自投装置的判断逻辑。

110kV 线路备自投装置的判断逻辑如图 2-15 所示。

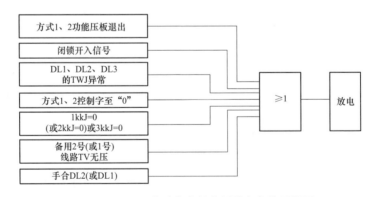

图 2-14　110kV 线路备自投装置放电条件逻辑图

方式 1：充电完成后，110kV Ⅰ母、Ⅱ母无压、2 号线路有压且 1 号线路无流，经整定延时跳 DL1。备自投确认 DL1 跳开后（备自投确认 DL1 未跳开，发备自投动作失败），再经整定延时合 DL2。备自投确认 DL2 合上后，进线 2 明备用备自投动作完成。

方式 2：进线 1 明备用备自投过程与上述同理。

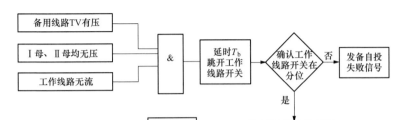

图 2-15　110kV 线路备自投装置判断逻辑图

（4）母线电压不平衡开放 110kV 线路备自投判据

当稳控系统因主网联络线接地故障动作时，110kV 终端站内的故障相电压下降有限，健全相与故障相电压之间的不平衡度较小；而当 110kV 终端站的电源线发生金属性接地故障时，终端站内的故障相电压理论上降为 0，健全相与故障相之间的电压不平衡度理论上无穷大。

当稳控系统因主网联络线发生相间故障时，110kV 终端站内相电压的幅值及相位变化不大，线电压的不平衡度较小；而当 110kV 终端站的电源线发生相间故障时，故障线相间电压降为 0，故障线相间电压与最大线电压之间的不平衡度较大。

因此，可通过终端站内母线相电压或线电压的不平衡度来区分主网联络线故障与终端站的电源线故障。并且可根据 $3U_0$ 的幅值大小来判断系统故障是否为接地故障，当 $3U_0$ 较大时，用相电压的不平衡度作为备自投的开放判据；当 $3U_0$ 较小时，用线电压的不平衡度作为备自投的开放判据。当相电压不平衡度和线电压不平衡度检测元件均未起动时，若母线无压，可以认为是稳控系统切负荷，备自投不开放。

电压不平衡度开放备自投逻辑框图见图 2-16。图中 $U_{\phi max}$ 为最大相电压，$U_{\phi min}$ 为最小相电压，$U_{\phi\phi max}$ 为最大线电压，$U_{\phi\phi min}$ 为最小线电压，$U_{\phi zd}$ 为健全相有压定值，$U_{\phi\phi zd}$ 为线电压有压定值，K 为不平衡度系数，$3U_0$ 为零序电压，U_{0zd} 为零序电压定值。

（5）重合闸检测开放 110kV 线路备自投判据。

当备自投的电源进线重合闸投入时，在 110kV 线路单相经高阻接地的情况下，电压不平衡开放备自投的灵敏度可能不够。此时可参考 110kV 线路重合闸的特征

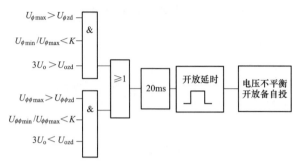

图 2-16   电压不平衡度开放备自投逻辑框图

来开放备自投。110kV 线路均采用三相重合闸方式，利用 110kV 线路重合于故障过程中母线电压的变化，即"母线有压－母线无压－母线有压"来判断线路经历的重合闸过程，用于开放备自投，逻辑图见图 2-17，$U_{\phi wyzd}$ 为相电压无压定值。

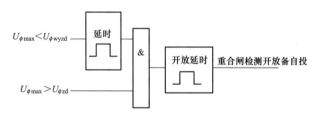

图 2-17   重合闸检测开放 110kV 线路备自投逻辑图

（6）开关位置不对应开放 110kV 线路备自投判据。

考虑到开关偷跳等原因造成母线失电时，相电压的不平衡度及线电压的不平衡度均不满足，重合闸检测开放备自投的条件也无法满足，不能正常开放备自投，可采用开关位置不对应开放备自投，可确保备自投可靠开放，逻辑图见图 2-18。

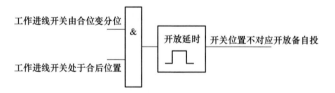

图 2-18   开关位置不对应开放 110kV 线路备自投逻辑图

（7）低频低压闭锁 110kV 线路备自投功能。

低频低压减载动作时，系统电压、频率出现异常是其显著特征，由低电压（$U<$）低频率（$f<$）电压变化率（$\mathrm{d}U/\mathrm{d}t$）超限和频率变化率（$\mathrm{d}f/\mathrm{d}t$）超限四个元件组成的逻辑判据是低频低压减载装置判断系统不稳定而切负荷的重要依

据。利用上述判据在稳控系统动作时闭锁备自投。考虑到判据一旦失效，即使备自投合上备用断路器后，系统工况仍异常时，再延时切开该断路器。

稳控系统和备自投装置判断系统电压、频率异常的判据相似。因此，在稳控系统动作远切 DL4 时，备自投装置的低频低压判据也能动作，正确闭锁备自投。非稳控系统动作使主供电源失电时，备自投装置的低频低压判据不会动作，备自投正确动作。

备自投装置的低频低压判据取自备用线路侧电压，且在主供电源失电，备自投起动后，投入此判据。因此，在主供电源线发生故障时，首先由线路保护或其他保护切除故障，待故障切除后，备自投才会起动，此时，由于电源线故障造成的备用线路电压、频率异常影响已较小，不会误闭锁备自投。如果主供电源线和备用线路不是取自同一个电源，由于电源线故障造成的备用线路电压、频率异常影响就更小。

（8）一次主接线如图 2-13 所示，适应安稳系统的 110kV 线路备自投动作过程。

适应安稳系统的线路备自投与常规线路备自投充电条件相同。

充电完成后，110kV1M、2M 母线均无压、UL2 有压且 I1 无流，上述的母线电压不平衡度、重合闸检测、开关位置不对应三种开放备自投的判据条件之一满足开放，备自投起动，延时跳 DL1，此时投入低频低压检测，在备自投延时到之前低频低压动作，表明系统功率缺损、安稳系统已经动作，此时备自投放电返回。在备自投动作延时到之前低频低压未动作，备自投跳 DL1，确认 DL1 跳开后，再经延时发 DL2 合闸脉冲，在合闸延时到之前低频低压动作，备自投不合 DL2，备自投动作停止。在合闸延时到之前低频低压未动作，合 DL2，确认 DL2 合上后，备自投动作成功完成。

（9）110kV 线路备自投装置开入量的断路器跳位接点不宜采用保护操作箱的 TWJ（分闸位置继电器）继电器接点。

110kV 线路断路器多数采用弹簧储能断路器，断路器的控制回路中的 TWJ 跳位继电器一般设计为监视整个合闸回路，即能监视储能接点、断路器和合闸线圈等元件。如果该站有小电源电厂上网、串供电源等情况，当主供电源线路永久性故障时，本侧保护动作，切开 DL1 断路器，重合闸于故障，保护再次动作，DL1 断路器处于分位，但断路器储能需时约 15s，储能接点未导通，此时监视合闸回路的 TWJ 跳位继电器未动作，备自投的 DL1 跳位开入不能确认，备自投切开 DL1 后就停止，发出"备自投切 DL1 拒动"告警信息，备自投动作失败。防范措施是，110kV线路备自投开入量的断路器跳位接点不能采用保护操作箱的TWJ跳位继电器接点，要采用断路器机构的辅助接点接入，保证断路器接点变位的实时性。

（10）110kV线路备自投正确接入断路器控制回路的方法。

110kV线路备自投接入断路器控制回路时，备自投跳运行线路断路器要接在保护跳闸位置处，动作时不能将合后继电器KKJ置分位；备自投合备用线路断路器要接在手合位置处，动作时要将合后继电器KKJ置合位。如果备自投跳运行线路断路器时把合后继电器KKJ置分位，备自投采样到运行线路断路器的合后位置开入消失后，备自投判断是人工操作，导致备自投切运行线路断路器后就停止。

（11）户外敞开式的110kV变电站的110kV线路备自投，不宜接入隔离开关跳位闭锁备自投。

对于户外敞开式的110kV变电站，特别是运行环境恶劣的地区，110kV隔离开关辅助接点防水、防锈、防腐蚀等工作难以维护到位，如果隔离开关辅助接点在运行中因此而误闭合，将导致备自投装置的误闭锁。防范措施是，综合考虑运行环境和运行方式，适宜取消隔离开关跳位闭锁备自投的开入接线，防止备自投的误闭锁。

三、 10kV 备自投装置运行维护技术

（1）一次主接线如图2-19所示时，10kV分段备自投充电和动作过程如下。

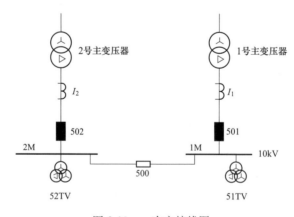

图 2-19 一次主接线图

当两段母线分列运行时，备自投装置选择分段断路器自投方案（方式3、方式4）。

充电条件为：

1）定值整定正确，备自投正确投入；

2）10kV 51TV 和 52TV 均三相有压；

3）分段 500 断路器跳位，变低 501 和 502 断路器均合位且处于合后；

4）无闭锁备自投开入。

5）无放电条件。

备自投装置的方式 3 动作过程：充电完成后，10kV 1M 母线无压且 I_1 无流，经整定延时跳 501 断路器。备自投确认 501 断路器跳开后，再经整定延时合分段 500 断路器。备自投确认分段 500 断路器合上后，方式 3 的备自投动作完成。

备自投装置的方式 4（跳 502 断路器，合 500 断路器）的备自投动作过程与上述同理。

（2）一次主接线如图 2-20 所示时，两套 10kV 分段备自投的配置方案。

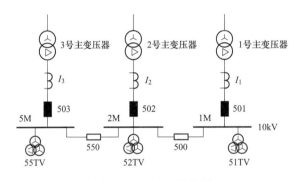

图 2-20　一次主接线图

方案一：500 备自投为双向备自投，550 备自投为单向备自投，即 1 号主变压器和 2 号主变压器互为备用，3 号主变压器由 2 号主变压器作为备用。正常运行时，501、502、503 断路器在合闸位置，500、550 断路器在分闸位置。①2 号主变压器失电，500 备自投执行方式 4，发跳 502 断路器指令，合上 500 分段断路器；550 备自投不动作。②1 号主变压器失电，500 备自投执行方式 3，发跳501 断路器指令，合上 500 分段断路器；550 备自投不动作。③3 号主变压器失电，550 备自投执行方式 4，发跳 503 断路器指令，合上 550 分段断路器；500 备自投不动作。

方案二：550 备自投为双向备自投，500 备自投为单向备自投，即 2 号主变压器和 3 号主变压器互为备用，1 号主变压器由 2 号主变压器作为备用。正常运行时，501、502、503 断路器在合闸位置，500、550 断路器在分闸位置。①2 号主变压器失电，550 备自投执行方式 3，发跳 502 断路器指令，合上 550 分段断路器；500 备自投不动作。②1 号主变压器失电，500 备自投执行方式 3，发跳 501 断路器指令，合上 500 分段断路器；550 备自投不动作。③3 号主变压器失电，550 备自投执行方式 4，发跳 503 断路器指令，合上 550 分段断路器；500 备自投不动作。

可以看出，两套备自投在 1 号主变压器和 3 号主变压器失电时有一致性。当 1 号主变压器失电，10kV 1M 母线失压且断路器位置满足起动条件时，500 备自投动作；当 3 号主变压器失电，10kV 5M 母线失压且断路器位置满足起动条件时，550 备自投动作。两套备自投动作方式清晰，互不关联。方案一和方案二的区别就在于 2 号主变压器失电时，是 500 备自投动作还是 550 备自投动作。由两套备自投的充放电条件和动作条件可知，当 2 号主变压器失电时，10kV 2M 母线失压，2 号主变压器变低无流，而 10kV 1M 和 10kV 5M 母线均有压，两套备自投均满足动作条件。

(3) 一次主接线如图 2-20 所示时，两套 10kV 分段备自投动作方案的选择。

1) 对备自投装置的整定控制字进行设置，以实现动作方案的选择。

在备自投装置的动作逻辑回路中，控制字 MB 是备自投投退的软压板，如果将 550 备自投的 MB3 控制字整定为 0，将 500 备自投的 MB4 设置为 1，当 2 号主变失电时，550 备自投方式 3 不动作，500 备自投方式 4 动作，这就满足了方案一。同样，将 500 备自投的控制字 MB4 设置为 0，550 备自投的控制字 MB3 设置为 1，就能实现方案二。

2) 对备自投装置的动作时间进行设置，以实现动作方案的选择。

备自投在动作条件满足后，需要经过延时才跳合断路器。可以通过对其动作延时的整定来实现备自投方案。

例如，将 500 备自投的方式 4 跳闸延时 Tt4 整定为 3.0s、方式 3、4 合闸时限 Th3、4 整定为 0.3s，把 550 备自投的方式 3 跳闸延时 Tt3 整定为 5.0s 或更大（必须大于 3.0s+0.3s），当 2 号主变压器失电时，两套备自投都满足动作条件，由于 550 备自投的动作延时大于 500 备自投的动作延时，也就是说 500 备自投先于 550 备自投动作，当 500 备自投动作后，10kV1M 和 2M 母线均有压，550 备自投动作过程中止，这就满足了方案一。同样，将 500 备自投的动作延时整定大于 550 备自投的动作延时，就实现了方案二的备自投。

四、纵联备自投装置（即远方备自投装置）运行维护技术

在 110kV 串供电系统中，甲站线路 1 连接一个电源，可供甲站和乙站的负

荷；同理，乙站线路 1 连接另一个电源，也可供甲站和乙站的负荷；在正常运行方式下，甲站和乙站一般为分列运行，如图 2-21 所示。

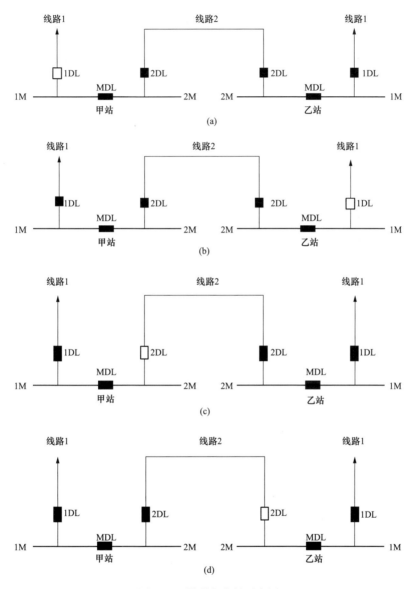

图 2-21 纵联备自投示意图

(a) 开环位置在甲站线路 1 断路器上（1DL 分位），乙站线路 1 带两站负荷；

(b) 开环位置在乙站线路 1 断路器上（1DL 分位），甲站线路 1 带两站负荷；

(c) 开环位置在甲站线路 2 断路器上（2DL 分位），甲站线路 1 带甲站负荷，乙站线路 1 带乙站负荷；

(d) 开环位置在乙站线路 2 断路器上（2DL 分位），甲站线路 1 带甲站负荷，乙站线路 1 带乙站负荷

1. 对备自投装置的要求

为了提高110kV甲站和110kV乙站的供电可靠性，需要在两个变电站各装设一台远方备自投装置。需要备自投装置根据在不同的运行方式满足就地和远方两种功能，严格有效地只自投动作一次，具有多重开入闭锁，并智能化地根据自投前后电源进线所带负荷量大小及热稳定情况，联切相应负荷，保证系统稳定平衡。可以灵活适应不同一次接线，避免大电源与小系统解列后对备自投正确动作的影响，具体要求如下。

（1）开环位置在甲站线路1断路器上（1DL分位），此时乙站线路1带两站负荷，如图2-21（a）所示。

当乙站线路1故障导致两站失压时，需要乙站备自投装置跳开该站线路1断路器，然后甲站备自投装置合上该站线路1断路器，以恢复两站正常供电。

当线路2故障导致甲站全站失压时，需要甲站备自投装置跳开该站线路2断路器，然后合上该站线路1断路器，以恢复甲站正常供电。

（2）开环位置在乙站线路1断路器上（1DL分位），此时甲站线路1带两站负荷，如图2-21（b）所示。

当甲站线路1故障导致两站失压时，需要甲站备自投装置跳开该站线路1断路器，然后乙站备自投装置合上该站线路1断路器，以恢复两站正常供电。

当线路2故障导致乙站全站失压时，需要乙站备自投装置跳开该站线路2断路器，然后合上该站线路1断路器，以恢复乙站正常供电。

（3）开环位置在甲站线路2断路器上（2DL分位），此时乙站线路1带乙站负荷，甲站线路1带甲站负荷，如图2-21（c）所示。

当乙站线路1故障导致乙站失压时，需要乙站备自投装置跳开该站线路1断路器，然后甲站备自投装置合上该站线路2断路器，以恢复乙站正常供电。

当甲站线路1故障导致甲站失压时，需要甲站备自投装置跳开该站线路1断路器，然后合上该站线路2断路器，以恢复甲站正常供电。

（4）开环位置在乙站线路2断路器上（2DL分位），此时乙站线路1带乙站负荷，甲站线路1带甲站负荷，如图2-21（d）所示。

当甲站线路1故障导致甲站失压时，需要甲站备自投装置跳开该站线路1断路器，然后乙站备自投装置合上该站线路2断路器，以恢复甲站正常供电。

当乙站线路1故障导致乙站失压时，需要乙站备自投装置跳开该站线路1断路器，然后合上该站线路 2 断路器，以恢复乙站正常供电。

2. 功能实现及具体策略

（1）输入交流信号。

110kV Ⅰ 母 A、B、C 相电压，即 U_{a1M}、U_{b1M}、U_{c1M}；110kV Ⅱ 母 A、B、C 相电压，即 U_{a2M}、U_{b2M}、U_{c2M}；110kV 线路 1 的 A 相 TYD 电压 U_{a1L}；110kV 线路 2 的 A 相 TYD 电压 U_{a2L}。

110kV 线路 1 的 A、B、C 相电流，即 I_{a1}、I_{b1}、I_{c1}；110kV 线路 2 的 A、B、C 相电流，即 I_{a2}、I_{b2}、I_{c2}。

（2）开关量输入。

低压开入板输入开关量：复归按钮、备自投功能投退压板（1FLP1）、远方自投功能投退压板（1FLP2）、线路 1 检修（2FLP1）、线路 2 检修（2FLP2）、母联检修（2FLP5）、Ⅰ 母检修（3FLP1）Ⅱ 母检修、（3FLP2）、线路 1 断路器合闸位置信号 HWJ、线路 1 断路器合后位置信号 1KKJ、线路 2 断路器合闸位置信号 HWJ、线路 2 断路器合后位置信号 2KKJ、母联断路器合闸位置信号 HWJ、母差/失灵保护动作信号。

（3）开关量输出。

开入量集中板输出开关量：XHB 信号出口 1——动作、XHB 信号出口 2——充电完成/充电未完成、XHB 信号出口 3——备自投成功、XHB 信号出口 4——备自投失败、XHB 信号出口 5——系统异常、XHB 信号出口 6——装置异常。

光耦开出板开出量：

DO 开出 1——1LOG 输出 1——1CKZ 出口 1——跳 110kV 线路 1 断路器，DO 开出 2——1LOG 输出 2——1CKZ 出口 2——合 110kV 线路 1 断路器，DO 开出 3——1LOG 输出 3——1CKZ 出口 3——跳 110kV 线路 2 断路器，DO 开出 4——1LOG 输出 4——1CKZ 出口 4——合 110kV 线路 2 断路器，DO 开出 9——1LOG 输出 9——1CKZ 出口 9——跳母联断路器，DO 开出 10——1LOG 输出 10——1CKZ 出口 10——合母联断路器，DO 开出 39——XHB 信号出口 10——远方复归，DO 开出 40——1LOG 输出 QJ。

（4）元件间隔的状态判别。

110kV 间隔分为运行、停运和检修三种状态。特别强调，该三种状态指的是元件的状态，而非元件对应断路器的状态。

1）运行。元件间隔应同时满足以下条件：①元件对应的检修压板在退出状态；②元件对应的断路器为合位，或者元件对应的电流超过门槛值。

2）停运。元件间隔应同时满足以下条件：①元件对应的检修压板在退出状态；②元件对应的断路器为分位且元件对应的电流小于门槛值。

3）检修。线路应满足以下条件：元件对应的检修压板在投入状态。

检修压板投入的元件间隔，其开入量、电气量均不参与备自投的逻辑及异常判断。

（5）母联（分段）断路器的状态判别。

110kV 母联（分段）分为运行、停运和检修三种状态。

1）运行。母联（分段）应同时满足以下条件：①元件对应的检修压板在退出状态；②元件对应的断路器为合位。

2）停运。母联（分段）应同时满足以下条件：①元件对应的检修压板在退出状态；②元件对应的断路器为分位。

3）检修。母联（分段）应满足以下条件：元件对应的检修压板在投入状态。

检修压板投入的母联（分段）断路器，其开入量不参与备自投的逻辑及异常判断。

（6）母线的状态判别。

110kV 母线分为运行、停运和检修三种状态。

1）运行。运行的母线应同时满足以下条件：①元件对应的检修压板在退出状态；②相应母线的任一相电压$>U_{yy}$（有压定值）。

2）停运。停运的母线应同时满足以下条件：①元件对应的检修压板在退出状态；②相应母线的三相电压均$<U_{yy}$（有压定值）。

3）检修。检修的母线应满足以下条件：元件对应的检修压板在投入状态。

检修压板投入的母线，其电气量不参与备自投的逻辑及异常判断。

3. 备自投判断逻辑

（1）系统运行方式一。

以甲站线路 2 运行而线路 1 热备，乙站线路 2 和线路 1 均运行，如图 2-21（a）所示。

当乙站线路 2 运行而线路 1 热备，甲站线路 2 和线路 1 均运行，如图 2-21（b）所示。联络线运行情况下，远方独立电源为备投线路的备投方式定值见表 2-5。

表 2-5　联络线运行情况下，远方独立电源为备投线路的备自投方式定值表

两站状态		110kV 甲站				两站状态		110kV 乙站			
		事前方式		备投方式				事前方式		备投方式	
方式		线路2	线路1	线路2	线路1	方式		线路2	线路1	线路2	线路1
方式×	图2-21（a）	1	0	0	1	方式×		1	1	0	0
方式×	图2-21（b）	1	1	0	0	方式×		1	0	0	1

1）充电条件。

a. 甲、乙站"备自投功能压板"在投入状态；"通道压板"在投入状态（其中远方备投方式下"通道压板"必须投入）。

b. 甲、乙站 1M 和 2M 母线任一相电压 $>U_{yy}$。

c. 参与备投的 4 个单元（甲站线路 1、线路 2，乙站线路 1、线路 2），与其中一行事前方式状态完全对应。整定的备投元件（4 个单元）中至少一个需同时满足以下条件：①断路器 HWJ 为分位；②对应检修压板在退出状态；③对应的 KKJ 合后开入为 0；④线路 TV 有压。

d. 远方备自投压板投入开放远方自投方式或就地备自投压板投入开放进线备投方式。

满足上述条件，且延时时间大于等于 T_c，充电完成，开放备自投功能，发充电完成信号。

注：U_{yy} 为判元件有压定值；T_c 为充电延时时间定值。

2）放电条件。

a. 手合 1DL（热备用线路 1）延时 10s 放电；

b. MDL 分位或检修延时 10s 放电；

c. $U_{a1L}<U_{yy}$（热备用线路 1）延时 10s 放电；

d. 运行线路 1 有流时，U_{a1M}、U_{b1M}、$U_{c1M}<U_{wy}$，U_{a2M}、U_{b2M}、$U_{c2M}<U_{wy}$ 延时 10s 放电；

e. 手跳 1DL（运行线路 1）断路器；

f. 线路 1、线路 2、母联任一元件检修延时 10s 放电；

g. 收到备自投闭锁开入信号；

h. 备自投就地功能压板退出就地备自投功能放电；

i. 远备自投功能压板退出远方备自投功能放电；

j. 满足"低频、低压切负荷闭锁"条件。

注：U_{yy} 为判元件有压定值；U_{wy} 为判元件无压定值。

3）备投动作逻辑［以图 2-21（a）为例，图 2-21（b）类似不再赘述］。

a. 甲站本地动作。

当甲站备自投装置满足条件①②③超过延时 T_q（整定范围 0～8s），且满足条件④的启动条件时，备自投装置启动：①甲站两段母线均满足三相电压＜U_{wy}；②乙站母线未失压；③甲站线路 2 满足无流条件；④"上级切负荷闭锁备自投"条件；⑤甲站装置启动后发令跳原运行线路 2 断路器；⑥甲站 T_T 内当线路 2 的断路器处于分位时，进入第⑦步，否则装置放电，报备自投失败；⑦甲站根据整定值，切除相关负荷单元；⑧甲站合备投单元甲线路 1 的断路器；⑨当甲站备投线路 1 断路器变为合位或有流后，T_{hjs} 内若甲站检测到运行或备投线路 1 任一相电流≥I_{hjs}，则向备投线路 1 发跳闸信号，并报备自投失败，结束；否则，进入下一步；⑩若在 T_h 时间内甲站失压母线电压恢复，则报备自投成功。否则，报备自投失败。

注：T_T—跳闸延时；T_{hjs}—后加速跳闸延时；I_{hjs}—后加速电流定值；T_h—断路器合闸延时。

b. 甲站收乙站命令动作：①甲站接收乙站发来的合备供线命令，跳开甲站线路 2 断路器；②T_T 内当甲站线路 2 的断路器处于分位时，进入下一步，否则报断路器拒跳备投失败；③甲站合备投单元线路 1 断路器；④当甲站备投元件线路 1 断路器变为合位或有流后，T_{hjs} 内若甲站检测到运行或备投元件线路 1 任一相电流≥I_{hjs}，则向备投元件线路 1 发跳闸信号，并报备自投失败，结束；否则，进入下一步；⑤若在 T_h 时间内甲站失压母线电压恢复，则合线路 2 断路器，进入下一步；否则，报备自投失败；⑥若在 T_h 时间内乙站失压母线电压恢复，则合闸成功；若线路 2 断路器变为合位或有流后，T_{hjs} 内若甲站检测到运行或备投元件线路 2 任一相电流≥I_{hjs}，则甲站发跳线路 2 断路器信号，并报备自投失败。

c. 乙站向甲站发命令动作：

当备自投装置满足条件①②超过延时 T_q（整定范围 0～8s），且满足条件③的启动条件时，备自投装置启动：①甲、乙站两段母线均满足三相电压＜U_{wy}，装置启动；②乙站线路 1 满足无流条件；③"上级切负荷闭锁备自投"条件；④乙站装置启动跳开本站线路 1 断路器；⑤T_T 内乙站线路 1 的断路器处于分位时，进入第⑥步，否则装置放电，报备自投失败；⑥据整定值，切除相关负荷单元；⑦乙站向甲站发命令，合甲站备投单元线路 1 断路器；⑧若在 T_h 时间内两站失压母线电压恢复，则报备自投成功，否则，则报备自投失败。

（2）系统运行方式二。

当乙站线路1运行，线路2热备（甲站侧断路器分位）且甲站线路1运行；图 2-21（c）所示。

当甲站线路1运行，线路2热备（乙站侧断路器分位）且乙站线路1运行；图 2-21（d）所示。远方独立电源运行情况下，联络线为备投线路的备投方式定值表见表 2-6。

表 2-6　远方独立电源运行情况下，联络线为备投线路的备投方式定值表

两站状态 方式		110kV甲站				两站状态 方式		110kV乙站			
		事前方式		备投方式				事前方式		备投方式	
		线路2	线路1	线路2	线路1			线路2	线路1	线路2	线路1
方式×	图 2-21（c）	0	1	1	0	方式×		0	1	1	0
方式×	图 2-21（d）	0	1	1	0	方式×		0	1	1	0

备投动作逻辑［以图 2-21（c）为例，图 2-21（d）类似不再赘述］。

甲站本地动作：

当甲站备自投装置满足条件①②③超过延时 T_q（整定范围 0～8s），且满足条件④的启动条件时，备自投装置启动：①甲站两段母线均满足三相电压< U_{wy}；②乙站两段母线未失压；③甲站线路1满足无电流条件；④"上级切负荷闭锁备自投"条件；⑤甲站装置启动后发令跳线路1断路器；⑥甲站 T_T 内当线路1的断路器处于分位时，进入第⑦步，否则装置放电，报备自投失败；⑦甲站根据整定值，切除相关负荷单元；⑧甲站合线路2断路器；⑨当甲站线路2断路器变为合位或有电流后，T_{hjs} 内若甲站检测到运行或备投元件线路2任一相电流≥ I_{hjs}，则甲站发跳线路2信号，并报备自投失败，结束，否则，进入下一步；⑩若在 T_h 时间内甲站失压母线电压恢复，则报备自投成功。否则，报备自投失败。甲站收乙站命令动作：①接收乙站发来的合线路2命令，合线路2断路器；②当线路2断路器变为合位或有电流后，T_{hjs} 内若乙站检测到运行或线路2任一相电流≥ I_{hjs}，则乙站向甲站发跳线路2信号，并报备自投失败，结束，否则，进入下一步；③若在 T_h 时间内乙站失压母线电压恢复，则报备自投成功，否则，报备自投失败。乙站向甲站发命令动作：①乙站两段母线均满足三相电压< U_{wy}；装置启动；②乙站线路1满足无电流条件；③"上级切负荷闭锁备自投"条件；④乙站装置启动跳开线路1断路器；⑤ T_T 内当乙站线路1的断路器处于分位时，进入第⑥步，否则装置放电，报备自投失败；⑥据整定值，切除相关负荷单元；⑦乙站向甲站发命令，合甲侧线路2断路器；⑧当甲站侧线路2断路器变为合

位或有电流后，T_{hjs}内若乙站检测到运行或线路 2 任一相电流$\geq I_{hjs}$，则向甲站发跳线路 2 信号，并报备自投失败，结束，否则，进入下一步；⑨若在 T_h 时间内乙站失压母线电压恢复，则报备自投成功，否则，则报备自投失。

（3）"上级切负荷闭锁备自投"功能。

110kV 备自投装置应能在上一级执行站采取切负荷措施后，闭锁自投功能。为此，装置应设置"上级切负荷闭锁备自投"控制字定值供整定。

当该定值整定为 0 时，只需备自投启动条件满足，装置即可启动；当该定值整定为 1 时，备自投还需至少满足以下任一条件时，装置方可启动，如图 2-22 所示。

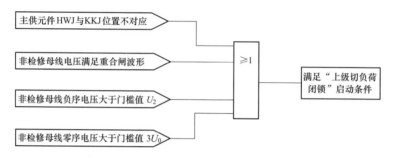

图 2-22 "上级切负荷闭锁备自投"附加启动条件

1）装置检测到主供单元的断路器位置与 KKJ 合后位置信号不对应。

2）任一非检修母线电压满足重合闸波形。波形判别条件如下：

母线电压应满足"有压→无压→有压"的过程，即母线三相电压均低于无压值超过 20ms 后，在装置启动延时 T_q 内，满足任一母线的任一相电压高于 $0.5U_n$ 超过 40ms。

3）至少 40ms 内满足任一非检修母线的负序电压大于"故障下母线负序电压门槛值 U_2"（TV 断线的母线不得参与判别）。

4）至少 40ms 内满足任一非检修母线的零序电压大于"故障下母线零序电压门槛值 $3U_0$"（TV 断线的母线不得参与判别）。

注：该功能判别条件满足后的时效性可按如下考虑：

1）"上级切负荷闭锁备自投"功能的判别条件满足后如非因小电源造成电压支撑，则所有条件不满足后的 10s 内装置满足"无流无压"条件时应启动，但 10s 后装置应重新对该功能条件进行判别；

2）"上级切负荷闭锁备自投"功能的判别条件满足后如因小电源造成电压支撑，则装置满足"无流无压"条件时应启动。

（4）切负荷功能。

为确保备自投成功率，以及防止备自投动作后导致备投元件过载，在备投元件合闸前应切除相关的小电源和负荷单元。

切负荷单元按 16 回考虑，不采集负荷量。各切负荷单元的投退控制字整定范围为 0 和 1，0 表示不切，1 表示切。

（5）"自投于故障后加速切"功能。

110kV 母线一般不配置母差保护，当 110kV 母线发生故障时，为避免备投线路自投于故障点，造成事故扩大，110kV 侧备自投配备"自投于故障后加速切"功能。

当发出合备投元件命令后，若在判备投成功等待延时 T_h（可整定）时间内同时满足以下条件，则装置应启动"自投于故障后加速切"功能，一直满足条件达到自投于故障后加速切延时 T_{hjs}（可整定）时间后发出备投元件的跳闸开出信号，并报备自投失败：

1）"自投于故障后加速切"控制字为 1；

2）任一备投元件任一相电流≥I_{hjs}（可整定）；

注：对于母联备自投方式，取备投侧线路（主变压器）的电流进行判别。

3）满足以下任一母线复合电压开放条件：①非发生 TV 断线异常的任一非检修母线任一相电压低于 U_{yy}（元件判有压定值）；②非发生 TV 断线异常的任一非检修母线零序电压大于固化定值 $3U_{0hjs}$；③非发生 TV 断线异常的任一非检修母线负序电压大于固化定值 U_{2hjs}。

（6）110kV 线路的旁代功能。

为确保装置在线路被旁代的过程中能够正确动作，提高备投成功率，装置对旁代过程进行了处理。见表 2-7 和表 2-8。

表 2-7　　　　　　　　　　　　线路被旁代过程

旁代状态	参与备投逻辑的电气量	参与备投逻辑的 HWJ 信号	参与备投逻辑的 KKJ 位置	动作出口
旁代过渡过程	原线路	旁路	旁路	跳原线路和旁路
旁代完成	旁路	旁路	旁路	跳、合旁路

表 2-8　　　　　　　　　　　　线路退出旁代过程

旁代状态	参与备投逻辑的电气量	参与备投逻辑的 HWJ 信号	参与备投逻辑的 KKJ 位置	动作出口
撤销旁代过渡过程	旁路	原线路	原线路	跳原线路和旁路
无旁代	原线路	原线路	原线路	跳原线路

旁代操作时，应先确认要旁代的线路，并确定相应的旁代压板，并必须做到"先投先撤"旁代压板。为防止投错旁代压板或未做到"先投先撤"，旁代全过程中应检查液晶屏中电流显示值是否正确。同时须注意以下几点：

1）当旁路未代路电源线断路器时，旁路手跳信号不闭锁备自投。代路后，则本线的手跳信号不闭锁备自投。

2）代路后先进入充电判断；代路错误异常，不闭锁备自投，发"旁代压板操作错误异常"告警。

3）旁路代路时，以本线电流与旁路电流之和作为线路电流；当本线电流小于 $5\%I_n$ 时，认为本线跳开，以旁路电流为准计算；撤销旁代时过程相同。

4）旁路时，被旁代的线路不可投该线路的检修压板，即检修压板的等级比旁代压板高。

（7）运行人员进行线路检修压板操作时的注意事项。

在确定代路间隔已被代路，而又需要对相应线路进行检修时，为避免被检修线路电流、断路器位置及手跳信号对程序判断的影响，应投入相应的检修压板。检修压板的投入应遵循"先投后撤"的原则。即当要检修时，先投入检修压板；检修完毕，线路恢复运行后，再撤出检修压板。投入检修压板时，不重新充电。撤出检修压板后，不重新充电。同时可将检修线路的电流在装置竖端子排侧封闭，待检修完毕，线路恢复后，再将电流开入装置。同时须注意以下几点：

1）任何断路器处于冷备用时，均应投入相应检修压板。

2）检修压板优先级高于旁代压板，即：一条线路的检修压板与旁代压板同时投入时，默认检修压板。

五、 案例分析

500kV 某站配置三台 1000MVA 自耦变压器，考虑到主变压器经济运行方式及限制 220kV 母线或线路出口处短路故障情况下的短路电流，正常运行时采用 220kV 双母线并列运行，2 号、4 号两台主变压器运行，1 号主变压器中压侧热备用的运行方式。近年来，500kV 某站三台主变压器有功负荷在 1300～1500MW 之间波动，当 1 号或 4 号主变压器故障跳闸时，将直接导致另一台主变压器过载。为保证系统的稳定运行，在此站稳控系统中增加主变压器中压侧备自投功能，当装置判别出有运行主变跳闸时，主变压器中压侧备自投动作合上热备用主变压器的中压侧断路器。结合 500kV 某站当前设备运行方式，分析主变压器中压侧备自投原理及外部闭锁回路，探讨在实际应用中存在的一些问题并提出改进策略。

1. 正常运行方式

500kV 某站主接线简化示意图如图 2-23 所示。主变压器高压侧所在的 500kV 部分采用二分之三主接线，现场配置四个完整串，2 号、4 号主变压器高压侧分别在第一、第二串，1 号主变压器高压侧没有入串，而是直接接入 500kV 1M 母线。220kV 部分采用双母双分段主接线，正常运行时采用 500kV 合环运行，220kV 双母线并列运行（220kV 母联、分段断路器都在合位），1 号、4 号两台主变压器中压侧分别运行于 220kV 1M、6M 母线，2 号主变压器中压侧热备用于 220kV 2M 母线的运行方式。

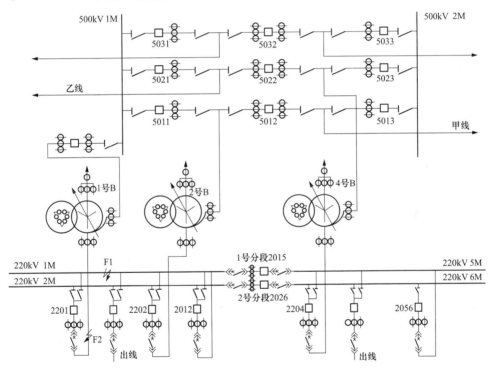

图 2-23　500kV 某站主接线简化示意图

2. 备自投功能

备自投是稳定控制子站的其中一个功能，动作前需处于充电状态，是否充电根据主变压器状态判别，这里的状态主要包括"运行"与"热备用"状态。

"热备用"状态是指主变压器的高压侧断路器处于合位且变高侧有压，主变压器的中压侧断路器处于分位且中压侧有压，且主变压器的检修压板在退出状态。特别地，若主变压器中压侧投运（电气量或断路器位置判投），则主变压器不能被判断为"热备用"状态。

同时满足以下两个条件，备自投判主变压器为"运行"状态：

（1）主变压器高压侧电气量判投运或高压侧 HWJ 为 1，"高压侧 HWJ 判投"经控制字整定；

（2）主变压器中压侧电气量判投运或中压侧 HWJ 为 1，"中压侧 HWJ 判投"经控制字整定。

电气量判投运条件包括投运电流与投运功率，可经定值整定。现场与备自投功能相关的定值整定见表 2-9。

表 2-9   备自投功能相关定值

定值类别	定值名称	定值说明	定值
主变压器开关量基本定值	主变压器跳判 HWJ	是否采用开关位置信号 HWJ 判别	0
	高压侧投判 HWJ		0
	中压侧投判 HWJ		0
主变压器故障判别基本定值	高压侧投运电流	主变压器投运、跳闸启动判据（单位：A、MW、ms）	100
	高压侧投运功率		20
	高压侧跳前功率		80
	中压侧投运电流		100
	中压侧投运功率		20
备自投功能定值	K_{zt}	主变压器跳闸自投控制字	1
	U_1	备投有压定值（%U_n）	85
	U_2	备投无压定值（%U_n）	30
	T_q	主变压器自投启动延时（s）	0.2

（1）充电条件。

当主变压器的状态同时满足以下 4 个充电条件时备自投充电：

1）备自投功能压板投入；

2）"主变压器跳闸自投控制字"定值为 1；

3）一台或以上的主变压器为"运行"状态；

4）一台或以上的主变压器为"热备用"状态。

一直满足上述三个条件经 5s 延时，装置面板上备自投充电灯亮，备自投功能充电完成。

（2）放电条件。

以下 4 个条件任一满足，应放电：

1）备自投功能压板退出，经 20ms 的防抖延时后立即放电；

2）主变压器的状态改变，导致不满足上述充电条件时延时 5s 放电；

3）收到母差、失灵保护动作信号，经 20ms 的防抖延时立即放电；

4）收到运行主变压器（非备自投启动状态下）的手跳信号，经 20ms 的防抖延时立即放电。

（3）动作条件。

备自投充电完成后，当装置判别出有运行主变压器跳闸（高压侧电气量 & 高压侧 HWJ 或中压侧 HWJ）时，经定值整定的延时动作合上热备用主变压器的中压侧断路器，并根据断路器位置或电流判断备投是否成功。现场主变压器中压侧备自投延时动作时间整定为 0.2s。

合备用主变压器的中压侧断路器，应采用判检同期或检无压的合闸方式，即在 10s 时间内若热备用主变压器高压侧与中压侧切换后电压满足同期条件（电压差小于 20%，角差小于 25°）或满足高压侧有压中压侧无压的条件。

（4）备自投功能外部回路。

现运行此站稳定控制子站按双套系统配置，A、B 系统稳定控制子站屏均配置 1 台 RCS-992A 型主机装置，以及 3 台 RCS-990A 型从机装置，每套稳定控制子站都包含备自投功能。为实现备自投功能需接入从机 RCS-990A 的电气量包括 1 号、2 号、4 号主变压器高压侧、中压侧的三相电流、电压量及断路器位置信号，母差、失灵保护动作信号及每台主变压器的手跳信号，如图 2-24 所示。2 号、4 号主变压器高压侧合位信号采用边断路器与中断路器常开辅助接点并联接入，即边断路器或中断路器任意一个在合位时合位开入为 1。主变压器高压侧、中压侧断路器手跳继电器常开辅助接点并联后开入给备自投放电。母差、失灵保护动作接点分别开入备自投作为放电条件。备自投动作后经从机 RCS-990A 出口合主变压器中压侧断路器。备自投逻辑功能在主机 RCS-992A 中实现，主机 RCS-992A 与从机 RCS-990A 经光纤通信。

3. 存在的问题及对策

（1）边断路器在合位时手跳中断路器不应闭锁备自投。

按照备自投放电条件及外部回路可知，对于 2 号、4 号主变压器而言，手分主变压器高压侧边断路器或中断路器都将给备自投放电，而实际上手分中断路器并不一定是停主变压器，也可能是停与主变压器高压侧同串的 500kV 线路，对备自投功能没有影响，也不应去闭锁。以 500kV 甲线停电为例，运行人员需手

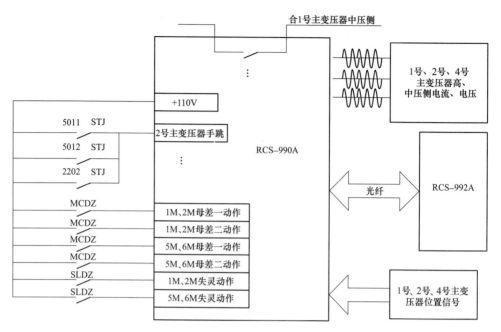

图 2-24　主变压器备自投功能外部回路

分 5012、5013 断路器，当手分 5012 断路器时就会给备自投放电。因此时主变压器状态满足充电条件，放电结束后 5s 备自投自动完成充电，在此充电过程中，任何原因导致的 2 号主变压器失压都将导致备自投不动作。从逻辑上来说，就是不应闭锁的操作使备自投闭锁了，这是不合理的。导致这一问题的直接原因是对于 3/2 接线方式下，边断路器和中断路器同时给 2 号主变压器供电，只有在边断路器在分位时，手跳中断路器才需要给备自投放电。这一问题的解决办法是在手跳放电回路中串联另一断路器的分位接点，即在 5012 断路器 STJ 接点后串入 5011 断路器的分位接点，只有当 5011 断路器在分位时，手分 5012 断路器才会使 2 号主变压器失压，才去给备自投放电，确保在停 500kV 甲线时不影响备自投功能，如图 2-25 所示。同理，可对 4 号主变压器手跳闭锁回路加以改进。

（2）母差保护动作闭锁备自投功能不完善。

按当前运行方式，即 1 号、4 号主变压器中压侧运行，2 号主变压器中压侧热备用，当故障点位于 220kV 1M 母线上（如图 2-23 中 F1 处）时，母差保护动作跳开运行于 1M 母线上的所有断路器，4 号主变压器带 220kV 2M、5M、6M 母线上所有负荷，这将直接导致 4 号主变压器过载。而在这一情况下，备自投完全可以合上 2202 断路器，但母差保护动作后给备自投放电了，就是不应闭锁的

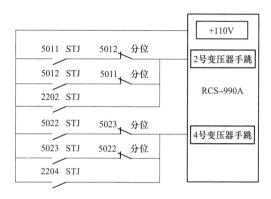

图 2-25 增加 TWJ 后的手跳放电回路示意图

保护动作使备自投闭锁了，这是不合理的。不应闭锁的情况还不只这种方式，现以 2201 断路器运行，2202 断路器热备用于 1M 或 2M，1M 母线或 2M 母线故障，考虑倒母过程中或投单母方式不同情况下是否应该出口合上 2202 断路器加以分析，见表 2-10。

表 2-10　　　1 号、2 号主变压器中压侧不同运行方式时备投变中分析

故障母线	2 号主变压器中压侧	是否合 2202
1M 母线故障	热备用于 1M	否
1M 母线故障	热备用于 2M	是
2M 母线故障	热备用于 1M	是
2M 母线故障	热备用于 2M	否
倒母或投单母方式	热备用于 1M	否
倒母或投单母方式	热备用于 2M	否

从表 2-9 中可以看出，只有 2202 断路器所在的母线故障时才应该闭锁备自投。这一问题的解决办法是将 1 母差动（或 2 母差动）动作接点与 2 号主变压器中压侧对应母线隔离开关 22021（或 22022）常开辅助接点串联后开入备自投闭锁回路，如：

1）22021 隔离开关常闭接点闭合，证明 2 号主变压器中压侧热备用与 1M 母线；

2）1 母差动动作，说明 1M 母线有故障。

满足以上两个条件，则闭锁备自投动作。在倒母过程中或投单母方式下，任何一条母线故障，1M 母线差动、2M 母线差动都会动作，也能正常闭锁备自投。改进后的母差闭锁备自投回路如图 2-26 所示。

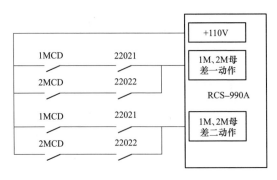

图 2-26　改进后的母差闭锁备自投示意图

（3）备投启动延时整定过短将可能导致变中投于故障。

近年来，保护动作数据表明断路器失灵次数约占全部系统故障的 0.9％，这说明断路器失灵已成为一种常见故障。因此，主变压器中压侧备自投也必须考虑断路器失灵的影响。此站主变压器中压侧失灵回路原理如图 2-27 所示。

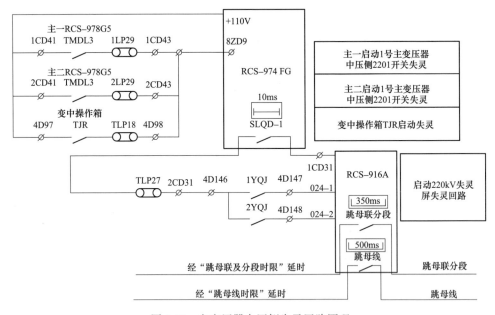

图 2-27　主变压器中压侧失灵回路原理

当故障点位于 1 号主变压器中压侧断路器 TA 与套管 TA 之间（图 2-23 中 F2 点）时，故障点在主变压器差动保护范围内，主变压器差动保护动作出口跳开主变压器三侧断路器。此时，如果主变压器中压侧断路器拒动，非电量保护 RCS-974FG 失灵第一时限启动断路器独立失灵 RCS-916A 保护，经"跳母联及分段时限"延时（350ms）跳母联分段，经"跳母线时限"延时（500ms）出口跳开运行于 220kV 1M 母线上其他断路器，为方便分析，假设各断路器固有分闸时间为 20ms，固有合闸时间为 30ms，则 530ms 后故障点才被隔离，如图 2-28 所示的时序分析。

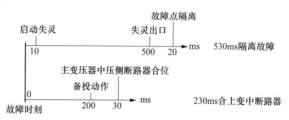

图 2-28　主变压器中压侧备投与失灵出口隔离故障时序示意图

备自投启动延时为 200ms，230ms 合上主变压器中压侧断路器，这将直接导致主变压器中压侧合于故障，主变压器中压侧备投失败，且对系统造成较大冲击。

近年来，对失灵保护时间定值在不断的优化，从投产至今，此站失灵保护定值经历了三次修改，失灵跳母联分段、失灵跳母线的时间在不断缩短，见表 2-11，目前现场都整定为 0.2s。即便是这样，主变压器中压侧断路器失灵时间与主变压器中压侧备自投动作延时配合仍然存在困难。

表 2-11　　　　　　　　　部分修改的定值内容

装置型号	定值项	2006-10-12	2015-5-14	2015-8-6
RCS-916A	跳母联分段时限	0.35s	0.24s	0.2s
	跳母线时限	0.5s	0.24s	0.2s
RCS-974FG	中压侧失灵（失灵第一时限）	0.01s	0.01s	0.01s
RCS-992A	主变压器备自投延时	0.2s	0.2s	0.2s

以故障时刻为起点，主变压器中压侧失灵闭锁备自投时间为：RCS-974FG 失灵启动延时（10ms）＋RCS-916A 跳母线时限（200ms）＋防抖延时（20ms），即故障后 230ms 后备自投放电，而主变压器中压侧备自投合中压侧出口延时为 200ms，也就是说失灵保护动作来不及给备自投放电。失灵保护动作隔离故障点的时间为：RCS-974FG 失灵启动延时（10ms）＋RCS-916A 跳母线时限（200ms）＋断路器固有分闸时间（20ms）＝230ms，而变中合上时间为：主变压器备自投延时（200ms）＋断路器固有合闸时间（30ms）＝230ms，如果考虑中压侧失灵启动回路中各重动继电器的延时，故障隔离时间将大于中压侧合上时间，这将导致中压侧合于故障。

为避免中压侧合于故障，主变压器中压侧备自投启动延时与失灵保护延时配合上应满足：主变压器备自投启动延时＞中压侧失灵动作时间＋防抖延时（20ms）＋可靠时间裕度。

（4）选用断路器 TA 将可能导致中压侧投于故障。

此站主变压器电流绕组选择如图 2-29 所示，稳控 A 套高压侧和中压侧电流都是选择的主变压器套管 TA，而稳控 B 套高压侧和中压侧电流都是选择的断路器 TA 电流，稳控 B 套有可能导致中压侧投于故障。以故障点位于高压侧断路器 TA 与高压侧套管 TA 之间为例，主变压器差动保护动作出口跳开主变压器三侧断路器，此时，如果中压侧断路器失灵，在失灵保护动作隔离故障点之前，使用套管 TA 的稳控 A 套能实测到由 220kV 母线经失灵的中压侧断路器反送过来的故障电流，主变压器备投不动作。但使用断路器 TA 的稳控 B 套由于 5011、5012 断路器已断开，不能实测到这一故障电流，这将直接导致备自投动作将2202 断路器合于故障母线。解决这一问题的方法是将稳控 B 套改用高压侧套管 TA 绕组 38LH。当然，这一问题存在的前提是主变压器中压侧备自投启动延时与失灵保护延时配合不合理，如果失灵保护能在主变压器中压侧备自投合上2202 断路器前隔离故障，主变压器中压侧备自投也能正确动作。

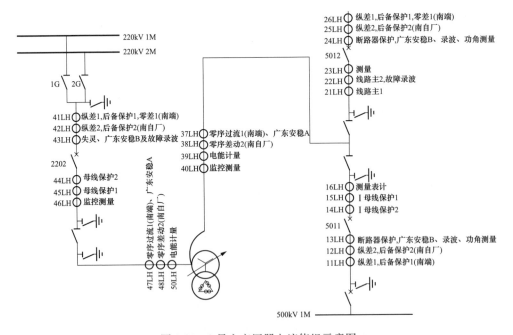

图 2-29　2 号主变压器电流绕组示意图

第三章 线路保护现场运行维护技术

线路保护装置主要用于各电压等级的输电线路间隔单元的保护、测控，当输电线路发生故障时，线路保护装置将动作切除故障线路。输电线路根据不同的输送功率和输送距离，采用不同电压等级的电压输电，不同电压等级输电线路的保护配置、技术规范要求不同。以下介绍不同电压等级输电线路的保护配置、500kV与220kV线路保护的配置原则、各种线路保护的原理、影响因素及运行技术。

第一节 输电线路保护的配置

输电线路根据不同的输送功率和输送距离，采用不同电压等级的电压输电，不同电压等级输电线路的保护配置如下：

（1）35、10kV线路保护配置。

1）无时限电流速断保护；

2）带时限电流速断保护；

3）定时限过电流保护。

（2）110kV线路保护装置配置。

1）Ⅲ段相间和接地距离；

2）Ⅳ段零序；

3）当线路很短时，配置纵联差动保护。

（3）220kV线路保护装置采用双重化配置。

1）主保护（纵联差动或纵联距离、纵联方向、纵联零序），优先配置两套光纤差动。

2）后备保护（Ⅲ段式相间、接地距离和Ⅳ段式零序）。

（4）500kV线路保护装置采用双重化或多重化配置。

1）主保护（纵联差动或纵联距离、纵联方向、纵联零序），优先配置两套光纤差动；

2）后备保护（Ⅲ段式相间、接地距离和Ⅳ段式零序、反时限零序方向电流保护）；

3）断路器保护；

4）短引线保护，远方跳闸保护，过电压保护；

5）高抗电气量保护。

（5）保护类型

1）主保护。满足系统稳定和设备安全的要求，能以最快的速度有选择性地切除电力设备及输电线路故障的保护（对于 220kV 以上线路，要求主保护全线速动，则其主保护为纵联方向、纵联距离、光纤差动，距离保护不是主保护）。

全线速动是指在装置保护范围内在整条线路上任意点发生故障，保护装置都能无延时动作，迅速切除故障。220kV 及以上保护装置应双重化配置，主保护配置如图 3-1 所示。

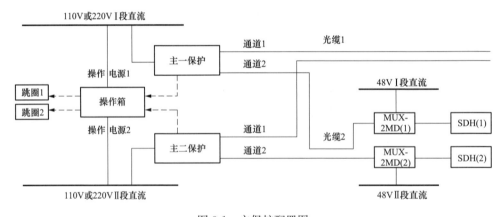

图 3-1   主保护配置图

2）后备保护。

a. 近后备保护：当主保护或断路器拒动时，由本线路其他保护或本电力设备其他保护切除故障，当断路器失灵时，由断路器失灵保护切除故障。500kV 只用近后备。

b. 远后备保护：当主保护或断路器拒动时，由相邻线路保护切除故障。

3）辅助保护。为补充主保护和后备保护的性能，或当主保护后备保护退出运行时而增设的保护。

一、 500kV 线路保护配置原则

500kV 长线路为了消除线路末端因线路分布电容引起的过电压，一般在线路末端（即受电侧）处装设并联电抗器。超长线路（大于 300km）时，为减小线路阻抗，线路中间还装设串补电容器。

500kV 线路一般采用 3/2 断路器接线，因此线路停电时，断路器要合环，需增加短引线保护。

500kV 线路并联电抗器保护需跳对侧断路器，因此需增加远方跳闸保护。

500kV 线路输送功率大，稳定储备系数小。为了保证系统稳定，要求动作速度快，整个故障切除时间小于 100ms。保护动作时间一般要不大于 50ms。

500kV 线路分布电容大。因此线路空投时，末端电压高。切除故障时可能出现潜供电流。为限制潜供电流，提高单相重合闸的成功率，线路电抗器中性点应增加小电抗器。潜供电流是当故障线路故障相两侧切除后，非故障相与断开相之间存在的电容耦合和电感耦合，继续向故障相提供的电流，如图 3-2 所示。

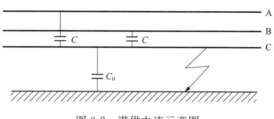

图 3-2 潜供电流示意图

500kV 线路保护配置原则如下：

（1）500kV 交流线路至少应装设两套完整的、各自独立的全线速动数字式主保护，优先采用双套光纤电流差动保护的配置方式。当两套主保护都有完善、独立的后备保护功能时，可不装设独立的后备保护，保护应有独立的选相功能。而这两套全线速动保护的功能应满足以下原则要求：

1）每一套保护对全线路内部发生的各种故障（单相接地、相间短路，两相接地、三相短路、非全相再故障及转移故障）均能正确反应，每套保护具有独立的选相功能，实现分相和三相跳闸，当一套停用时，不影响另一套运行。

2）两套保护的交流电流、电压、直流电源彼此独立。

3）每套保护分别经断路器的两个独立跳闸线圈出口。

4）每套主保护分别使用独立的通道信号传输设备，若一套采用专用收发信机，另一套可与通信复用通道。专用光纤通道是线路两侧的装置通过光纤通道直接连接。采用专用光纤通道时，传输距离不宜过长，一般不超过 50km，若距离过长，宜采用复用通道。

（2）为减少传输延时，提高保护的抗干扰能力，对分散式的保护室或与通信机房相距过远的保护室，宜在保护室就地配置载波机或 SDH 设备。

（3）500kV 线路保护应坚持双通道原则，即每套保护都应配置两个在物理上相互独立的通道，并保证至少一路光纤通道，并应为每个通道都配置独立的收发信压板。

（4）500kV 线路保护应具有反时限零序方向电流保护，以切除高电阻接地故障。反时限特性采用 IEC 标准的一般反时限特性曲线。

（5）为防止线路过电压与断路器失灵，应按双重化配置过电压与远跳保护。过电压保护远方跳闸信号的发送和接收应采用双重化配置，并应设置通道投退把手，通过把手投退通道、闭锁保护，并配置独立的收发信压板。过电压保护远方跳闸回路应设有远方跳闸就地判别装置，该装置在正常情况下采用"二取二"收信方式；集成式保护光纤收信工作逻辑及保护远方跳闸光纤收信工作逻辑均采用"有判据"和"无判据"收信方式；但集成式保护增加的载波收信工作逻辑有"二取二"和"二取一"判断逻辑。

（6）每组断路器配置一套断路器保护，断路器保护应具有断路器失灵保护、3/2 接线死区保护、断路器重合闸、三相不一致保护和断路器充电保护等功能。

第一种配置方式：线路两侧各配置两套光纤电流差动保护与一套光纤距离保护，每套保护均采用两路复用光纤通道，且线路两侧各配置两套过电压及远跳保护装置，每套过电压及远跳保护均采用两路复用光纤通道。

第二种配置方式：线路两侧各配置两套集成了过电压及远跳功能的光纤电流差动保护，每套保护采用两路复用 2M 光纤通道，每套过电压及远跳保护均采用两路复用光纤通道。

二、 220kV 常规线路保护配置原则

（1）对于 220kV 线路保护，在具备光纤通道条件时，应按照以下条件配置保护：

1）光纤通道的使用应符合《线路保护光纤通道配置应用规范》的有关要求，确保同一 220kV 线路的两套保护的通道在物理上完全独立。新上线路保护无论

采用专用通道还是复用通道，均不应使用 64k 通信速率。

2）对于只有一套光纤保护的，应优先采用光纤电流差动保护，另一套采用高频距离。高频距离保护宜单独使用 A 相高频通道。

3）对于两套保护均采用光纤保护的，必须保证所采用的光纤通道在物理上完全独立（包括光缆、路由设备、接口设备以及保护电源），以防止任一元件异常时，双套纵联保护退出的情况。

4）有旁路代路需求时，不宜配置双套光纤差动保护（配置的光纤电流差动保护具备光口方式的纵联距离保护功能的除外）。

（2）220kV 旁路代路运行时应保证有一套全线速动的纵联保护。旁路保护宜采用具有分相命令的纵联距离，必要时可增配一套电流差动保护，但不宜配置纵联方向原理的保护作为旁路保护。

（3）为改善零序保护的定值配合，应采用带 4 段零序后备的线路保护。

（4）220kV 线路均应配置自动重合闸。重合闸功能宜包含在线路保护中。

（5）断路器本体具备三相不一致功能的，应投入使用。

三、 220kV 及以上同杆并架线路保护配置原则

（1）输电线同杆并架长度超过全线 30% 的线路应采用 220kV 同杆并架线路保护配置原则，不足的 30% 的线路，也宜采用或参照 220kV 同杆并架线路保护配置原则。同杆并架线路保护配置方案应综合考虑各项同杆并架线路保护的性能需求，按照保证系统安全稳定，兼顾供电可靠性的原则，尽可能配置光纤差动保护。

（2）对具备两路在物理上完全相互独立的光纤通道资源，节点数也符合有关运行要求的线路：

1）每回线路应配置至少一套分相电流差动保护，确保所有类型的同杆跨线故障均能可靠切除。

2）没有旁路代路需求的线路，应配置两套分相电流差动保护。

3）对于有旁路代路需求的线路：①对同时切除可能引起系统稳定问题的线路，应配置两套分相电流差动保护，若仍要保留旁路代路功能，则应增配一套同型号的分相电流差动保护做旁路保护。②对同时切除可能影响供电可靠性的线路，可配置一套分相电流差动保护和一套传输分相命令的纵联保护。③没有系统稳定问题或影响供电可靠性的线路，可配置一套分相电流差动保护和一套传输分相命令的纵联保护。

（3）对仅具备一路在物理上完全相互独立的光纤通道资源，节点数也符合有关运行要求的线路：

1）配置一套分相电流差动保护和一套传输单命令的纵联距离保护（对仅具备一路完整独立光纤通道的，经相关继电保护主管部门批准后，可配置一套分相电流差动保护和一套纵联距离保护）。

2）制订通道改造计划，并向相关继电保护主管部门备案。

（4）对不具备光纤通道或通信资源不满足有关运行要求的线路，应向相关继电保护主管部门备案。

四、 220kV 及以上线路穿越重冰区或存在旁路代路时的保护配置原则

220kV 及以上线路保护应配置两套光纤电流差动保护。穿越重冰区或存在旁路代路运行方式的线路，每套光纤电流差动保护应具有纵联距离保护功能。

双重化配置的两套线路保护能适应应急通道，应至少有一套保护必须采用应急通道；应急通道采用公网光纤通道时，配置的光纤电流差动保护应具备光口方式的纵联距离保护功能；正常运行具有两路光纤通道，配置两套光纤电流差动保护的线路，应急通道采用载波通道时，配置的光纤电流差动保护应具备接点方式的纵联距离保护功能。

（1）每套线路保护所用的通道，无论是光纤通道还是载波通道，在物理上必须完全独立，其中一个通道任何环节出现故障时都不得影响到另一通道的运行。原则上，同一根光缆的不同光纤芯不能视为相互独立的两个通道。

（2）保护用专用光纤通道或复用光纤通道的速率均不应小于2M，两者在可靠性上差别不大，均可在工程应用中采用。线路保护、远跳保护应优先采用复用光纤通道。长度小于40km的线路，保护通道可采用专用光纤芯。

（3）线路保护、远跳保护装置采用2M通道时，每套保护的两个通道应同为光接口或同为电接口；线路两侧的通道类型一致。

遭遇冰雪等恶劣天气可能导致架空安装的双光纤通道中断，使原光纤电流差动主保护失去传输通道，此时应切换到应急通道，以纵联距离保护作为主保护运行。应急通道若是公网光纤通道有可能存在自愈环不能保证收发同步性，因此不适合光纤差动保护；如使用载波通道适用于纵联距离、纵联零序保护，不适合光纤差动保护，使用应急通道时必须两侧保护同时切换至纵联距离保护作为应急时的主保护运行。凡穿越重冰区使用架空光纤的线路保护还应满足如下配置要求：①双重化配置的两套全线速动的主保护和过电压及远方跳闸保护应能适应应急通

道，其中至少一套保护采用应急通道。②应急通道采用公网光纤通道的线路，配置的光纤电流差动保护应具备光口方式的纵联距离保护功能。③应急通道采用载波通道时，配置的光纤电流差动保护应具备接点方式的纵联距离保护功能。④具备两路远跳应急通道时，宜按双重化配置远方跳闸保护。两路远跳应急通道分别接入两套远方跳闸保护。

对于存在旁路运行方式的线路保护，线路保护装置停运后原来经光纤通道收、发的电流数据不能直接传输到旁路保护装置，而线路保护装置的纵联信号可切换到旁路保护装置，因此配置两套光纤电流差动保护时，其中应至少有一套具有纵联距离保护功能。

第二节　线路纵联保护

纵联保护在电网中可实现全线速动，可保证电力系统稳定运行和提高输送功率、减少故障造成的损坏程度、改善与后备保护的配合性能。它以线路两侧判别量的特定关系作为判据，两侧均将判别量借助通道传输到对侧，然后，两侧分别按照对侧与本侧判别量之间的关系来判别区内故障或区外故障。它包括纵联距离保护、纵联零序保护和纵联差动保护。各种纵联保护的构成原理不同、各有优缺点。

一、光纤差动保护

光纤差动保护就是采用分相电流差动元件和零序电流差动元件为主体的快速主保护。光纤差动保护装置还集成包括由工频变化量距离元件构成的快速Ⅰ段保护，由三段式相间和接地距离及多个零序方向过流构成的主后一体化保护装置。

分相电流差动保护较其他全线速动保护有两个突出的优点：一是对系统中发生的各种故障，均能全线快速跳闸，不受系统振荡的影响；二是当同杆并架的双回线发生跨线故障时，保护能准确选相和选线，不会误动作。配置分相电流差动保护的线路，无专门的就地判别装置，电流差动保护原理简单，不受系统振荡、线路串补电容、平行互感、系统非全相运行方式的影响，差动保护本身具有选相能力，保护动作速度快，最适合作为主保护。

光纤差动保护的优点是解决了高频相差、高频距离、高频方向很难解决的系统振荡、高阻接地、选相、复故障等问题。差动保护的缺点是对光纤通道的依赖性强，要求通道不中断、误码率要低，需要同步采样，通道延时要求高，不同光纤差动保护需要不同的通道。只能和同型号的光纤差动构成整套主保护，用旁路断路器代线路断路器时不易配合。

线路两端均配置光纤纵联差动保护的，其两侧（A、B侧）保护的光差保护运行控制字中的"主机方式"应分别整定为"1"和"0"，见表3-1和表3-2。

表 3-1　　　　　　　　　　**A 侧光差保护运行控制字整定情况**

保护	控制字
投纵联差动保护	1
TA断线闭锁差动	1
主机方式	1
专用光纤	1
通道自环试验	0
远跳受本侧控制	1

表 3-2　　　　　　　　　　**B 侧光差保护运行控制字整定情况**

保护	控制字
投纵联差动保护	1
TA断线闭锁差动	1
主机方式	0
专用光纤	1
通道自环试验	0
远跳受本侧控制	1

电流差动保护装置的工作原理逻辑如图3-3所示。

以A相故障为例，此时保护启动，A相本侧差动元件动作，若TA断线差动元件启动，TA断线闭锁没有投入，或TA没有断线，与门M4输出至"1"，本侧差动保护投入且通道正常，与门M6输出至"1"，与门M7输出至"1"，此时又收到对侧差动信号，与门M15输出至"1"，与门M11输出至"1"，则A相差动动作跳闸。与门M7输出至"1"，使或门M10输出至"1"，保护启动使与门M14输出至"1"，则向对侧发差动动作允许信号。

二、纵联距离保护

纵联距离保护是以方向阻抗继电器作为方向元件的纵联保护，方向阻抗继电器不仅有方向性，还有固定的动作范围，可以超范围整定，也可以欠范围整定。

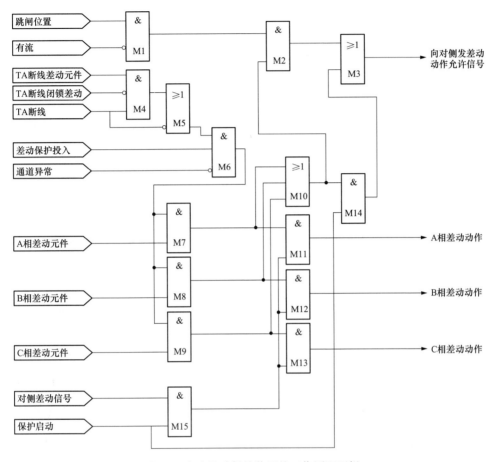

图 3-3　电流差动保护装置的工作原理逻辑

纵联距离保护装置还集成包括由工频变化量距离元件构成的快速Ⅰ段保护，由三段式相间和接地距离及多个零序方向过电流构成的主后一体化保护装置。

高频距离是以线路上装有方向性距离保护装置作为基本保护，增加相应的发信和收信设备，通过通道构成纵联距离保护。收发信机与距离Ⅰ段构成欠范围，与距离Ⅱ段构成超范围。欠范围方式（起动发信范围仅是本线的 80％ 左右）由距离Ⅰ段发信，收到对侧载波机跳闸信号后加速Ⅱ段跳闸。超范围方式（起动发信范围超过本线）由方向元件起动由监频转为跳频发信，当收到对侧载波跳闸信号后加速Ⅱ段跳闸。500kV 线路保护一般采用的是超范围允许式高频保护。

高频距离的优点：对通道要求不高，不需同步调整，对通道可实时检测。可采用不同原理的原件分命令传输，解决了跨线故障、选相等问题。

三、 纵联零序保护

纵联零序保护是以零序电流和零序方向元件构成的快速主保护。纵联零序保护装置还集成包括工频变化量距离元件构成的快速Ⅰ段保护，由三段式相间和接地距离及多个零序方向过流构成的主后一体化保护装置。

纵联零序保护的缺点：受互感影响误动；接地运行的自耦变压器零序阻抗小，零序电压灵敏度可能不足。

四、 纵联保护运行维护要求

（1）线路纵联保护两侧应同步投入或退出。

1）纵联保护投入前，应先投入两侧保护的接口设备及通道，两侧分别进行通道对调（或对通道监视信号进行检查），确认通道正常后，投入两侧相应的保护。

2）纵联保护的退出，应先退出两侧纵联保护功能压板，再根据现场要求决定是否退出纵联通道。

3）以下任何一种情况，纵联保护应退出。①运行出现代供方式下不能进行通道切换时；②相应保护及回路有工作或出现异常时；③单通道纵联保护的通道上有工作或出现异常时；④多通道纵联保护全部通道上有工作或出现异常时；⑤通道测试中发现异常或通道异常告警时；⑥对侧查找直流接地需拉合闭锁式纵联保护的直流电源时。

4）线路两侧纵联保护装置必须同时投入或退出。两套主保护运行情况下，为减少操作，单侧更改线路保护定值，对侧对应的纵联保护可不退出。修改定值的一侧退出口压板外，纵联保护功能压板也应退出，并将尽快完成定值更改工作。

（2）在获知纵联保护误动作后，相应调度当值调度员应下令将纵联保护退出，并通知有关部门进行处理。

（3）一般情况下，500kV线路的纵联保护全部退出运行时，线路应停运。

（4）220kV线路的纵联保护全部退出后原则上该线路应停运。如果一次系统有特殊需要该线路无法停运，允许将该线路两侧对全线有灵敏度的保护（一般为相间、接地距离Ⅱ段）动作时间缩短，此时间整定应确保与极限切除时间有足够的时间级差，该配合级差主要考虑保护动作时间、断路器开断时间及一定的时间裕度，220kV系统一般取0.2s，但必须经运行方式部门确认满足系统稳定要求方可执行。

（5）纵联保护在投入状态下，除定期交换信号外，禁止在保护通道或保护回路上进行任何工作。

（6）线路停电时，若两侧纵联保护无工作，保护可以不退出运行，恢复送电后应先进行通道测试或检查通道监视信号正常。

（7）当 TV 断线或因故退出时，对于采用方向元件或阻抗元件的保护（如高频方向、高频闭锁距离、零序等）须退出运行，退出运行前应先报告相应调度当值调度员；对采用电流型原理的纵联保护（如光纤差动、导引线差动）不退出运行。

（8）运行人员应按规定进行专用载波通道的测试工作。

1）有人值班站每日按规定时间进行一次通道测试，并认真填写记录表，记录数据应包括天气、收发信电平值、收发信信号灯、电平指示灯（或显示值）、告警灯等内容。

2）无人值班站，保护及收发信机的相关告警信号应接入集控系统，运行人员可通过集控系统每日进行远方测试。运行人员对变电站进行常规巡视检查时，应进行一次各线路保护专用载波通道的测试工作，并按有人值班变电站的记录方式进行记录。

3）无论是否有人值班，在以下情况下应增加一次通道测试，并做好记录：①断路器代路及恢复原断路器运行时，对代路线路；② 线路停电转运行时，对本线路；③保护工作完毕投入运行时，对本线路；④有人值班或可以远方测试的变电站，天气情况恶劣（大雾或雷雨天气）时，建议增加通道测试次数。

（9）纵联保护为复用载波通道时，复用载波通道的通道异常信号必须引至中央信号或监控系统，以便于值班人员监视。

（10）光纤通道构成的纵联保护均有自动检测通道功能，平常值班人员不必做通道测试。只要不出现通道报警，即可视为通道正常。这类保护投入运行前或线路复电前，只需确认通道无报警信号即可。投入后需再次确认无异常情况出现。

第三节　线路距离保护

110kV 线路保护因 TV 断线过流受距离保护投入压板控制且 TV 断线装置会闭锁距离保护，TV 断线或检修期间距离保护投入压板不应退出。TV 由运行转检修状态期间可采取措施防止距离保护误动作。

任何情况下线路负荷电流均不得超过距离保护允许电流（110kV 线路一般为线路 25℃ 载流量），否则应适当变更运行方式调整潮流，经主管领导批准后才可退出相应保护段或临时改定值。

一、 距离保护基本原理与构成

利用保护安装处测量电压和测量电流的比值所构成的继电保护方式称为阻抗保护，

即

$$\frac{\dot{U}_{\mathrm{m}}}{\dot{I}_{\mathrm{m}}}=Z_{\mathrm{m}}=Z_1 l_{\mathrm{m}}$$

式中　Z_1——线路单位长度的正序阻抗；

　　　l_{m}——短路点的距离，km。

二、 短路点过渡电阻对距离保护的影响

在金属性短路时，保护安装处的测量阻抗都是等于从短路点到保护安装处的正序阻抗 Z_{k}。但是，由于电力系统中的短路往往都是经过过渡电阻的，使短路点的故障相或故障相间上的电压不再等于零，因此继电器的测量阻抗就不再等于 Z_{k}，测量阻抗在幅值和相位上都将发生变化，从而对阻抗继电器的动作行为产生影响。

1. 正方向短路

正方向短路如图 3-4 所示。

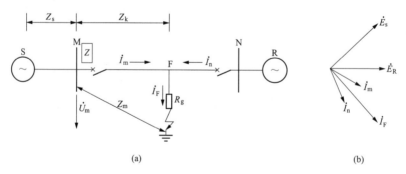

(a)　　　　　　　　　　　　　　　(b)

图 3-4　正向短路示意图

（a）系统图；（b）电流相量图

图 3-4 中 $\dot{U}_{\mathrm{m}}$、$\dot{I}_{\mathrm{m}}$、$\dot{I}_{\mathrm{n}}$、$\dot{I}_{\mathrm{F}}$ 的正方向为箭头方向所示。

故障相或故障相间的阻抗继电器的测量阻抗为：

$$Z_\mathrm{m} = \frac{\dot{U}_\mathrm{m}}{\dot{I}_\mathrm{m}} = \frac{\dot{I}_\mathrm{m} Z_\mathrm{k} + \dot{I}_\mathrm{F} R_\mathrm{g}}{\dot{I}_\mathrm{m}} = Z_\mathrm{k} + \frac{\dot{I}_\mathrm{F}}{\dot{I}_\mathrm{m}} R_\mathrm{g} = Z_\mathrm{k} + \Delta Z_\mathrm{R} \tag{3-1}$$

式中 $\Delta Z_\mathrm{R} = \dfrac{\dot{I}_\mathrm{F}}{\dot{I}_\mathrm{m}} R_\mathrm{g} = \left| \dfrac{I_\mathrm{F}}{I_\mathrm{m}} \right| e^{j\theta} R_\mathrm{g}$，为由过渡电阻产生的附加阻抗。

其中 $\theta = \arg \dfrac{\dot{I}_\mathrm{F}}{\dot{I}_\mathrm{m}}$

下面进行分析：

（1）装在 M 侧的阻抗继电器的测量阻抗是从保护安装处 M 侧往短路点看过去的经过渡电阻 R_g 下方接地点的阻抗。所以测量阻抗为 Z_m，其中包括过渡电阻 R_g 产生的附加阻抗 ΔZ_R。过渡电阻的附加阻抗是由过渡电阻上的压降产生的。

（2）因为 $\dot{I}_\mathrm{F} = \dot{I}_\mathrm{m} + \dot{I}_\mathrm{n}$，在一般的供电角下 $|I_\mathrm{F}| > |I_\mathrm{m}|$，故 $|\Delta Z_\mathrm{R}| > R_\mathrm{g}$。这是由于对侧 $\dot{I}_\mathrm{n}$ 的助增作用造成的。

（3）由于 $\dot{I}_\mathrm{F}$ 与 $\dot{I}_\mathrm{m}$ 相位不一定相同，所以 ΔZ_R 与 R_g 不一定同相位。当 $\theta > 0°$ 时，附加阻抗为感性的。当 $\theta < 0°$ 时，附加阻抗为容性的。当 $\theta = 0°$ 时，附加阻抗为纯电阻性的。

（4）过渡电阻对阻抗继电器工作的影响，如图 3-5 所示。

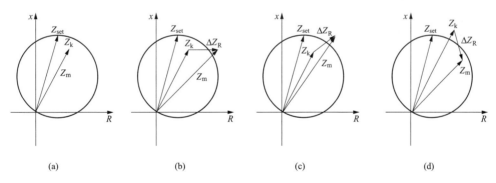

图 3-5 过渡电阻对阻抗继电器工作的影响

（a）金属性短路；（b）纯电阻性；（c）感性；（d）容性

1）图 3-5（a）正向金属性短路时测量阻抗 $Z_\mathrm{m} = Z_\mathrm{k}$，落入动作圆内，小于整定值 Z_set 而可靠动作。

2）图 3-5（b）正方向经过渡电阻短路时，过渡电阻产生的附加阻抗 ΔZ_R 为纯电阻性的动作特性圆。

3）图 3-5（c）正方向经过渡电阻短路时，过渡电阻产生的附加阻抗 ΔZ_R 为感性的动作特性圆。

4）图 3-5（d）正方向经过渡电阻短路时，过渡电阻产生的附加阻抗 ΔZ_R 为容性的动作特性圆。

从图 3-5（b）、（c）所示的圆中可见，当附加电阻 ΔZ_R 是纯电阻性和感性时，可能会造成区内故障时阻抗继电器拒动。从图 3-5（d）中可见，当附加电阻 ΔZ_R 是容性时可能会造成区外故障时阻抗继电器误动，这种区外短路的误动称为超越。

（5）装在输电线路送电端和受电端的阻抗继电器在正方向短路时，其过渡电阻的附加阻抗呈现不同的性质。

当输电线路发生金属性接地短路时，测量阻抗 $Z_m = Z_k$，落入动作圆内，小于整定值 Z_{set} 而可靠动作，如图 3-5（a）所示。

假如：$\dot{E}_s$ 超前 $\dot{E}_R$，则 M 侧是送电端，N 侧为受电端。由图 3-15（b）、（c）、（d）所示可见，送电侧的阻抗继电器由于 $\dot{I}_F$ 落后 $\dot{I}_m$，$\theta < 0°$，所以过渡电阻产生的附加阻抗呈现容性。故区外短路故障时阻抗继电器容易产生超越。相反，装于受电侧的阻抗继电器由于 $\dot{I}_F$ 超前 $\dot{I}_n$，$\theta > 0°$，所以过渡电阻产生的附加阻抗呈现感性。故区内短路故障时阻抗继电器容易拒动。当是单侧电源时，$\theta = 0°$，附加阻抗为纯电阻性的。

（6）在短线路上过渡电阻对阻抗继电器的影响更大。所谓短线路是指本线路的阻抗 Z_L 与保护背后电源的等值阻抗 Z_s 之比，Z_L / Z_s 值很小。由图 3-4 可见，随着 Z_s 的增大，流过保护的电流 $\dot{I}_m$ 与 $\dot{I}_F$ 的比值将减少，根据式（3-1）可知，过渡电阻的附加阻抗 ΔZ_R 值加大。所以安装在受电侧阻抗继电器更容易在区内短路时拒动，安装在送电侧阻抗继电器也更容易在区外短路时误动。

（7）两相经过渡电阻接地短路时，对两个故障相的接地阻抗继电器工作的影响。如图 3-6 所示。

在图 3-6 系统中 K 点发生 B、C 两相经过渡电阻 R_g 接地短路，忽略相间的电弧电阻。在 R_g 上的电流为 $\dot{I}_{FB} + \dot{I}_{FC}$，短路点 K 的 B 相和 C 相电压均为（$\dot{I}_{FB} + \dot{I}_{FC}$）$R_g$，流过保护的 B、C 相电流和零序电流分别为 $\dot{I}_B$、$\dot{I}_C$ 和 $\dot{I}_0$。保护安装处 B、C 相电压为 $\dot{U}_B$ 和 $\dot{U}_C$。则保护安装处 B 相和 C 相两个接地阻抗继电器的测量阻抗分别为：

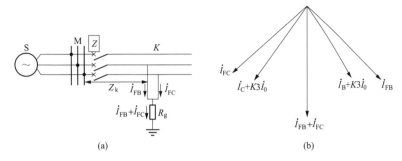

图 3-6 两相经过渡电阻接地短路

（a）系统图；（b）相量图

$$Z_{mB} = \frac{\dot{U}_B}{\dot{I}_B + K3\dot{I}_0} = \frac{(\dot{I}_B + K3\dot{I}_0)Z_k + (\dot{I}_{FB} + \dot{I}_{FC})R_g}{\dot{I}_B + K3\dot{I}_0}$$

$$= Z_k + \frac{\dot{I}_{FB} + \dot{I}_{FC}}{\dot{I}_B + K3\dot{I}_0}R_g = Z_k + \Delta Z_{RB} \tag{3-2}$$

$$Z_{mC} = \frac{\dot{U}_C}{\dot{I}_C + K3\dot{I}_0} = \frac{(\dot{I}_C + K3\dot{I}_0)Z_k + (\dot{I}_{FB} + \dot{I}_{FC})R_g}{\dot{I}_C + K3\dot{I}_0}$$

$$= Z_k + \frac{\dot{I}_{FB} + \dot{I}_{FC}}{\dot{I}_C + K3\dot{I}_0}R_g = Z_k + \Delta Z_{RC} \tag{3-3}$$

式中 ΔZ_{RB}——B 相阻抗继电器的过渡电阻附加阻抗；

ΔZ_{RC}——C 相阻抗继电器的过渡电阻附加阻抗。

从图 3-6（b）相量可见，$\dot{I}_{FB} + \dot{I}_{FC}$ 落后于 $\dot{I}_B + K3\dot{I}_0$，所以 ΔZ_{RB} 是容性的。

而 $\dot{I}_{FB} + \dot{I}_{FC}$ 超前于 $\dot{I}_C + K3\dot{I}_0$，所以 ΔZ_{RC} 是感性的。因此当发生两相经过渡电阻接地短路时，B 相在区外短路时可能引起超越；C 相在区内短路时可能引起拒动。也就是说，在发生两相经过渡电阻接地短路时，超前相在区外短路时可能引起超越；滞后相在区内短路时可能引起拒动。

2. 反方向短路

反方向短路示意图如图 3-7 所示。

图中 $\dot{U}_m$、$\dot{I}_m$、$\dot{I}_p$、$\dot{I}_F$ 的正方向为箭头方向所示。

从图可知，$\dot{I}_F$ 是短路点两侧电流之和，即 $\dot{I}_F = \dot{I}_m + \dot{I}_p$。阻抗继电器测量阻抗为：

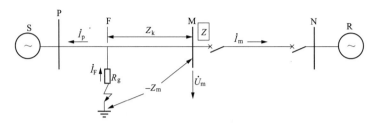

图 3-7　反向短路示意图

$$Z_m = \frac{\dot{U}_m}{\dot{I}_m} = \frac{-\dot{I}_m Z_k - \dot{I}_F R_g}{\dot{I}_m} = -Z_k - \frac{\dot{I}_F}{\dot{I}_m} R_g = -Z_k - \Delta Z_R \qquad (3\text{-}4)$$

式中　$\Delta Z_R = \dfrac{\dot{I}_F}{\dot{I}_m} R_g = \left| \dfrac{I_F}{I_m} \right| e^{j\theta} R_g$　为由过渡电阻产生的附加阻抗；

其中　$\theta = \arg \dfrac{\dot{I}_F}{\dot{I}_m}$

下面进行分析：

（1）装在 M 侧的阻抗继电器的测量阻抗是从保护安装处 M 侧往短路点看过去的经过渡电阻 R_g 下方接地点的阻抗。所以测量阻抗为 $-Z_m$，其中包括过渡电阻 R_g 产生的附加阻抗 ΔZ_R。过渡电阻的附加阻抗是由过渡电阻上的压降产生的。因为短路点在 M 侧的阻抗继电器的反方向，也就是与我们讨论的阻抗继电器其规定的电流正方向正好相反，所以 M 侧的阻抗继电器所测量得的阻抗为 $-Z_m$。

（2）因为 $\dot{I}_F = \dot{I}_m + \dot{I}_p$，一般 $|I_F > I_m|$，故 $|\Delta Z_R| > R_g$。这是由于短路点另一侧 I_p 电流的助增作用造成的。

（3）由于 $\dot{I}_F$ 与 $\dot{I}_m$ 相位不同，所以 ΔZ_R 有可能也呈现感性、容性、纯电阻性三种情况。

（4）过渡电阻对阻抗继电器工作的影响如图 3-8 所示。

从图 3-8（a）可知，当 ΔZ_R 是感性 $\Delta Z_R'$、纯电阻性 $\Delta Z_R''$、容性 $\Delta Z_R'''$ 时继电器的测量阻抗分别是 Z_m'、Z_m'' 和 Z_m'''。如果阻抗继电器是方向阻抗继电器，其动作特性如图 3-8（b）所示的圆，如果在反方向出口（或母线）发生短路，$Z_k = 0$，而过渡电阻产生的附加阻抗为容性的话，此时，阻抗继电器的测量阻抗 $Z_m = -Z_k - \Delta Z_R = -\Delta Z_R$ 将落在第二象限，也就是落入阻抗继电器的动作特性圆内而导致继电器误动，如图 3-8（b）所示的情况。如果在反方向出口（或母

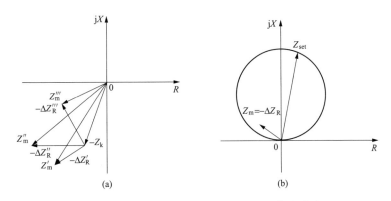

图 3-8　反向短路 ΔZ_R 对阻抗继电器工作的影响

（a）继电器测量阻抗的变化；（b）反向出口短路 ΔZ_R 是容性情况

线）发生短路，$Z_k=0$，而过渡电阻产生的附加阻抗为纯电阻性或感性的话，此时，阻抗继电器的测量阻抗 $Z_m=-Z_k-\Delta Z_R=-\Delta Z_R$ 将落在第三象限，因而方向阻抗继电器不会误动。

（5）装在输电线路送电端和受电端的阻抗继电器在反方向短路时，其过渡电阻的附加阻抗呈现不同的性质，如图 3-9 所示。

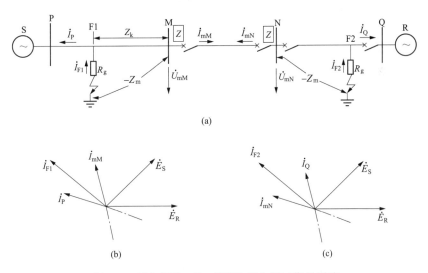

图 3-9　反向短路 ΔZ_R 对阻抗继电器工作的影响

（a）系统图；（b）F1 点短路相量图；（c）F2 点短路相量图

1）如图 3-9（a）所示，$\dot{E}_s$ 超前 $\dot{E}_R$，则 M 侧是送电端；N 侧为受电端。

2）由图 3-9（b）所示可见，当在 F1 点发生经过渡电阻 R_g 的短路时，从送电端 M 侧的阻抗继电器来看是反方向短路，$\dot{I}_{F1}$ 超前 $\dot{I}_{mM}$，$\theta > 0°$，所以过渡电阻产生的附加阻抗呈现感性。

3）由图 3-9（c）所示可见，当在 F2 点发生经过渡电阻 R_g 的短路时，从受电端 N 侧的阻抗继电器来看是反方向短路，$\dot{I}_{F2}$ 落后于 $\dot{I}_{mN}$，$\theta < 0°$，所以过渡电阻产生的附加阻抗呈现容性。

结合（4）中的分析，安装在输电线路受电端的阻抗继电器，由于反向短路时过渡电阻产生的附加阻抗是容性的，所以反向出口（或母线）发生经小电阻短路时，方向阻抗继电器最容易误动。而安装在送电端的阻抗继电器，反向短路经过渡电阻产生的附加阻抗是感性的，故而反向出口（或母线）短路时，方向阻抗继电器不会误动。

三、 超高压输电线路串联电容补偿对线路继电保护的影响

由于超高压长距离输电系统受到系统稳定极限等因素的限制，输送容量往往难以达到设计值。为了解决这一问题，采用串联电容补偿技术，利用电容器的容抗补偿线路的感抗，使线路的等值阻抗降低，线路两端的电气距离缩短，从而提升系统的稳定性及容量输送能力。但是串补的投入或退出，会改变线路的阻抗及零序电流方向，影响阻抗保护及零序方向保护的正确动作。

1. 串补电容对继电保护测量相量的影响

电容串联补偿简易系统图如图 3-10 所示。

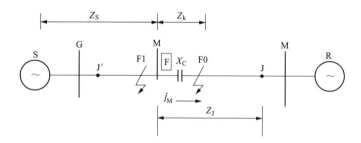

图 3-10　电容串联补偿简易系统（图中 Z_J 为整定阻抗）

电容串联补偿系统等效序网络图如图 3-11 所示。

根据串联电容补偿线路的系统网络等值计算，电压反向、电流反向均有可能发生。

（1）电压反向。

通常在非串补线路上，电源流出的短路电流落后于电源电势，母线电压与电

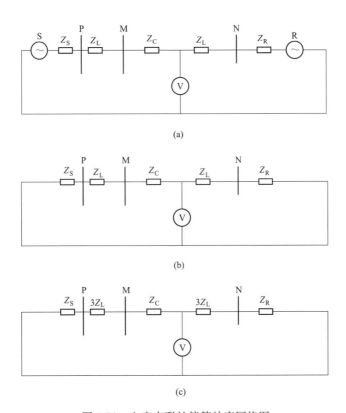

(a)

(b)

(c)

图 3-11　电容串联补偿等效序网络图

（a）正序等效网络图；（b）负序等效网络图；（c）零序等效网络图

源电势基本同相。但在串补系统中，如从电源到保护安装处的感抗大于容抗，当靠近串补处发生故障时（如图 3-10 中 F0 点故障），将导致加在继电器上的电压相位和电源电势相差 180°，即保护 $\boxed{\text{F}}$ 测量的电压将发生反向。这种电压方向的变化将对距离保护动作的正确性产生影响，但对不以测量故障电压为参考量的保护（如电流差动保护），则不会造成影响。

（2）电流反向。

在串补线路上，以线路始端母线电压为基准，线路短路电流可能超前于电势，相位变化约 180°，即发生电流反向。以电流为参考量的保护，如距离保护、方向保护、电流差动保护，在电流发生反向时，正常的选择性将受到影响。

2. 串补电容对距离保护的影响

（1）正方向故障。

当串补电容器的保护 MOV 将串补电容旁路时，距离保护自然适应，故以下主要讨论串补电容不被旁路的情况。

金属性短路，正向（图 3-10 中 F0 处）短路时，$\dot{U}_\text{m}=\dot{I}_\text{m}Z_\text{k}$，距离继电器的工作电压：

$$\dot{U}_\text{op}=\dot{U}_\text{m}-\dot{I}_\text{m}Z_\text{J}$$
$$=\dot{I}_\text{m}Z_\text{k}-\dot{I}_\text{m}Z_\text{J}$$
$$=\dot{I}_\text{m}(Z_\text{k}-Z_\text{J})$$

令 $\quad Z_\text{J}=nZ_\text{k}\quad \dot{U}_\text{op}=(1-n)Z_\text{k}\dot{I}_\text{m}=(1-n)\dot{U}_\text{m}$

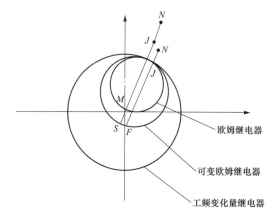

图 3-12 欧姆继电器动作特性

线路未串联电容补偿时，正向区内短路时，$Z_\text{k}<Z_\text{J}$，$n>1$，$(1-n)$ 为负值，$\dot{U}_\text{op}$ 与 $\dot{U}_\text{m}$ 相位相反，欧姆继电器动作，但在串补系统中，$Z_\text{k}=-\text{j}X_\text{E}$，$(n-1)$ 为正值，$\dot{U}_\text{op}$ 与 $\dot{U}_\text{m}$ 相位相同，欧姆继电器不动作（见图 3-12）。

对于图 3-10 中 F0 点故障，线路保护继电器的测量电压取自母线侧电压互感器（TV）。

当 $|X_\text{C}|<|Z_\text{S}|$ 时（如图 3-10 所示），电压发生反向，没有记忆作用的欧姆继电器及有限记忆作用为极化量的可变欧姆继电器的动作特性如图 3-13 所示，区内故障时，可变欧姆继电器在动态期间能动作，在稳态期间不能动作。

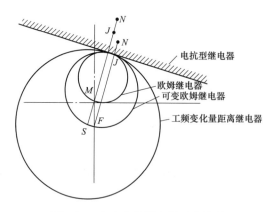

图 3-13 可变欧姆继电器动作特性

当 $|X_C|>|Z_S|$ 时，电流发生反向，欧姆继电器与可变欧姆继电器的动作特性如图 3-14 所示，区内故障时，可变欧姆继电器在动态期间与稳态期间均不能动作。

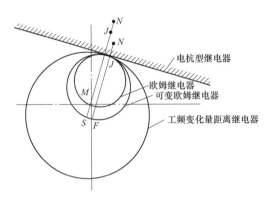

图 3-14　欧姆继电器与可变欧姆继电器动作特性

（2）反向故障。

反向（如图 3-10 中 F1 处）金属性短路时，MN 线路 M 侧保护动作特性：

反向短路时 $\dot{U}_m=-\dot{I}_m Z_{k1}$，距离继电器的工作电压：

$$\dot{U}_{op}=\dot{U}_m-\dot{I}_m Z_J$$
$$=-\dot{I}_m Z_{k1}-\dot{I}_m Z_J$$
$$=-\dot{I}_m\ (Z_{k1}+Z_J)$$

令 $Z_J=nZ_{k1}$，$\dot{U}_{op}=-\dot{I}_m(1+n)Z_{k1}=(1+n)\dot{U}_m$

线路未串联电容补偿时，反向短路时，$\dot{U}_{op}$ 与 $\dot{U}_m$ 相位相同，继电器不动作，在串补线路上，以线路始端母线电压为基准，线路短路电流可能超前于电势，相位变化约 $180°$，即发生电流反向，$\dot{U}_m=\dot{I}_m Z_{k1}$。

$$\dot{U}_{op}=\dot{U}_m-\dot{I}_m Z_J$$
$$=\dot{I}_m Z_{k1}-\dot{I}_m Z_J$$
$$=\dot{I}_m\ (Z_{k1}-Z_J)$$

令 $Z_J=nZ_{k1}$，$\dot{U}_{op}=\dot{I}_m(1-n)Z_{k1}=(1-n)\dot{U}_m$，$(1-n)$ 为负值，$\dot{U}_{op}$ 与 $\dot{U}_m$ 相位相反，可变欧姆继电器在稳态时误动作，在动态时不动作，如图 3-15 所示。

反向短路时阻抗继电器暂态动作方程为：$-90°\leqslant Arg\ \dfrac{-\ (Z_{F1}-Z_J)}{Z_{F1}-Z'_s}\leqslant 90°$

（Z'_s 为 N 侧系统阻抗与 MN 线路阻抗之和；Z_{F1} 为母线 M 到 F1 点短路故障阻抗）；设 MG 线路 M 侧保护继电器的整定阻抗为 Z'_j。

当 $|X_C| < |Z'_j|$ 时，欧姆继电器与可变欧姆继电器的动作特性如图 3-15 所示。

当 $|X_C| > |Z'_j|$ 时，欧姆继电器与可变欧姆继电器的动作特性如图 3-16 所示。

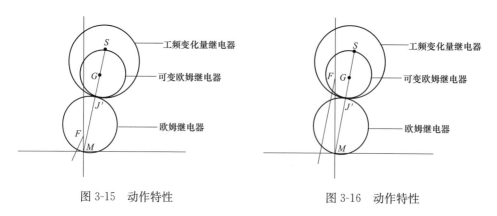

图 3-15　动作特性　　　　　　　　图 3-16　动作特性

可见，对于区外故障，可变欧姆继电器在动态时会误动，在稳态时不动作。

3. 串补电容对工频变化量距离继电器的影响

工频变化量动作方程为：$|\Delta U_{op}| > U_Z$

（1）用母线 TV 时。

此时有正向故障 $\dfrac{\Delta U}{\Delta I} = -Z_s$ 当 ΔU 与 ΔI 的极性相反，正方向元件正确动作，串联补偿电容不可能使 Z_s 变成容性阻抗，因此工频变化量距离继电器都能正确动作。

（2）用线路 TV 时。

此时有正向故障 $\dfrac{\Delta U}{\Delta I} = -Z_s + Z_C$ 当串联补偿电容 $Z_C < Z_s$ 时，工频变化量距离继电器能正确动作；当串联补偿电容 $Z_C > Z_s$ 时，变成容性阻抗，工频变化量距离继电器可能拒动。

4. 串补电容对零序方向继电器影响

（1）零序方向继电器。

零序方向继电器通过比较零序电压与零序电流的相位来区分正、反方向的接地短路。如图 3-17 所示。

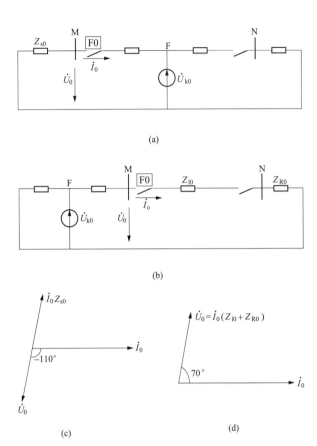

图 3-17 接地短路及其相量图

（a）正方向短路；（b）反方向短路；（c）正方向短路相量图；

（d）反方向短路相量图

正方向接地短路时，$U_0 = -I_0 Z_{s0}$，零序电压超前零序电流的角度为：$\phi = \arg(U_0/I_0) = \arg(-Z_{s0}) = \arg Z_{s0} - 180° = -110°$

反方向接地短路时，$U_0 = I_0(Z_{l0} + Z_{R0})$，零序电压超前零序电流的角度为：$\phi = \arg(U_0/I_0) = \arg(Z_{l0} + Z_{R0}) = 70°$

（2）如果串联补偿电容安装在线路中间，补偿度均不大于 50％时，在发生接地短路时，从零序序网图 TV 安装处往正方向还是反方向观察，无电源侧的综合零序阻抗总是感性的，零序方向继电器的动作行为与没有串补电容的情况一样，动作行为是正确的。

（3）如果串联补偿电容安装在线路的一侧，如图 3-18 的 M 侧，对 MN 线路 M 侧的零序方向继电器来说，串补电容有可能安装在正方向出口也可能安装在

反方向出口。考虑 TV 安装在母线或安装在线路上以及正、反方向的接地短路的
不同情况，其零序序网络图如图 3-18 所示的七种情况。

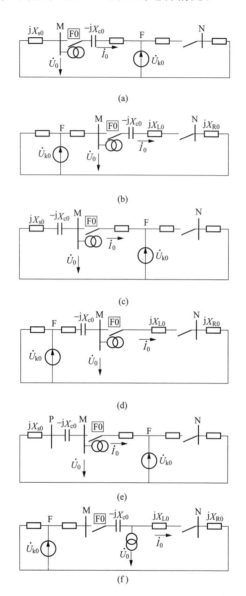

图 3-18 零序序网络图（一）

（a）正方向短路，母线 TV，正向出口有电容；（b）反方向短路，母线 TV，正向出口有电容；
（c）正方向短路，母线或线路 TV，反向出口有电容；（d）反方向短路，母线或线路 TV，反向出口有电容；
（e）电容安装在变电站两母线之间，母线或线路 TV，正向方向短路；
（f）反方向短路，线路 TV，正向出口有电容

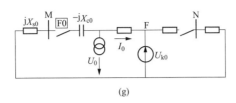

(g)

图 3-18 零序序网络图（二）

（g）正方向短路，线路 TV，正方向出口有电容

从 TV 安装处向两侧看，发现图 3-18（a）、（b）、（c）、（d）、（f）没有电源侧的综合零序阻抗总是感性的，不管是正向还是反向短路，也不管 TV 安装在母线上还是线路上，零序方向继电器的动作行为都是正确的。

而在 3-18（e）图中的 P 母线上、3-18（g）图中的 M 母线上，如果接有大容量中性点接地的变压器，使 X_{s0} 值很小，即使 $|X_{s0}|<|X_{c0}|$，此时从 TV 安装处向反方向一侧观察，该侧没有电源的综合零序阻抗是容性的，所以零序方向继电器判为反方向短路。即正方向的零序方向继电器不动作而反方向的零序方向继电器动作。

为了消除上述情况下零序方向继电器的不正确动作行为，在串补电容线路上采用的零序方向继电器进行零序电压补偿。设 $\dot{U}_0$ 为 TV 取得的零序电压，$\dot{U}'_0$ 为补偿后的零序电压，$\dot{U}'_0=\dot{U}_0-j\dot{I}_0X_{0.com}$，$X_{0.com}$ 为程序补偿阻抗，这样 $\dot{U}'_0$ 与 $\dot{I}_0$ 作相位比较可得：

$$\dot{U}'_0=\dot{U}_0-j\dot{I}_0X_{0.com}=-j\dot{I}_0(X_{s0}-X_{c0})-j\dot{I}_0X_{0.com}$$

$$=-j\dot{I}_0(\dot{X}_{s0}-X_{c0}+X_{0.com}) \qquad (3-5)$$

从式（3-5）可知，只要 $(X_{s0}-X_{c0}+X_{0.com})>0$，补偿后的零序电压 $\dot{U}'_0$ 超前零序电流 $\dot{I}_0$ 的角度为 $-90°$，也就是要 $X_{0.com}=X_{c0}$ 即可。

第四节　线路电流、零序过电流保护

一、线路电流、零序过电流保护运行技术

（1）过电流保护电流元件定值一般为线路载流量（25℃）的 1.3～1.5 倍。

（2）电压闭锁电流、零序过流保护在 TV 断线或检修时，可以继续投入使用（投入 TV 检修压板或解除电压闭锁和方向）。

二、 影响零序电流保护的因素分析

输电线路零序电流保护是反应输电线路接地短路电气量的保护，当本线路末端接地短路和相邻线路始端接地短路时，它可能无法区别而误动越级跳闸，为了防止相邻线路始端接地短路不越级跳闸，其瞬时动作的Ⅰ段只能保护本线路的一部分，本线路末端接地短路只能靠其他段带延时切除故障，所以它要做成多段式，既能保护本线路的故障又能保护相邻线路的故障。

1. 零序电流保护的基本原理

零序电流保护的基本原理如图 3-19 所示。

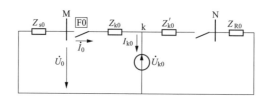

图 3-19 零序电流保护基本原理图

在图 3-19 的零序序网图中，设接地短路点（故障支路）的零序电流为 $\dot{I}_{K0}$，则流过安装在 MN 线路 M 侧保护的零序电流为：$\dot{I}_0 = C_0 \dot{I}_{K0}$ 式中 C_0 为零序电流分配系数，

$$C_0 = \frac{Z'_{k0} + Z_{R0}}{Z_{s0} + Z_{k0} + Z'_{k0} + Z_{R0}} \tag{3-6}$$

从式（3-6）可知：接地短路点越近，Z_{R0} 越小，Z'_{k0} 越大，C_0 就越大，流过保护的零序电流也越大，反之接地短路点越远（即 Z_{R0} 越大，Z'_{k0} 越小），流过保护的零序电流越小。所以流过零序电流保护的零序电流大小反映了接地短路点的远近，当接地短路点越近保护动作越快，接地短路点越远保护动作越慢。

2. 零序电流保护的构成

（1）快速动作的零序电流Ⅰ段按躲过本线路末端（即相邻线路的始端）接地短路时流过保护的最大零序电流整定，对于不加方向的零序电流保护还需要躲过背后母线接地短路时流过保护的最大零序电流，所以只能保护本线路的 $80\% \sim 85\%$。

（2）带有较短延时的零序电流Ⅱ段能切除本线路全长范围内的故障。

（3）带有长延时的零序电流Ⅲ段是起到可靠后备的作用，作为本保护Ⅰ、Ⅱ段的近后备，也作为相邻线路保护的远后备，既要保证本线路末端接地短路有足够的灵敏度，也要保证相邻线路末端接地短路有足够灵敏度，用它保护本线路的高阻接地短路；

（4）四段式的零序电流保护，第Ⅳ段起后备保护作用。

3. 影响流过零序电流保护零序电流大小的因素及采取的措施

（1）零序电流的大小与接地故障类型有关。单相接地故障时流过短路点的零序电流：

$$\dot{I}_{K0}^{(1)} = \frac{\dot{U}_K}{2Z_{K1} + Z_{K0}} \tag{3-7}$$

两相接地故障时流过短路点的零序电流：

$$\dot{I}_{K0}^{(1,1)} = \frac{\dot{U}_K}{Z_{K1} + 2Z_{K0}} \tag{3-8}$$

式（3-7）、式（3-8）中 $\dot{U}_K$ 为短路点短路前的电压，Z_{K1}、Z_{K0} 是系统对短路点的综合正序、零序阻抗，而系统内各元件的正序阻抗与负阻抗相等。

所以把式（3-7）、式（3-8）代入式（3-6）式所得的流过保护的零序电流大小与接地故障的类型有关。

$$\dot{I}_0^{(1)} = C_0 \frac{\dot{U}_K}{2Z_{K1} + Z_{K0}} \tag{3-9}$$

$$\dot{I}_0^{(1,1)} = C_0 \frac{\dot{U}_K}{Z_{K1} + 2Z_{K0}} \tag{3-10}$$

由式（3-9）、式（3-10）式可知：当 $Z_{K1} > Z_{K0}$ 时，$\dot{I}_0^{(1,1)} > \dot{I}_0^{(1)}$；当 $Z_{K1} < Z_{K0}$ 时，$\dot{I}_0^{(1,1)} < \dot{I}_0^{(1)}$。

从上分析可知流过保护的零序电流与故障类型有关，在整定零序电流保护第Ⅰ段的定值时应选择本线路末端接地短路时流过保护的零序电流较大的一种短路故障类型来进行整定计算。而检验灵敏度时，应选择检验灵敏度短路点上短路时流过保护的零序电流比较小的一种故障类型来计算。

（2）零序电流大小不但与零序阻抗有关而且与正序、负序阻抗有关。

式（3-7）和式（3-8）所示的流过短路点的零序电流大小，既与零序阻抗有关也与正序、负序阻抗有关。所以流过保护的零序电流大小如式（3-9）和式（3-10）所示，也是与正、负、零序阻抗有关。在进行保护整定与校验灵敏度时，既要考虑零序阻抗也要考虑机组开机的多少。因为虽然发电机接在小接地电流系统中，其零序阻抗并不出现在复合序网图中，但它们的正、负序阻抗出现在复合序网图中，所以发电机开机的多少也影响流过保护的零序电流的大小。

虽然从式（3-7）和式（3-8）可以看出对侧系统发电机组（包括发电机、变压器）开得越多，Z_{K1}、Z_{K0} 越小，短路点的零序电流越大，似乎流过保护的零序电流也越大。但是对侧机组开得越多却会影响零序电流的分配系数而使 C_0 减少，从而流过保护的零序电流也会减少。所以流过保护的零序电流大小应综合考虑这些因素的影响。

（3）零序电流大小与保护背后系统和对侧系统的中性点接地的变压器多少有关。

由图 3-19 和式（3-6）看出，零序电流分配系数与保护背后系统的零序阻抗 Z_{s0} 和对侧系统的零序阻抗 Z_{R0} 都有关。如果保护背后系统中性点接地的变压器越多，Z_{s0} 越小，零序电流分配系数越大。如果保护对侧系统中性点接地的变压器越少，Z_{R0} 越大，零序电流分配系数也越大。

（4）零序电流大小与短路点的远近有关。

短路点越近，零序电流分配系数越大，流过保护的零序电流也越大。反之短路点越远流过保护的零序电流就越小。

（5）在平行双回线或环网中计算零序电流时要考虑的问题。

在平行双回线或环网中，在计算零序电流分配系数时要考虑另一回线路或环网中的其他线路的分流作用；在求短路零序电流和分配系数时，由于线路之间存在零序互感，应考虑线间互感的影响。当相邻平行线路或环网中流过零序电流时，将在线路上产生零序电势，对线路零序电压与零序电流的相量关系产生影响，对零序电流的幅值产生影响。

1）相邻平行线路发生故障时的系统运行及零序电流变化曲线图 3-20 所示。

从图 3-20 中可知，故障点离本线路保护安装点距离越远，流过本线路保护的零序分支电流反而越大，如图中 I_{M0} 变化曲线所示；其分配系数 $C_0 = \dfrac{I_{M0}}{I'_{N0}}$ 也随故障点变远而逐渐变大，当一侧断路器 QF1 三相断开的情况下，分配系数 C_0 直线上升。

2）当相邻平行线路检修且两侧接地时，运行线路发生接地短路，在检修线路上将流过零序电流，此电流反过来又将在运行线路上产生零序感应电压，使运行线路的零序电流增大，就像使运行线路的零序阻抗减少。使运行线路减少的零序阻抗 Z_0 为：

$$Z_0 = Z_{L0} - \frac{Z_{0M}^2}{Z_{L0}}$$

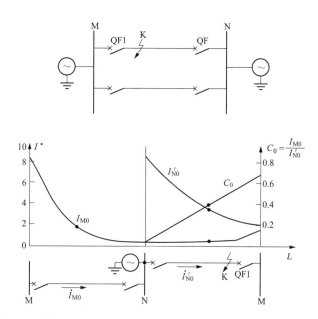

图 3-20　相邻平行线路发生故障时的系统运行及零序电流变化曲线

式中　Z_{0M}——互感零序阻抗；

　　　Z_{L0}——本线路无互感时的零序阻抗。

3）电气上与本线路没有联系但又平行运行的线路上流过零序电流时，对本线路同样将产生零序感应电流，使电网各点出现相应的零序电压。此感应零序电流与零序电压的相位关系同本线路内部接地故障情况一样。其等值电路图 3-21 所示。

（6）非全相运行时对零序方向保护的影响。

非全相运行时零序方向保护的动作行为的分析如图 3-22 所示。

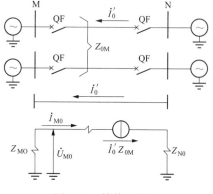

图 3-21　等值电路图

当线路 M 侧断路器发生一相断开，此时零序序网如图 3-22 所示，在断相处将产生 $\Delta \dot{U}_0$。加在零序继电器的零序电压 $\dot{U}_0$ 与零序电流 $\dot{I}_0$ 的方向为传统的规定正方向（即零序电压的正方向是母线电位为正、中性点电位为负，以母线流向被保护线路的方向为零序电流的正方向）。

当采用母线 TV 时，如图 3-23（a）所示，零序电压 $\dot{U}_0$ 与零序电流 $\dot{I}_0$ 的关系如下：

$$\dot{U}_0 = -\dot{I}_0 Z_{s0}$$

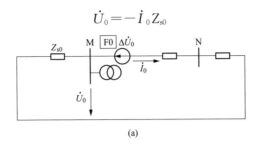

(a)

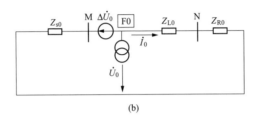

(b)

图 3-22　非全相运行时零序方向保护的动作行为

（a）用母线 TV；（b）用线路 TV

如果系统所有电气元件的零序阻抗的阻抗角为 70°，可得零序电压超前零序电流的夹角为：

$$\phi = \arg(U_0/I) = \arg(-Z_{s0})$$
$$= \arg Z_{s0} - 180° = -110°$$

从分析可知，当采用母线 TV 时，上述线路断路器发生一相断开的情况与线路发生正方向接地短路的情况一样，零序方向保护将动作跳闸。

当采用线路 TV 时，如图 3-22（b）所示，零序电压 $\dot{U}_0$ 与零序电流 $\dot{I}_0$ 的关系如下：

$$\dot{U}_0 = \dot{I}_0 (Z_{L0} + Z_{R0})$$

与线路发生反方向接地短路时的情况一样，如果系统所有电气元件的零序阻抗的阻抗角为 70°，可得零序电压超前零序电流的夹角为：

$$\phi = \arg(U_0/I_0) = \arg(Z_{L0} + Z_{R0}) = 70°$$

从分析可知，当采用线路 TV 时，上述线路断路器发生一相断开的情况与线路发生反方向接地短路的情况一样，零序方向保护不动作。

第五节　220kV 单侧充电线路保护运行技术

正常运行时的充电线路，如图 3-23 所示的线路 1。

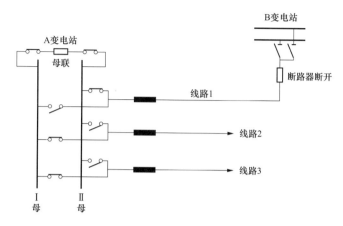

图 3-23　B 变电站侧断路器断开，线路 1 由 A 变电站充电运行

（1）充电侧（即 A 变电站侧）保护运行技术要求。

1）线路保护相间、接地距离Ⅱ段时间定值按该线路无纵联保护情况下、满足运行方式部门相关要求为原则整定（一般为 0.3s），其他保护定值按该线路带断路器断开侧（即 B 变电站侧）全站负荷的运行方式进行整定；

2）线路重合闸按单重方式投入（全电缆线路除外）。

（2）断路器断开侧（即 B 变电站侧）保护运行技术要求。

1）线路保护定值按充电线路带断路器断开侧（即 B 变电站侧）全站负荷的运行方式进行整定；

2）线路重合闸按单重方式投入（全电缆线路除外）；

3）线路保护操作电源必须按正常方式投入。

（3）220kV 单侧充电线路转入带负荷运行的时间较长时（超过 24h），充电侧线路保护的相间、接地距离Ⅱ段的时间定值应根据实际情况作相应改动。

（4）当单侧充电线路临时转合环运行时，应保证此线路的纵联保护有足够的灵敏度，但不考虑其零序、距离保护的严格配合关系，其部分零序、距离保护定值亦可能无足够的灵敏度。

（5）当单侧充电线路转为长期合环运行时，由调度继保部重新核定相关保护方案并出具相应的正式定值单。

第六节　500kV 线路常见运行方式保护运行技术

（1）本侧（即 A 变电站侧）线路隔离开关拉开，本侧（即 A 变电站侧）断路器合环运行，线路由对侧（即B变电站侧）充电时（如图3-24所示线路1）。

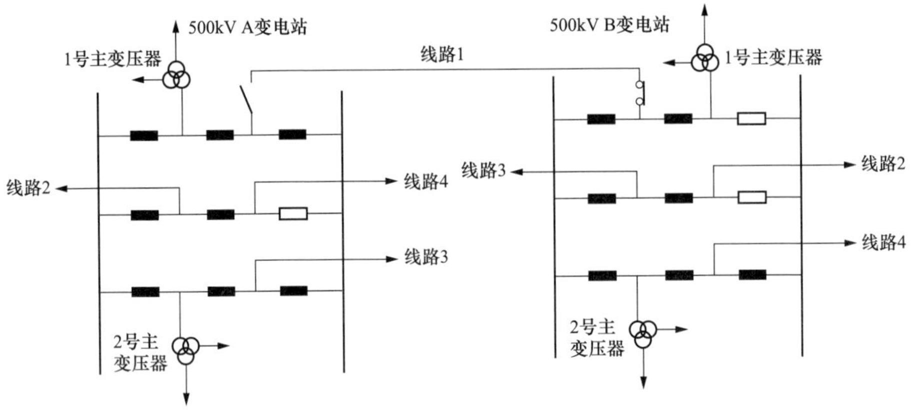

图 3-24　A 变电站侧隔离开关拉开，线路 1 由 B 变电站充电运行

1）充电侧（即 B 变电站侧）线路保护中相间、接地距离Ⅱ段的时间定值改为 0.1s，并投入主一保护、主二保护、独立后备保护的沟通三跳及闭锁重合闸功能。

2）退出充电侧（即 B 变电站侧）该充电线路对应断路器的重合闸，但如属 3/2 结线线-线串的充电线路，则中断路器的重合闸不退出。

3）投入充电侧（即 B 变电站侧）过电压保护跳本侧、收信直跳功能；退出所有启动远跳功能。

4）充电侧（即 B 变电站侧）远方跳闸保护切换至不经就地判别装置出口跳闸。

5）本侧（即 A 变电站侧）投入短引线保护。退出该线路对应断路器的重合闸，但如属 3/2 结线线一线串的线路，则中断路器的重合闸不退出。

6）本侧（即 A 变电站侧）退出主一保护、主二保护、独立后备保护跳边断路器、中断路器出口压板和起动失灵压板，退出主保护的通道发信压板。

7）退出本侧（即 A 变电站侧）辅 A 保护、辅 B 保护跳边断路器、中断路器出口压板，退出远跳通道收信压板；投入过电压保护，投入过电压保护启动远跳通道发信压板，退出边断路器、中断路器失灵启动远跳通道发信压板。

8）充电线路末端有高抗的，保留高抗保护启动远跳功能，但高抗保护跳本侧（即 A 变电站侧）断路器退出。

（2）两侧线路隔离开关拉开，两侧断路器在合环运行，线路停运时（如图 3-25 所示线路 1）。

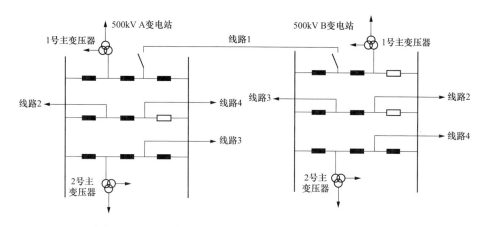

图 3-25 A、B 变电站侧隔离开关拉开,线路 1 在停运状态

1）A、B 变电站两侧均投入短引线保护。退出该线路对应断路器的重合闸,但如属 3/2 结线线—线串的线路,则中断路器的重合闸不退出。

2）A、B 变电站两侧均退出主一保护、主二保护、独立后备保护跳边断路器、中断路器出口压板和起动失灵压板,退出主保护的通道发信压板。

3）A、B 变电站两侧均退出辅 A 保护、辅 B 保护跳边断路器、中断路器出口压板;退出过电压保护,退出过电压保护启动远跳通道发信压板,退出边断路器、中断路器失灵启动远跳通道发信压板。

（3）本侧（即 A 变电站侧）断路器断开,线路由对侧（即 B 变电站侧）充电时（如图 3-26 所示线路 1）。

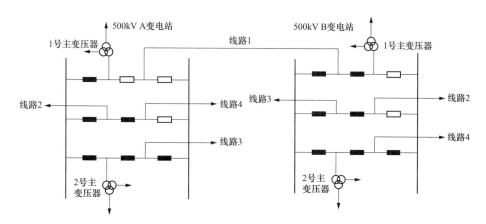

图 3-26 A 变电站断路器断开,线路 1 由 B 变电站充电运行

1）充电侧（即 B 变电站侧）线路保护中相间、接地距离Ⅱ段的时间定值改为 0.1s，并投入主一保护、主二保护、独立后备保护的沟通三跳及闭锁重合闸功能。

2）退出该充电线路充电侧（即 B 变电站侧）对应断路器的重合闸，但如属 3/2 结线线-线串的充电线路，则中断路器的重合闸不退出。

3）投入充电侧（即 B 变电站侧）过电压保护跳本侧、收信直跳功能；退出所有启动远跳功能。

4）充电侧（即 B 变电站侧）远方跳闸保护切换至不经就地判别装置出口跳闸。

5）断路器断开侧（即 A 变电站侧）投入辅助保护中过电压保护，投入过电压保护启动远跳功能；退出本侧边断路器、中断路器失灵保护启动远跳功能。

6）充电线路末端有高抗的，保留高抗保护启动远跳功能；退出主保护的通道发信压板。

（4）线路两侧断路器断开，线路停运时（如图 3-27 所示线路 1），退出主保护的通道发信压板；退出过电压保护，退出过电压保护启动远跳通道发信压板，退出边断路器、中断路器失灵启动远跳通道发信压板。

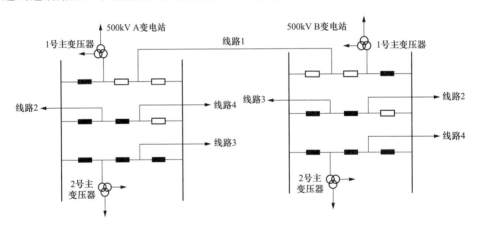

图 3-27 线路两侧断路器断开，线路停运

（5）3/2 结线方式，当停用一台断路器时，同时应将该断路器跳闸位置开入固定接入线路保护，可以通过切换把手或投入压板实现，如图 3-28 所示。

正常运行时，1QK 切换把手切换至"正常"位置，当线路任一断路器处于检修状态而线路运行时，应由运行人员将 1QK 切换把手切换至对应断路器检修位置；当该断路器检修结束时，运行人员应自行将 1QK 切换把手切换至"正常"

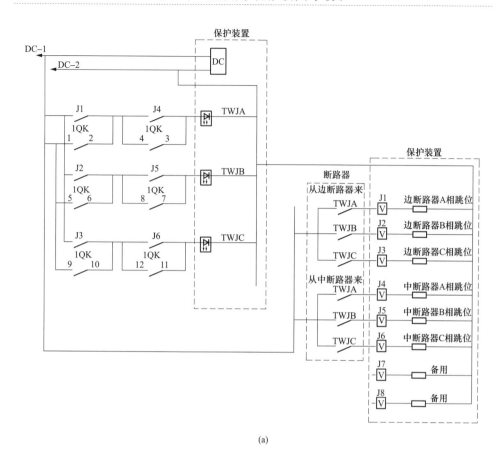

(a)

(b)

图 3-28 1QK 切换原理及接点导通图

（a）1QK 切换原理图；（b）1QK 切换接点导通图

位置。

（6）3/2 结线方式，当停用一台断路器时，断路器跳闸位置切换把手切换不到位的风险分析。

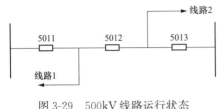

图 3-29　500kV 线路运行状态

500kV 线路的运行状态要靠两个断路器来判断，如图 3-29 所示，线路主一及主二保护屏的断路器状态选择把手 1QK 有三个位置："边断路器检修""正常""中断路器检修"，正常时 5011、5012 断路器都在合位，此时线路 1 主一及主二保护屏的断路器状态选择把手 1QK 切至"正常"位置。若 5011 断路器检修，线路 1 主一及主二保护屏的断路器状态选择把手 1QK 切至"边断路器检修"位置，即将边断路器的位置接点 TWJ 短接，靠中断路器判断线路状态。若 5012 断路器检修，线路 1 主一及主二保护屏的断路器状态选择把手 1QK 切至"中断路器检修"位置，即将中断路器的位置接点 TWJ 短接，靠边断路器判断线路状态。TWJ 是断路器跳位继电器，直流电源取自断路器的第一组控制回路。其切换原理如图 3-28 所示。

假如 5012 断路器转检修，如果 1QK 切换把手切换不到位或运行人员未将 1QK 切换把手切换至"中断路器检修"位置，对运行及保护的影响分析如下：

1）500kV 线路 1 一般主一用 PCS-931N5Y 保护，主二用 CSC-103AYN 保护。说明书中 PCS-931N5Y 和 CSC-103AYN 中 TWJ 异常报文判据为检查断路器位置状态三相无电流，同时 TWJ 动作，则认为线路不在运行，开放准备手合于故障 400ms；线路有电流但 TWJ 动作，或三相 TWJ 不一致，经 10s 延时报 TWJ 异常。5012 断路器检修，而线路主一、主二保护屏 1QK 未切至"5012 断路器检修"位置，如果此时边断路器的 TWJ 出现位置不对应情况，即边断路器的 TWJ 动作，由于断路器状态选择 1QK 没有切换至对应状态，线路是靠边断路器和中断路器的 TWJ 判断位置情况，保护装置将无法识别线路的位置有变化，就不会有 TWJ 异常报文，运行人员在后台不能及时发现 TWJ 位置不对应的问题。

2）当中断路器检修时，调度下令将线路 1 由运行转检修，当断开本侧断路器而对侧断路器未断开时，线路发生故障，对侧发差动动作允许信号过来，这时只有三相 TWJ 均为 1 且三相无电流条件成立才能向对侧发 100ms 差动动作允许信号，但由于断路器状态选择 1QK 没有切换至"中断路器检修"位置，TWJ 开入为 0，这时不满足 TWJ 动作且无电流向对侧发 100ms 差动动作允许信号，造成对侧主一、主二纵联差动电流保护无法动作而由后备保护动作切除线路故障。

3）TV 断线的影响。PCS-931N5Y 交流电压断线判据：三相电压相量和大于

8V，保护不启动，延时 1.25s 发 TV 断线异常信号；三相电压相量和小于 8V，但正序电压小于 28.9V($U_n/2$) 时，若采用母线 TV 则延时 1.25s 发 TV 断线异常信号；若采用线路 TV，当任一相有流元件动作或 TWJ 不动作时，延时 1.25s 发 TV 断线异常信号；装置通过整定控制字来确定是采用母线 TV 还是线路 TV。

若中断路器 5012 检修，若断路器状态选择 1QK 没有切换至"中断路器检修"位置，如果此时线路有故障，保护跳闸跳开该线路，正常时不会有 TV 断线报文（正常时线路无流，TWJ 为 1），但现在由于 1QK 切换不对应，造成线路跳位无法识别，即 TWJ 为 0，此时将报 TV 断线信号，误导运行人员并去检查线路 TV 二次侧是否断线，给运行判断及事故处理带来麻烦。

4）PCS-931N5Y 单相运行时切除运行相，当线路任何原因切除两相时，由单相运行三跳元件切除三相，其判据为：有两相 TWJ 动作且对应相无流（$0.06I_n$），而零序电流大于 $0.15I_n$，则延时 200ms 发单相运行三跳命令。

若中断路器 5012 检修，若断路器状态选择 1QK 没有切换至"中断路器检修"位置，如果此时线路任意一相出现跳位时，线路没有跳闸位置，边断路器出现单相运行时也将没有跳位，这样单相运行三跳元件将拒动而不能切除三相，要靠断路器本体三相不一致保护动作跳开运行相，对设备造成一定的损害。

5）对线路过电压保护的影响。当线路本侧 PCS-931N5Y 过电压保护元件动作，固定启动远跳。如果满足以下任一条件则启动远方跳闸装置：①"远跳经跳位闭锁"控制字为"1"，本端断路器三相 TWJ 动作且三相无电流；②"远跳经跳位闭锁"控制字为"0"。

远跳命令同发远跳开组合成一个信号，通过光纤通道向对侧传送命令。对侧远方跳闸保护收到本侧的远跳信号时，再根据就地判据判断是否跳开该侧断路器。当过电压返回时，发启动远跳命令也返回。

220kV 线路单断路器将三相 TWJ 接点串联后与装置 TWJ 开入接点连接，如图 3-30（a）所示；对于 500kV 线路将边断路器和中断路器的各三相 TWJ 接点串联后再串联后与装置 TWJ 开入接点连接，如图 3-30（b）所示。

若中断路器 5012 检修，若断路器状态选择 1QK 没有切换至"中断路器检修"位置，且"远跳经跳位闭锁"控制字为"1"，PCS-931N5Y 过电压保护元件启动时将不会发远跳命令，对侧断路器不会跳闸，造成事故扩大化；"远跳经跳位闭锁"控制字为"0"时，将不受其影响，PCS-931N5Y 过电压保护元件启动时将会发远跳命令。

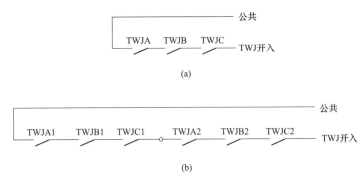

图 3-30 连接方式

（a）220kV 线路断路器 TWJ 接入装置开入图；（b）500kV 线路断路器 TWJ 接入装置开入图

第七节 分相式纵联保护代路运行技术

220kV 母线上每条出线间隔只有一个断路器，当这个断路器需要检修时，就要影响这个间隔的供电，如有旁路断器，可以通过倒闸操作，代替检修间隔的断路器运行。

1. 220kV 线路保护采用了分相命令保护且有 220kV 旁路的变电站保护配置

其线路保护及旁路保护配置分以下三种情况：

（1）线路保护采用了分相命令传输功能，但旁路保护装置不具备分相命令传输功能；

（2）线路保护采用了分相命令传输功能，旁路保护具备分相命令传输功能，但旁路保护型号与线路保护型号不同；

（3）线路保护采用了分相命令传输功能，旁路保护具备分相命令传输功能，且旁路保护型号与线路保护型号相同。

对于第（1）种情况，要求在分相命令线路保护旁代时，对侧对应线路保护投三相命令方式；

对于第（2）种情况，要求在分相命令线路保护旁代时，本侧旁路保护投三相命令方式，对侧对应线路保护投三相命令方式；

对于第（3）种情况，本侧旁路保护投分相命令方式，对侧对应线路保护投分相命令方式。

2. 线路断路器代路或恢复运行操作过程中主保护拒动风险分析

（1）代路前，执行继保临时定值单，将线路两侧主一、主二纵联保护及旁路保护的相间距离二段时间改为 0.2s、接地距离二段时间改为 0.4s；并要注意旁路与对侧主二保护分相功能的匹配；退出两侧主二纵联保护，将代路侧主二纵联保护通道切至旁路，并测试通道切换后无异常；投入两侧主二纵联保护（确认代路侧投入旁路纵联保护且代路侧主二纵联保护通道已切至旁路）；两侧退出主一纵联保护；在退出两侧主一纵差保护后，合上旁路断路器前，且代路侧主二纵联保护通道已切换至旁路，线路将失去主保护的风险，此时若下一级线路选相失败，则有可能越级跳闸（即1号线路跳闸），如图3-31所示：

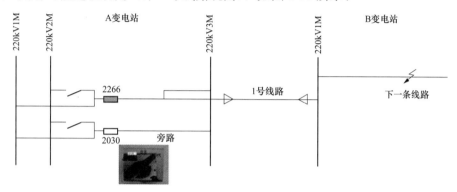

图 3-31　合上旁路断路器前，且主二保护通道已切换至旁路时

（2）代路或恢复运行过程中，如图3-32所示，剩下的主二纵联保护只能跳一个断路器，要么跳线路断路器，要么跳旁路断路器，取决于主二纵联保护通道是切换到旁路保护还是线路保护。

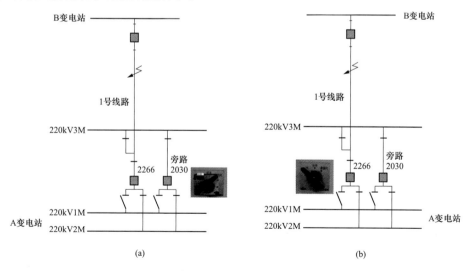

图 3-32　旁路断路器与本断路器同时合闸

（a）代路过程中，通道切换至旁路时；（b）恢复运行过程中，通道切换至线路时

（3）后果：旁路断路器与线路断路器同时合闸的时候，两个断路器肯定有一个无法快速切除故障。当代路过程中，主二纵联保护通道切换到旁路保护时，此时若1号线路发生故障，旁路2030断路器将快速跳闸，而线路2266断路器只能由后备保护跳闸；当恢复运行过程中，主二纵联保护通道切换到线路保护时，此时若1号线路发生故障，线路2266断路器将快速跳闸，而旁路2030断路器只能由后备保护跳闸；

3. 线路断路器代路运行期间的主要风险分析

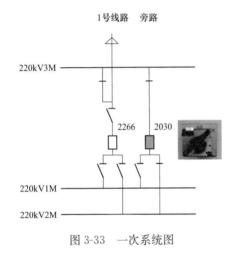

图 3-33　一次系统图

一次系统图如图 3-33 所示。

（1）单套主保护单通道运行，可靠性降低，若剩下的通道中断，则线路失去纵联保护；

（2）运行灵活性下降。单套保护运行，无法修改临时定值，应对电网突发事件的手段减少；

（3）线路旁路代路时定值配合的风险：

1）旁路定值折算有一定时延；

2）具分相功能的线路代路时定值折算容易出现错误。

4. 在有旁代需求的 220kV 线路和旁路间隔增加通道切换有效性检验回路的分析

220kV MN 甲线线路发生 C 相接地故障，220kV MN 甲线 M 侧主一（XX-931A）、主二保护（XX-902CB 分相命令允许式保护）主保护动作，后备保护不动作，保护动作正确；N 侧主一保护电流差动保护动作，距离保护 I 段动作，保护动作正确；N 侧主二保护的距离保护 I 段动作，保护动作正确；N 侧主二保护纵联距离、纵联零序保护不动作，保护动作不正确，一次系统图如图 3-34 所示。

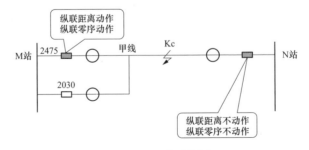

图 3-34　一次系统图

检查发现 N 侧主二保护在整个故障过程都没有收到 M 侧保护的允许信号，导致 N 侧主二保护纵联距离、纵联零序保护不动作。进一步检查 M 侧收发信回路发现，光纤接口装置切换开关 24QK2 在"本线"位置，24V 光耦回路中 24QK2-1 与 24QK2-2 节点不通，使光纤通信接口装置的 24V 弱电输入公共端未能通过 24QK2 的切换，从而导致 M 侧光纤通信接口装置无法收到 M 侧主二保护的 C 相起动发信命令，造成 N 侧主二保护在整个故障过程都没有收到 M 侧保护的允许信号，24QK2 其他接点状态良好。

光纤接口装置发信回路如图 3-35 所示。

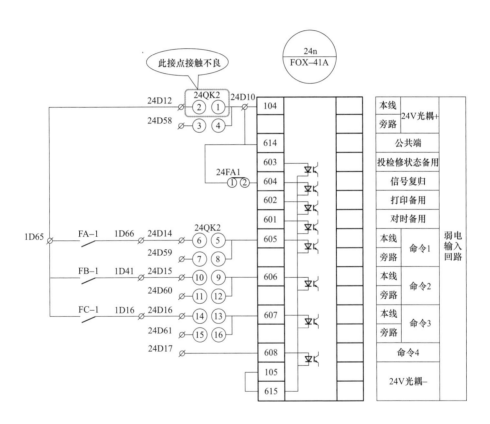

图 3-35　光纤接口装置发信回路

通过以上案例分析，在代路时通道切换把手切换不到位，将造成主保护误动或拒动，为了检测通道切换把手是否到位，线路两侧主二保护及旁路保护的发信回路增加测试压板，如图 3-36 和图 3-37 所示。

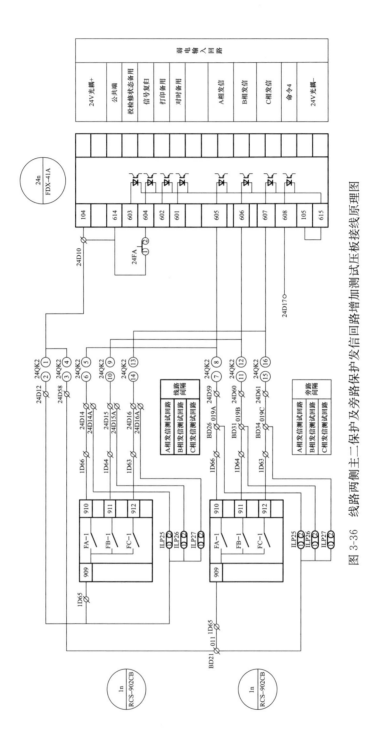

图 3-36 线路两侧主二保护及旁路保护发信回路增加测试压板接线原理图

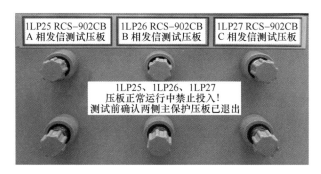

图 3-37　线路两侧主二保护及旁路保护发信回路增加测试压板现场图

1）线路两侧均为分相式纵联保护，旁路保护也具备分相命令传输功能，且旁路保护型号与线路两侧保护型号相同，代路一次系统如图 3-34 所示，具体代路操作步骤（通常代主二保护）如下：

代路步骤（以 RCS-902CB 型保护及 FOX-41 光纤通信接口装置为例）：

a. 代路操作前，执行继保临时定值单，将本侧线路及旁路保护投分相命令方式，对侧对应线路保护投分相命令方式；将线路两侧主二纵联保护及代路侧旁路纵联保护的相间、接地距离二段时间改为 0.2s；（计划性不停电代路时，在中调方式部确认"代路操作期间，线路后备保护按 0.2s 整定，若线路发生故障保护正确动作，能够满足系统稳定要求"，所以在代路前增加缩短代路线路两侧保护距离二段时间为 0.2s 的步骤，并且在代路工作结束，恢复本断路器运行后恢复。但当相间距离Ⅱ段时间定值改为 0.2s 后，如果下一级线路选相失败，有可能越级跳闸，应做好事故预想）。

b. 退出线路两侧主二纵联保护，将代路侧主二纵联保护通道切至旁路，并测试通道切换后无异常，测试通道方法见表 3-3（参照图 3-36 和图 3-37 进行）。

表 3-3　　　　　　　　　　　代路时通道测试方法

M 站发信、N 站收信测试（M 侧代路）	
	M 站将 220kVMN 甲线 2475 主二保护通道切至旁路保护
	M 站投入旁路保护 A 相发信测试压板，确认 FOX-41A 相发信灯亮，并电话确认 N 侧主二保护 A 相收信正确
	N 站观察主二保护装置收信开入变位，确认 A 相收信正确
	M 站退出旁路保护 A 相发信测试压板，复归 FOX-41A 相发信灯，并电话确认 N 侧主二保护 A 相收信停止

M站发信、N站收信测试（M侧代路）
M站投入旁路保护B相发信测试压板，确认FOX-41B相发信灯亮，并电话确认N侧主二保护B相收信正确
N站观察主二保护装置收信开入变位，确认B相收信正确
M站退出旁路保护B相发信测试压板，复归FOX-41B相发信灯，并电话确认N侧主二保护B相收信停止
M站投入旁路保护C相发信测试压板，确认FOX-41C相发信灯亮，并电话确认N侧主二保护C相收信正确
N站观察主二保护装置收信开入变位，确认C相收信正确
M站退出旁路保护C相发信测试压板，复归FOX-41C相发信灯，并电话确认N侧主二保护C相收信停止

N站发信、M站收信测试（M侧代路）
N站投入主二保护A相发信测试压板，确认FOX-41A相发信灯亮，并电话确认M侧旁路保护A相收信正确
M站观察旁路保护装置收信开入变位，确认A相收信正确；由于旁路断路器处于分位，根据"跳位允许发信"逻辑，返回三相允许信号，FOX-41三相发信灯亮
N站退出主二保护A相发信测试压板，复归FOX-41A相发信灯及主二保护三相收信灯，并电话确认M侧旁路保护A相收信停止及FOX-41三相发信停止
N站投入主二保护B相发信测试压板，确认FOX-41B相发信灯亮，并电话确认M侧旁路保护B相收信正确
M站观察旁路保护装置收信开入变位，确认B相收信正确及FOX-41三相发信灯亮
N站退出主二保护B相发信测试压板，复归FOX-41B相发信灯及主二保护三相收信灯，并电话确认M侧旁路保护B相收信停止及FOX-41三相发信停止
N站投入主二保护C相发信测试压板，确认FOX-41C相发信灯亮，并电话确认M侧旁路保护C相收信正确
M站观察旁路保护装置收信开入变位，确认C相收信正确及FOX-41三相发信灯亮
N站退出主二保护C相发信测试压板，复归FOX-41C相发信灯及主二保护三相收信灯，并电话确认M侧旁路保护C相收信停止及FOX-41三相发信停止
M站复归FOX-41信号，并检查220kVMN甲线主二保护屏及旁路保护屏所有信号已复归，旁路保护屏的A、B、C相发信测试压板处于退出状态；N站复归FOX-41信号，并检查220kVMN甲线主二保护屏所有信号已复归，A、B、C相发信测试压板处于退出状态。至此，确认代路把手由本线切换至旁路成功

　　c. 投入线路代路侧主二纵联保护（确认保护通道已切至旁路），投入线路对侧主二纵联保护；

d. 确认线路代路侧投入旁路纵联保护；

e. 退出线路两侧主一纵联保护；

f. 合上旁路断路器，旁路断路器和线路断路器并列运行；

g. 断开线路被代侧线路断路器；

h. 相关其他保护按正常代路方式操作。

代路结束步骤：

a. 合上线路被代路侧线路断路器，断开旁路断路器；

b. 恢复投入线路两侧主一纵联保护；

c. 退出线路两侧主二纵联保护；

d. 将线路代路侧主二纵联保护通道切回本断路器，测试确认通道切换接点工作正常，测试通道方法见表 3-4（参照图 3-36 和图 3-37 进行）。

表 3-4　　　　　　　　　代路恢复运行时通道测试方法

M 站发信、N 站收信测试（M 侧代路结束）
M 站将 220kV MN 甲线 2475 主二保护通道由旁路切至本线保护
M 站投入主二保护 A 相发信测试压板，确认 FOX-41A 相发信灯亮，并电话确认 N 侧主二保护 A 相收信正确
N 站观察主二保护装置收信开入变位，确认 A 相收信正确
M 站退出主二保护 A 相发信测试压板，复归 FOX-41A 相发信灯，并电话确认 N 侧主二保护 A 相收信停止
M 站投入主二保护 B 相发信测试压板，确认 FOX-41B 相发信灯亮；并电话确认 N 侧主二保护 B 相收信正确
N 站观察主二保护装置收信开入变位，确认 B 相收信正确
M 站退出主二保护 B 相发信测试压板，复归 FOX-41B 相发信灯，并电话确认 N 侧主二保护 B 相收信停止
M 站投入主二保护 C 相发信测试压板，确认 FOX-41C 相发信灯亮；并电话确认 N 侧主二保护 C 相收信正确
N 站观察主二保护装置收信开入变位，确认 C 相收信正确
M 站退出主二保护 C 相发信测试压板，复归 FOX-41C 相发信灯，并电话确认 N 侧主二保护 C 相收信停止
N 站发信、M 站收信测试（M 侧代路结束）
N 站投入主二保护 A 相发信测试压板，确认 FOX-41A 相发信灯亮；并电话确认 M 侧主二保护 A 相收信正确
M 站观察主二保护装置收信开入变位，确认 A 相收信正确

续表

N站发信、M站收信测试（M侧代路结束）
N站退出主二保护A相发信测试压板，复归FOX-41A相发信灯，并电话确认M侧主二保护A相收信停止
N站投入主二保护B相发信测试压板，确认FOX-41B相发信灯亮；并电话确认M侧主二保护B相收信正确
M站观察主二保护装置收信开入变位，确认B相收信正确
N站退出主二保护B相发信测试压板，复归FOX-41B相发信，并电话确认M侧主二保护B相收信停止
N站投入主二保护C相发信测试压板，确认FOX-41C相发信灯亮；并电话确认M侧主二保护C相收信正确
M站观察主二保护装置收信开入变位，确认C相收信正确
N站退出主二保护C相发信测试压板，复归FOX-41C相发信灯，并电话确认M侧主二保护C相收信停止
M站复归FOX-41信号，并检查220kV MN甲线主二保护屏所有信号已复归，A、B、C相发信测试压板处于退出状态；N站复归FOX-41信号，并检查220kV MN甲线主二保护屏所有信号已复归，A、B、C相发信测试压板处于退出状态。至此，确认代路把手由旁路恢复至本线成功

e. 按调度令将线路两侧保护及代路侧旁路保护的相间距离二段时间、接地距离二段时间由0.2秒恢复到正常保护定值。

f. 投入线路两侧主二纵联保护；

g. 相关其他保护按恢复本断路器方式操作。

2）线路两侧均为分相式纵联保护，但旁路无分相功能时，具体代路操作步骤（通常代主二保护）如下。

a. 代路操作前，执行继保临时定值单，旁路无分相功能时，将线路两侧主二纵联保护改为三相命令方式（即：RCS-902C/CB型保护，将纵联保护控制字"分相式命令"由"1"改为"0"；CSC-101C/D型线路保护，将纵联保护控制字"同杆双回运行方式"由"1"改为"0"）；同1）中a条中代路前更改两侧主二纵联保护及代路侧旁路纵联保护的定值；

b. 同1）中b条，但测试通道方法见表3-5（参照图3-36和图3-37进行）；

c、d、e、f、g、h同1）中代路操作步骤c、d、e、f、g、h条。

表 3-5　　　　　　　　　　代路时通道测试方法

M 站发信、N 站收信测试（M 侧代路）
M 站将 220kVMN 甲线 2475 主二保护通道切至旁路保护
M 站投入旁路保护 A 相发信测试压板，确认 FOX-41A 相发信灯亮，并电话确认 N 侧主二保护 A 相收信正确
N 站观察主二保护装置收信开入变位，确认 A 相收信正确
M 站退出旁路保护 A 相发信测试压板，复归 FOX-41A 相发信灯，并电话确认 N 侧主二保护 A 相收信停止
N 站发信、M 站收信测试（M 侧代路）
N 站投入主二保护 A 相发信测试压板，确认 FOX-41A 相发信灯亮，并电话确认 M 侧旁路保护 A 相收信正确
M 站观察旁路保护装置收信开入变位，确认 A 相收信正确；由于旁路断路器处于分位，根据"跳位允许发信"逻辑，返回允许信号，FOX-41A 相发信灯亮
N 站退出主二保护 A 相发信测试压板，复归 FOX-41A 相发信灯及主二保护 A 相收信灯，并电话确认 M 侧旁路保护 A 相收信停止及 FOX-41A 相发信停止
由于旁路保护无分相功能，线路两侧主二保护均改为三相命令方式，FOX-41A 相发信即为三相发信，线路及旁路保护 A 相收信即为三相收信；M 站复归 FOX-41 信号，并检查 220kVMN 甲线主二保护屏及旁路保护屏所有信号已复归，旁路保护屏的 A、B、C 相发信测试压板处于退出状态；N 站复归 FOX-41 信号，并检查 220kVMN 甲线主二保护屏所有信号已复归，A、B、C 相发信测试压板处于退出状态。至此，确认代路把手由本线切换至旁路成功

代路结束步骤：

a、b、c 同 1）中代路结束步骤 a、b、c 条；

d. 将线路两侧主二纵联保护恢复为分相式命令方式（RCS-902C/CB 型保护，将纵联保护控制字"分相式命令"由"0"改回"1"；CSC-101C/D 型线路保护，将纵联保护控制字"同杆双回运行方式"由"0"改回"1"）；

e. 将线路代路侧主二纵联保护通道切回本断路器，测试确认通道切换接点工作正常，测试通道方法见表 3-6（参照图 3-36 和图 3-37 进行）。

表 3-6　　　　　　　　代路结束恢复运行时通道测试方法

M 站发信、N 站收信测试（M 侧代路结束）
M 站将 220kV MN 甲线 2475 主二保护通道由旁路切至本线保护
M 站投入主二保护 A 相发信测试压板，确认 FOX-41A 相发信灯亮，并电话确认 N 侧主二保护 A 相收信正确
N 站观察主二保护装置收信开入变位，确认 A 相收信正确

续表

M站发信、N站收信测试（M侧代路结束）
M站退出主二保护A相发信测试压板，复归FOX-41A相发信灯，并电话确认N侧主二保护A相收信停止
M站投入主二保护B相发信测试压板，确认FOX-41B相发信灯亮；并电话确认N侧主二保护B相收信正确
N站观察主二保护装置收信开入变位，确认B相收信正确
M站退出主二保护B相发信测试压板，复归FOX-41B相发信灯，并电话确认N侧主二保护B相收信停止
M站投入主二保护C相发信测试压板，确认FOX-41C相发信灯亮；并电话确认N侧主二保护C相收信正确
N站观察主二保护装置收信开入变位，确认C相收信正确
M站退出主二保护C相发信测试压板，复归FOX-41C相发信灯，并电话确认N侧主二保护C相收信停止
N站发信、M站收信测试（M侧代路结束）
N站投入主二保护A相发信测试压板，确认FOX-41A相发信灯亮；并电话确认M侧主二保护A相收信正确
M站观察主二保护装置收信开入变位，确认A相收信正确
N站退出主二保护A相发信测试压板，复归FOX-41A相发信灯，并电话确认M侧主二保护A相收信停止
N站投入主二保护B相发信测试压板，确认FOX-41B相发信灯亮；并电话确认M侧主二保护B相收信正确
M站观察主二保护装置收信开入变位，确认B相收信正确
N站退出主二保护B相发信测试压板，复归FOX-41B相发信，并电话确认M侧主二保护B相收信停止
N站投入主二保护C相发信测试压板，确认FOX-41C相发信灯亮；并电话确认M侧主二保护C相收信正确
M站观察主二保护装置收信开入变位，确认C相收信正确
N站退出主二保护C相发信测试压板，复归FOX-41C相发信灯，并电话确认M侧主二保护C相收信停止
M站复归FOX-41信号，并检查220kV MN甲线主二保护屏所有信号已复归，A、B、C相发信测试压板处于退出状态；N站复归FOX-41信号，并检查220kV MN甲线主二保护屏所有信号已复归，A、B、C相发信测试压板处于退出状态。至此，确认代路把手由旁路恢复至本线成功

f、g、h同1）中代路结束步骤e、f、g条。

3）线路两侧均为分相式纵联保护，旁路有分相功能，但旁路保护型号与线路保护型号不一致时，具体代路操作步骤（通常代主二保护）如下。

a. 代路操作前，执行继保临时定值单，旁路有分相功能，但旁路保护型号与线路保护型号不一致时，将线路两侧主二纵联保护及代路侧旁路保护均改为三相命令方式；（即：RCS-902C/CB 型保护，将纵联保护控制字"分相式命令"由"1"改为"0"；CSC-101C/D 型线路保护，将纵联保护控制字"同杆双回运行方式"由"1"改为"0"）；同 1）中 a 条代路操作前更改两侧主二纵联保护及代路侧旁路纵联保护的定值；

b. 同 2）中 b 条；

c、d、e、f、g、h 同 1）中代路操作步骤 c、d、e、f、g、h 条。

代路结束步骤：

a、b、c 同 1）中代路结束步骤 a、b、c 条；

d. 将线路两侧主二纵联保护及旁路保护恢复为分相式命令方式（RCS-902C/CB 型保护，将纵联保护控制字"分相式命令"由"0"改回"1"；CSC-101C/D 型线路保护，将纵联保护控制字"同杆双回运行方式"由"0"改回"1"）；

e. 将线路代路侧主二纵联保护通道切回本断路器，测试确认通道切换接点工作正常，测试通道方法（参照图 3-36、图 3-37 进行）与表 3-6 相同。

f、g、h 同 1）中代路结束步骤 e、f、g 条。

5. 集成纵联距离的光纤差动保护代路

集成纵联距离保护的光差保护在代路时，一般工作在纵联距离保护模式，因此在代路前，须退出保护两侧光纤差动保护功能，使集成保护工作在纵联距离保护模式下，再进行代路操作（同时注意分相功能的对应），防止保护两侧工作模式不对应造成保护动作行为异常。集成纵联距离的光纤差动保护特殊代路操作步骤如下。

1）线路两侧集成纵联距离的光纤差动保护均为分相式纵联保护，旁路保护也具备分相命令传输功能，且旁路保护型号与线路两侧保护型号相同，代路一次系统如图 3-34 所示，具体代路操作步骤（通常代主二保护）如下：

a. 代路操作前，退出线路两侧主二保护中的"通道一差动保护""通道二差动保护"，将线路对侧主二纵联保护及旁路保护相间距离、接地距离二段时间改为 0.2s；

b. 退出线路两侧主二纵联保护（确认差动功能在退出状态）；

c. 将代路侧线路主二纵联保护通道切至旁路；测试确认通道切换接点工作正常的方法见表 3-3（参照图 3-36 和图 3-37 进行）。

d. 投入代路侧线路主二纵联保护（确认保护通道已切至旁路、差动功能保持退出），投入代路线路对侧主二纵联保护（差动功能保持退出）；

e. 确认代路侧投入旁路纵联保护；

f. 退出线路两侧主一纵联保护；

g. 合上旁路断路器，旁路断路器和线路断路器并列运行；

h. 断开线路被代侧线路断路器；

i. 相关其他保护按正常代路方式操作。

代路结束操作步骤：

a. 代路侧合上线路断路器，断开旁路断路器；

b. 恢复投入线路两侧主一纵联保护；

c. 退出线路两侧主二纵联保护（确认差动功能在退出状态）；

d. 将代路侧主二纵联保护通道切回本断路器，测试确认通道切换接点工作正常的方法见表 3-4（参照图 3-36 和图 3-37 进行）。

e. 投入线路两侧主二纵联保护（差动功能保持退出）；

f. 将线路两侧主二纵联保护及旁路保护相间距离、接地距离二段时间由 0.2s 恢复到正常保护定值，投入线路两侧主二保护中的"通道一差动保护""通道二差动保护"；

g. 相关其他保护按恢复本断路器方式操作。

2）线路两侧集成纵联距离的光纤差动保护均为分相式纵联保护，但旁路无分相功能时，具体代路操作步骤（通常代主二保护）如下：

a. 代路操作前，退出线路两侧主二保护中的"通道一差动保护""通道二差动保护"，将线路两侧主二纵联保护运行控制字"分相式命令"由 1 改为 0，将线路两侧主二纵联保护及旁路保护相间距离、接地距离二段时间改为 0.2s；

b. 退出线路两侧主二纵联保护（确认差动功能在退出状态）；

c. 将代路侧线路主二纵联保护通道切至旁路，测试确认通道切换接点工作正常的方法见表 3-5（参照图 3-36 和图 3-37 进行）。

d、e、f、g、h、i 同 1）中代路操作步骤 d、e、f、g、h、i 条。

代路结束操作步骤：

a、b、c 同 1）中代路结束步骤 a、b、c 条；

d. 将线路两侧主二纵联保护运行控制字"分相式命令"由 0 恢复为 1；

e. 将代路侧主二纵联保护通道切回本断路器，测试确认通道切换接点工作正常的方法见表 3-6（参照图 3-36 和图 3-37 进行）。

f、g、h 同 1）中代路结束步骤 e、f、g 条。

3）线路两侧均为分相式纵联保护，旁路有分相功能，但旁路保护型号与线路保护型号不一致时，具体代路操作步骤（通常代主二保护）如下：

a. 代路操作前，退出线路两侧主二保护中的"通道一差动保护""通道二差动保护"，将线路两侧主二纵联保护及旁路保护运行控制字"分相式命令"由 1 改为 0，将线路两侧主二纵联保护及旁路保护相间距离、接地距离二段时间改为 0.2s；

b、c、d、e、f、g、h、i 同 2）中代路操作步骤 b、c、d、e、f、g、h、i 条。

代路结束操作步骤：

a、b、c 同 1）中代路结束步骤 a、b、c 条；

d. 将线路两侧主二纵联保护及旁路保护运行控制字"分相式命令"由 0 恢复为 1；

e、f、g、h 同 2）中代路结束步骤 e、f、g、h 条。

注：退出差动功能可采取退控制字或功能压板等形式，不强制要求。

6. 线路过短保护失配问题

110kV 光纤纵联差动保护主要配置于长度小于 8km 的短线路，用于解决由于线路过短造成的保护失配问题。运行中应注意以下几个方面：

（1）线路两端均配置光纤纵联差动保护的，其两侧保护的光差保护运行控制字中的"主机方式"应分别整定为"1"和"0"，见表 3-7 和表 3-8。

表 3-7　　　　　　　　　　A 侧光差保护运行控制字整定情况

保护	控制字
投纵联差动保护	1
TA 断线闭锁差动	1
主机方式	1
专用光纤	1
通道自环试验	0
远跳受本侧控制	1

表 3-8　　　　　　　　　　B 侧光差保护运行控制字整定情况

保护	控制字
投纵联差动保护	1
TA 断线闭锁差动	1
主机方式	0

续表

保护	控制字
专用光纤	1
通道自环试验	0
远跳受本侧控制	1

（2）对于带旁路的 110kV 变电站中，旁路保护不是光差保护或旁路保护光差保护与线路保护光差保护型号不同的情况，在旁代时，应退出对侧的光差保护，即在旁代操作前，应退出两侧光差保护及旁路保护的"投入纵联保护"硬压板，装置软压板可保持投入状态。

（3）对于线路只有单侧配置光纤纵联差动保护的，正常运行情况下差动保护装置会报"通道异常"信号，该"通道异常"信号不影响保护装置的距离保护及零序保护的正常运行，为方面运行人员进行现场设备的巡视工作，建议在该类光差纵联保护的"通道异常"信号旁边使用黄色标签标注为"通道未投入，告警正常"。

第八节　重合闸运行与维护技术

电力系统发生瞬时性故障时，继电保护动作将断路器跳闸切断电源后经预定时间再使断路器自动合闸，如故障已自动消除，线路即恢复供电，如故障是永久性的，则继电保护再次动作跳开断路器。

一、重合闸运行技术要求

（1）架空、架空与电缆混合输电线路应投入重合闸，全电缆线路应退出重合闸。

（2）110kV 线路保护装置在保护启动重合闸可独立投退情况下，全电缆线路在退出保护启动重合闸前提下（该功能由定值整定控制），保留了断路器位置不对应启动重合闸，以避免断路器偷跳不重合导致线路失压。

（3）线路重合闸方式选择的一般原则为：

1）500kV 及 220kV 线路采用单相一次重合闸方式，延时段保护动作和多相故障均三跳不重合。

2）110kV 线路采用三相一次重合闸，任何故障三跳三重。①单侧电源线路选用非同期重合方式；②双侧电源线路系统侧采用检无压，负荷侧采用检同期和检线路有压母线无压重合方式；③220kV 站之间的 110kV 联络线，两侧均选用检无压方式；④检无压重合方式，在母线和线路均有压时，具备检同期重合功能。

3）10kV 线路采用三相一次重合闸（馈线断路器满足相关要求时，可投入二次重合闸）：①单侧电源线路选用非同期重合闸方式，任何故障三跳三重；②双侧电源线路一般重合闸退出。

（4）3/2 接线方式下，不使用线路保护装置带有的重合闸，但其方式设置应保证保护的出口方式正确。使用断路器保护的重合闸，正常情况下边断路器先合，中断路器后合。边断路器停运时，中断路器重合闸不改先合。

220kV 线路保护装置两套均带有重合闸时，重合闸均投入，方式应保持一致。一套重合闸异常时，可仅退出其合闸出口压板，不改变重合闸方式；两套重合闸均退出时，线路保护应改投三相跳闸方式，即沟道三跳。

（5）重合闸装置在下列情况下应退出：

1）线路有明显缺陷时；

2）线路上有人员带电作业要求停用时；

3）断路器本身不允许重合时；

4）旁路断路器的重合闸在代供变压器断路器时；

5）所供变电站变压器保护或变压器断路器不能发挥作用时；

6）110kV 空充线路时；

7）220kV 空充线路，按 220kV 单侧充电线路保护运行技术执行；

8）500kV 空充线路，按 500kV 线路常见运行方式保护运行技术执行；

9）重合可能造成系统之间或系统与发电机之间非同期并列时；

10）线路抽取装置 TV 停用时，停用侧重合闸采用检线路无压方式的；

11）重合闸装置出现异常时；

12）其他不允许重合的情况。

（6）若 110kV 线路正常为空充线路，但因负荷侧备自投动作而带上负荷时，为减少操作线路重合闸不退出。

（7）110kV 全电缆线路正常方式重合闸投、退按定值单要求执行，运行方式变化时重合闸的投入、退出，调度值班人员可参照架空和架空、电缆混合线路应投入重合闸，全电缆线路应退出重合闸执行。

220kV、500kV 线路退出重合闸时除退出重合闸出口压板外，还必须通过重合闸方式切换开关、沟通三跳回路或其他逻辑功能等的设置实现直接三跳，以防止线路单相故障时造成非全相运行。

二、 影响重合闸因素的分析

输电线路上的故障 90% 是瞬时性的，当输电线路发生瞬时性故障时，保护动作跳开故障线路两侧断路器，电弧将熄灭，具有足够的去游离时间后，这时重合闸将跳开的断路器重新合闸，如果此时保护没有再动作跳闸，说明重合闸成功，如果此时保护再动作跳闸，说明线路上的故障为永久性故障或去游离时间不够，重合闸不成功。重合闸对保证系统安全稳定运行十分有利。输电线路重合闸方式为四种：三相重合闸方式（只适用于 110kV 及以下电压等级输电线路）、单相重合闸方式（只适用于 220kV 及以上电压等级输电线路）、综合重合闸方式、重合闸停用方式。重合闸启动方式有两种：①位置不对应启动方式；②保护启动方式。

（一）考虑重合闸动作时间的整定问题

重合闸只有在线路两侧的断路器都已跳闸后电弧才开始熄灭，电弧熄灭后短路点才开始去游离，电弧熄灭时间与去游离时间之和（即断电时间）再加上足够的裕度时间才允许断路器重合闸。这样才能提高重合闸的成功率。

1. 单侧电源线路三相重合闸时间的考虑

单侧电源线路电源侧断路器跳开后，短路点电弧熄灭并开始去游离，所以三相重合闸的时间应为断电时间加上裕度时间减去断路器的固有合闸时间。断路器的固有合闸时间是与故障点的去游离同时进行的，所以把它减去。重合闸时间还应大于断路器及其操作机构复归原状准备好再次动作的时间与裕度时间之和。

2. 双侧电源线路重合闸时间的考虑

（1）如果对侧保护动作时间大于本侧保护动作时间，重合闸时间应加上对侧保护动作的延时。因为重合闸时间是在本侧断路器跳开后就开始计时，而对侧断路器还没跳开，此时短路点电弧还没熄灭，只有在对侧断路器跳开后短路点才开始熄弧和去游离，所以应把对侧保护的动作延时考虑进去。如果线路采用纵联保护，由于线路两侧的纵联保护几乎同时瞬时切除本线路全长范围内的故障，故不考虑这个因素。

（2）在使用单相重合闸方式和综合重合闸方式时要考虑潜供电流的影响。线路发生单相接地短路故障时两侧保护都只跳单相，而另外两相还有电压和电流，另外两相的电压通过相间电容与电流通过相间互感向短路点提供短路电流（称为潜供电流）。由于潜供电流的影响使电流短路点的电弧熄灭时间加长，因而重合闸时间也应加长。三相重合闸方式中，线路发生故障均为三相跳闸，不存在潜供电流，重合闸时间可以短一些。

（二）双电源线路三相重合闸的检验条件

1. 检线路无压和检同期合闸（如图 3-38 所示）

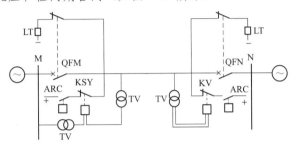

图 3-38　检线路无压和检同期合闸

当线路 MN 发生故障，两侧三相跳闸后，线路三相电压为零，N 侧检到线路无电压，经三相重合闸动作时间后发合闸命令。随后 M 侧检到母线、线路均有电压，且母线与线路的同名相电压的相角差在整定规定的允许范围内，经三相重合闸动作时间后发合闸命令。为了防止检线路无压侧断路器合在故障线路上再次跳闸而在短时间内切除两次短路电流，使其工作条件恶劣，检线路无压侧与检同期侧可定期倒换。为了防止断路器"偷跳"后能用重合闸补救，一般检线路无压侧将检同期的功能也投入。但检同期侧的检线路无压功能千万不能投入，否则将造成非同期合闸。检线路无压的条件为：线路电压小于 30V 且线路 TV 没有断线。检同期的条件为：①母线、线路电压均大于 40V。②母线、线路同名相电压的相角差在整定范围内，如整定同期合闸角为 ϕset，重合闸装置检测到母线与线路同名相电压的夹角为 ϕ，则（$\phi-\phi$set）～（$\phi+\phi$set）的范围内即被认为满足同期相角差的条件。

2. 重合闸不检方式（如图 3-39 所示）

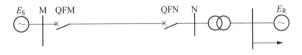

图 3-39　重合闸不检方式

ES 电源一直存在，ER 电源时有时无，N 侧投入"重合闸不检方式"。M 侧重合闸在 ER 电源存在时投入"检同期方式"，这样 N 侧按重合闸不检方式先重合，然后 M 侧检同期合闸。M 侧重合闸在 ER 电源不存在时投入"重合闸不检方式"，这样重合闸时间比较短的一侧先重合，合闸时间比较长的一侧后重合。

3. 检相邻线路有电流方式

这种重合闸方式只用在双回线路上，当双回线路中某一回线发生故障并两侧三相跳开后，两侧还经另一回线路联系在一起，此时断开线路上的重合闸只要检查另一回线路有电流，即可认为满足重合闸条件，经重合闸动作时间后发合闸命令。

（三）220kV 及以上电压等级同杆并架双回线路对重合闸的影响

1. 同杆并架双回线路按常规原理构成的重合闸所产生的问题

在发生跨线故障时可能会同时切除两回线路。如图 3-40 所示。

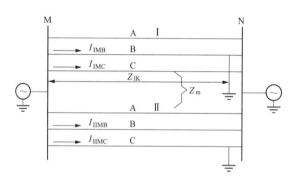

图 3-40　发生跨线故障时同时切除两回线路

在同杆并架线路上出现跨线故障时，反应一侧电气量保护的选相元件有时无法实现正确选相。图 3-40 中 N 侧出口发生ⅠBⅡCG（Ⅰ回线 B 相和Ⅱ回线 C 相接地短路）的跨线故障与在 N 侧出口发生Ⅰ回线 BC 两相接地短路相比较，M 侧Ⅰ回线中 B、C 相流过的电流ⅠIMB、ⅠIMC 是完全相同的，M 侧母线电压也完全相同。所以 M 侧选相元件无法判断是本线路 B、C 两相接地短路还是线路末端的 B、C 跨线接地短路。这样在发生这种跨线故障时，按原来配置的保护将三相跳闸且不重合（采用单相重合闸方式）。其实在发生跨线故障时，如果Ⅰ回线保护跳两侧 B 相断路器，Ⅱ回线保护跳两侧 C 相断路器，故障即可切除，两母线间还有四根导线相连并包括了一个完整三相，这对安全稳定运行是很有利的。又例如发生ⅠAⅡBCG 三相三导线故障时，Ⅰ回线跳 A，Ⅱ回线跳 B、C，在重合闸周期内还有Ⅰ回线的B、C，Ⅱ回线的A构成"准三相"运行，对系统更有利。

2. 重合闸可能合闸于永久性的相间故障上

220kV及以上电压等级线路上，为了避免重合于永久性相间故障而给系统带来严重冲击，往往采用相间故障不重合的措施（使用单相重合闸方式）。在同杆并架线路发生跨线故障时，例如分相电流差动保护装置可以选相跳故障相，两条线路都同时重合还是可能合于永久性的B、C两相跨线故障线路上。

（四）220kV及以上电压等级同杆并架双回线路的按相自动重合闸方式

上述分析了220kV及以上电压等级同杆并架双回线路对重合闸的影响，为了提高电力系统安全稳定运行和重合闸成功率，可采用按相自动重合闸方式。按相自动重合闸也是重合闸按线路配置，两回线的二次回路不交叉。

保护选故障相跳闸后，采用按相自动重合闸可以避免重合于永久性的多相故障线路给系统造成严重冲击。按相自动重合闸是将两回线路的重合闸看作一个整体，两回线路同时只有一相在重合，重合成功后再合另一相。如果重合不成功则三跳该线路，三跳该线路后再检查另一回线路，如具备单重条件则继续重合否则三跳。为了保证两回线路同时只有一相在重合，重合成功后再合另一相，制定相应的重合规则：①一回线三相故障三跳后该线路不重合。②同名相跨线故障跳闸后两回线的该相可以优先同时重合。可以减少整个重合闸时间。③超前相优先重合。重合相别顺序为A→B→C→A。例如ⅠCⅡA故障跳闸后，先合Ⅰ回线C相然后再合Ⅱ回线A相。ⅠABⅡBC故障跳闸后，根据②条规则，两回线同时先合B相，然后按超前相优先规则重合Ⅱ回线C相，最后合Ⅰ回线A相。④两相故障的线路跳闸后超前相优先重合。例如ⅠBCⅡAG故障，根据此条规则先重合Ⅰ回线B相，然后按超前相优先规则重合Ⅰ回线C相，最后合Ⅱ回线A相。如果不按这些规则，先重合Ⅱ回线A相，Ⅱ回线A相为永久性故障而重合不成功三跳，此时Ⅰ回线按单重条件不再重合而三跳，Ⅰ回线失去重合机会。在重合闸周期内短时允许"准三相"运行外，不允许长期"准三相"运行，因为长期"准三相"运行时每回线路将长期流有零序电流，按每回线路配置的并联电抗器中性点的小电抗上将长期流过电流，长期有零序电流将恶化每回线保护的性能。所以重合于永久性故障相线路时应三跳而不是再次跳开这一故障相。

从上分析可知，为了保证两回线路同时只有一相在重合，重合成功后再合另一相的重合规则，要求同一侧的两回线路的两套保护均应把自己这套保护所选择的故障相的情况以及保护跳开断路器的相别通过通信告诉另一套保护。

三、微机保护双重化配置重合闸配合原理及二次回路接线的分析

220kV 及以上电压等级的线路保护装置必须按照双重化配置，即配置两套完全独立的、动作原理不同的保护，其重合闸也按照双重化配置，通常两套保护装置重合闸之间均设计了闭锁回路，采用保护装置闭锁重合闸接点或保护"TR（永跳）"接点接入另一套保护闭锁重合开入，但常常由于两套保护装置重合闸闭锁回路接线错误，造成线路重合闸动作不正确。

××年××月××日 17 时 11 分 35 秒，220kV BCⅡ线发生 C 相瞬时接地故障，线路两侧双套主保护动作跳 C 相，B 变电站侧重合闸动作成功，C 变电站侧重合闸未动作。BCⅡ线两侧配置主一保护××-931AMM、主二保护××-602GC，重合闸为单重方式。经现场检查，BCⅡ线两套重合闸之间互相闭锁回路接线错误，将××-602GC"沟通三跳"接点错误接入××-931AMM 保护重合闸的"闭锁重合"开入（见图 3-41），正确为××-602GC"TR（永跳）"接点接入××-931AMM 保护重合闸的"闭锁重合"开入。

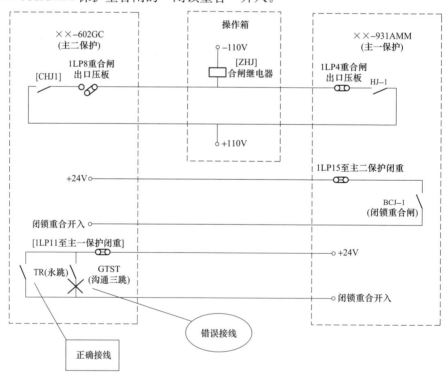

图 3-41　两套装置闭锁重合闸回路示意图

（一）双重化配置重合闸相互闭锁二次回路接线原理

1. 两套线路保护重合闸直接闭锁方式

两套重合闸直接闭锁方式，即线路主一和主二保护分别提供闭锁重合闸接点或永跳接点接入另一套保护闭锁重合闸开入的接线方式（见图 3-42）。

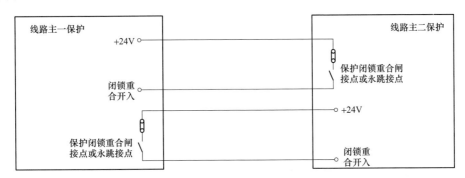

图 3-42　两套重合闸直接闭锁方式示意图

2. 两套线路保护重合闸间接闭锁方式

两套重合闸间接闭锁方式，即线路主一和主二保护永跳后分别启动操作箱永跳继电器 TJR1 和 TJR2，操作箱永跳继电器 TJR1 和 TJR2 励磁后各输出两副永跳接点，接至两套线路保护闭锁重合闸开入的接线方式（见图 3-43）。

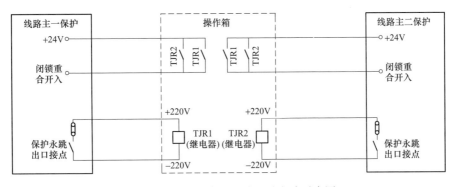

图 3-43　两套重合闸间接闭锁方式示意图

3. 两套线路保护重合闸混合闭锁方式

两套重合闸混合闭锁方式，即线路主一保护提供闭锁重合闸接点或永跳接点接入主二保护的闭锁重合闸开入，主二保护永跳启动操作箱永跳继电器，由操作箱永跳继电器励磁后输出两副永跳接点，分别接至两套线路保护闭锁重合闸开入的接线方式（见图 3-44，主一和主二保护闭锁重合闸的方式与保护配置有关，图中操作箱永跳继电器和接点均用 TJR 表示，不作第一组和第二组的区分）。

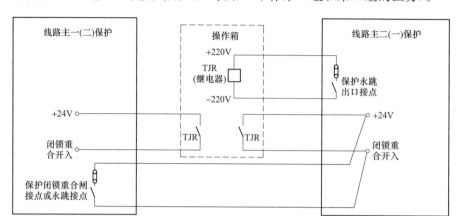

图 3-44　两套重合闸混合闭锁方式示意图

（二）双重化配置重合闸相互闭锁二次回路接线及重合闸投入原则

（1）新建线路和技改工程（包括未验收工程）投运时，应投入两套重合闸功能及出口。两套线路保护重合闸之间不采用相互启动方式，但应具有重合闸直接闭锁回路，即线路主一和主二保护分别提供闭锁重合闸接点或永跳接点接入另一套保护闭锁重合闸开入的接线方式（接线示意图如图 3-42）。

（2）已投入运行且双重化配置重合闸功能的线路保护，应投入两套重合闸功能及出口。两套重合闸之间未接相互闭锁回路的线路，当重合闸方式为综重或三重时，应按照图 3-42～图 3-44 完善重合闸相互闭锁的回路接线，当重合闸方式为单重方式时，不作整改要求。

四、 操作箱压力低闭锁跳、 合闸及重合闸回路的接入分析

（一）情形分析 1

对于断路器本体未配置相应的压力低闭锁跳、合闸回路的保护设备，应在操作箱跳、合闸控制回路中串接压力接点。

（1）保护屏操作箱（以型号 CZX-12R 为例）对断路器的绝缘气体设置了压力闭锁回路及信号回路，如图 3-45 所示。

1）压力异常禁止操作。

断路器压力异常禁止操作时，图 3-45 所示对应的 $1SF_6$ 接点闭合，将正电源通过 4D11、4D13 接入，起动 4YJJ 继电器，该继电器输出的常开接点 4YJJ 闭合

将 11YJJ 与 12YJJ 继电器短接，11YJJ 与 12YJJ 失磁返回，11YJJ 常开接点打开，切断合闸回路与跳闸回路正电源，从而闭锁了跳、合闸回路的操作，如图 3-47～图 3-49 中的所示 11YJJ，另一方面给出压力异常禁止操作信号。

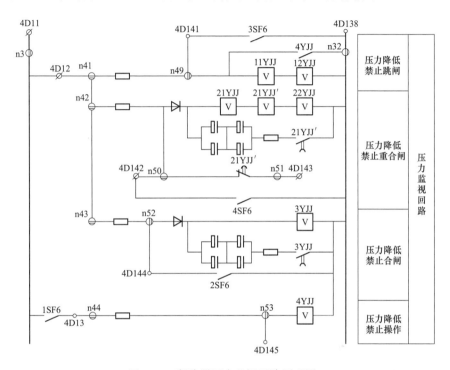

图 3-45　断路器压力监视回路原理图

2）压力降低禁止重合闸。

当断路器压力降低禁止重合闸，图 3-45 所示对应的 4SF6 接点闭合，将 4D142、4D138 短接，21YJJ、22YJJ 失磁返回，对应接点 21YJJ 常闭接点闭合（见图 3-46），将重合闸闭锁，并给出压力降低禁止重合闸信号。若在合闸过程中气压降低，由于延时返回（0.3s）仍能保证可靠合闸（如图 3-50 所示 22YJJ 常开接点延时打开）。

3）压力降低禁止合闸。

当断路器压力降低禁止合闸时，图 3-45 所示对应的 2SF6 接点闭合，4D144 与 4D138 接通将 3YJJ 继电器短接，3YJJ 继电器失磁返回，闭锁有关合闸回路，并给出禁止合闸信号。同样，若在合闸过程中气压降低，由于延时返回（0.3s）仍能保证可靠合闸（如图 3-50 所示 3YJJ 常开接点延时打开）。

4）压力降低禁止跳闸。

121

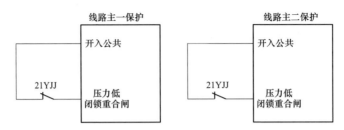

图 3-46　压力闭锁重合闸开入回路图

当断路器压力降低禁止跳闸时，图 3-45 所示对应接点 3SF6 闭合，将 4D141、4D138 短接，11YJJ、12YJJ 失磁返回，11YJJ 常开接点打开，切断合闸回路与跳闸回路正电源，从而闭锁了跳、合闸回路的操作，如图 3-47～图 3-49 中的所示 11YJJ，并给出压力降低禁止跳闸信号。

（2）CZX-12R 型操作箱合闸回路工作过程。

合闸回路包含手动合闸、远方合闸、重合闸，控制回路见图 3-47 和图 3-50，图中的电压型继电器线圈均并联反接二极管，为求简洁图中不一一画出，以下同。

1）手动合闸或远方合闸。

当进行手动合闸或远方合闸时，图 3-50 中 KK 把手或远方送来的合闸接点处于闭合位置，正电源送到 4D84，此时 1SHJ、21SHJ、22SHJ、23SHJ 动作，同时 KKJ 第一组线圈励磁且自保持。

1SHJ 动作后，其三对常开接点分别去启动 A、B、C 三个分相合闸回路，如图 3-47 所示。

21SHJ、22SHJ、23SHJ 动作后，其接点分别送给保护及重合闸，作为"手合加速"、"手合放电"等用途。

图 3-50 中 KKJ 动作后通过中间继电器 1ZJ 给出 KK 合后闭合接点。

图 3-50 中电阻与电容构成手动合闸脉冲展宽回路。即当手合合闸时，电容充电。当手合 KK 接点返回后，电容器向 21SHJ、22SHJ、23SHJ 和 1ZJ 放电使其继续动作一段时间，该时间大于 400ms，以保证当手合或远方合到故障线路上时保护可加速跳闸。

手动合闸回路受断路器压力降低回路控制，若压力降低禁止合闸时，图 3-50 中 3YJJ 和 22YJJ 接点断开（3YJJ 和 22YJJ 继电器回路在图 3-45 中），此时禁止手动和远方合闸。

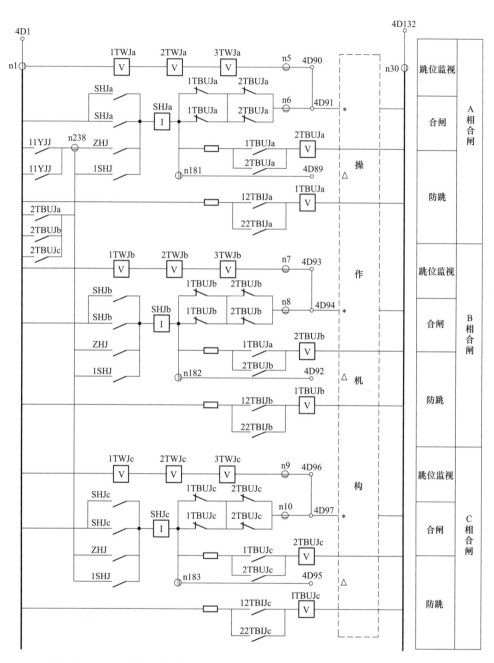

注:合闸回路中,打*处为使用操作箱防跳,打△处为不使用操作箱防跳。

图 3-47　分相合闸回路原理图

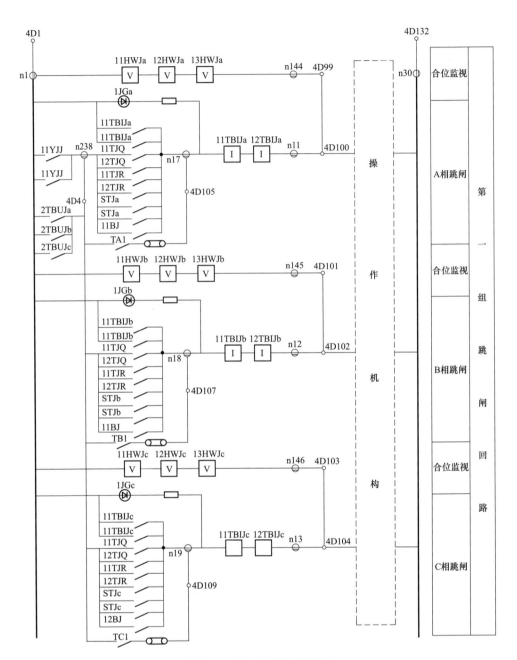

图 3-48　第一组跳闸回路图

2）重合闸。

当重合闸装置送来的合闸接点闭合时，如图 3-50 所示，合闸正电源经接点送至 4D83，此时 ZHJ、ZXJ 继电器动作。ZHJ 为重合闸重动继电器，动作后有

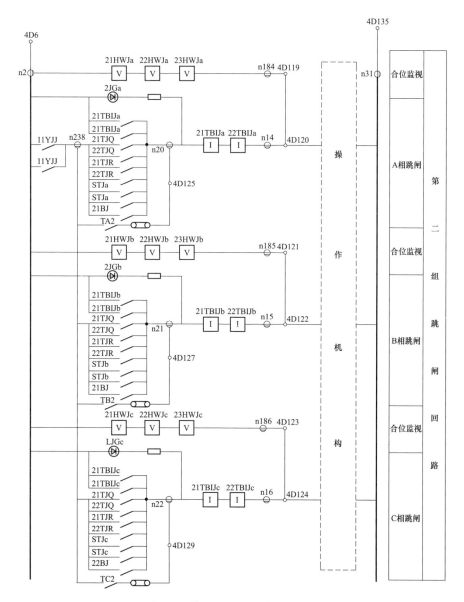

图 3-49　第二组跳闸回路图

三对常开接点闭合并被分别送到 A、B、C 三个分相合闸回路，启动断路器的合闸线圈，如图 3-47 所示。

ZXJ 为磁保持信号继电器，动作后一方面起动一个发光二极管，表示重合闸回路起动；另一方面去起动有关信号回路。当按下复位按钮时，磁保持继电器复位线圈励磁，合闸信号复归。

125

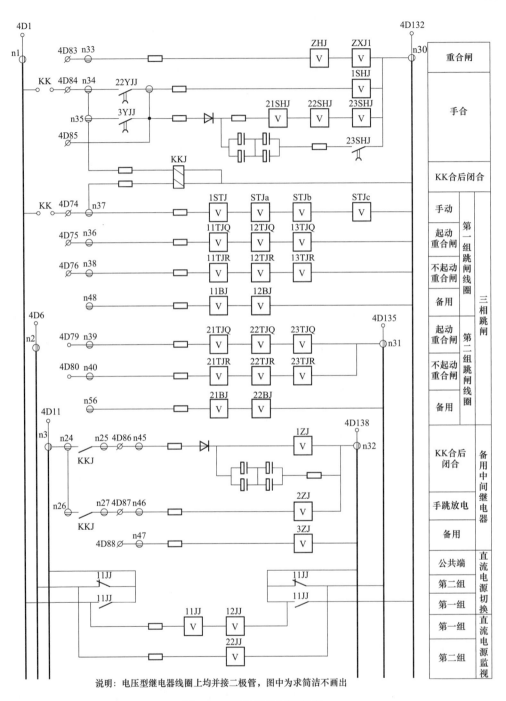

说明：电压型继电器线圈上均并接二极管，图中为求简洁不画出

图 3-50　操作箱控制回路图

3）跳位监视。

如图 3-47 所示，当断路器处于跳位时，断路器常闭辅助接点闭合。1TWJ～3TWJ 动作，送出相应的接点给保护和信号回路。

4）合闸回路。

如图 3-47 所示，当断路器处于分闸位置，一旦手合（1SHJ 接点闭合）或自动重合（ZHJ 接点闭合）时，SHJa、SHJb、SHJc 动作并通过自身接点自保持，直到断路器合上，断路器常闭辅助接点断开。

5）防跳回路。

当断路器手合或重合到故障上而且合闸脉冲又较长时，为防止断路器跳开后又多次合闸，故设有防跳回路。当手合或重合到故障上断路器跳闸时，跳闸回路的跳闸保持继电器 12TBIJ（a、b、c）、22TBIJ（a、b、c）励磁，如图 3-48 和图 3-49 所示，其接点闭合，起动 1TBUJ（a、b、c）继电器，1TBUJ（a、b、c）继电器动作后起动 2TBUJ（a、b、c），2TBUJ（a、b、c）通过其自身接点在合闸脉冲存在情况下自保持，如图 3-47 所示，于是这两组串入合闸回路的继电器的常闭接点断开，避免断路器多次跳合。为防止在极端情况下断路器合闸压力接点出现抖动，从而造成防跳回路失效，2TBUJ（a、b、c）的一对接点与 11YJJ 并联，以确保在这种情况下断路器也不会多次合闸，如图 3-47 所示。

（3）CZX-12R 型操作箱分闸回路工作过程。

1）合位监视。

如图 3-48 和图 3-49 所示，当断路器处于合闸位置时，断路器常开辅助接点闭合，11HWJ、12HWJ、13HWJ、21HWJ、22HWJ、23HWJ 动作，输出接点到保护及有关信号回路。

2）跳闸回路。

如图 3-48 和图 3-49 所示，断路器处于合闸位置时，断路器常开辅助接点闭合，一旦保护分相跳闸接点动作，跳闸回路接通，跳闸保持继电器 11TBIJ（a、b、c）、21TBIJ（a、b、c）动作并由 11TBIJ（a、b、c）、21TBIJ（a、b、c）接点实现自保持，直到断路器跳开，常开辅助接点断开。

装置共有原理相同的二组跳闸回路，分别使用两组直流操作电源，并去起动断路器的二组跳闸线圈。第二组跳闸回路见图 3-49 所示。

（4）CZX-12R 型操作箱与保护配合的工作过程。

1）三跳起动重合闸、起动失灵。

如图 3-50 所示，三跳起动重合闸、起动失灵接点分别通过该回路的 4D75 端

127

子（起动第一组跳圈）和 4D79 端子（起动第二组跳圈）去起动 11TJQ、12TJQ、13TJQ 以及 21TJQ、22TJQ、23TJQ。11TJQ、12TJQ、13TJQ 动作后去起动第一组分相跳闸回路，22TJQ、22TJQ、23TJQ 动作后去起动第二组分相跳闸回路。

2）三跳不起动重合闸、起动失灵。

如图 3-50 所示，三跳不起动重合闸、起动失灵接点分别通过 4D76（起动第一组跳圈）端子和 4D80 端子（起动第二组跳闸线圈）起动 11TJR、12TJR、13TJR 以及 21TJR、22TJR、23TJR。11TJR、12TJR、13TJR 动作后去起动第一组分相跳闸回路，21TJR、22TJR、23TJR 动作后去起动第二组分相跳闸回跳。该回路起动后，其有关接点还送给重合闸，去给重合闸放电禁止重合。

3）三跳不起动重合闸、不起动失灵。

如图 3-50 所示，三跳不起动重合闸、不起动失灵接点（例如用于变压器非电量保护跳闸、母差跳闸等）三跳时分别起动 11BJ、12BJ 以及 21BJ 和 22BJ，它们分别接在两组直流电源上，11BJ，12BJ 去起动第一组分相跳闸回路，21BJ、22BJ 去起动第二组分相跳闸回路。

（5）CZX-12R 型操作箱两组控制回路直流电源切换的工作过程。

如图 3-50 所示，CZX-12R 型操作箱的两组分相跳闸回路具有独立的直流电源，并设有直流电源监视回路。当任意一组直流消失即可通过 12JJ 和 22JJ 报警。经 11JJ 切换后的直流电源供压力监视和备用中间继电器回路使用，具体切换过程如下：

1）第一组、第二组控制电源均正常时，11JJ、12JJ、22JJ 继电器带电励磁，11JJ 常开接点闭合，11JJ 常闭接点断开，第一组控制电源经 11JJ 常开接点供压力监视和备用中间继电器回路电源。

2）由于某种原因使第一组控制电源失电，第二组控制电源正常时，22JJ 继电器带电励磁，11JJ、12JJ、继电器失磁返回，12JJ 常闭接点闭合并发报警信号，11JJ 常开接点断开，11JJ 常闭接点闭合，第二组控制电源经 11JJ 常闭接点供压力监视和备用中间继电器回路电源。如果由于短路故障造成第一组控制电源失电，此时短路故障并没有排除的情况下，自动切换至第二组控制电源，将造成第二组控制电源也发生短路故障，使第二组控制电源失电。若此时若系统发生故障，保护动作发跳闸命令，由于第一、第二组控制电源均失电，断路器将拒动，只能越级跳闸，将对系统安全稳定运行产生很大的冲击。

（二）情形分析 2

对于断路器操作机构本体配置了两组完全独立的压力低闭锁跳、合回路接点时，应取消串接在操作箱跳合闸控制回路中的压力接点的原因分析。

1. 不取消串接在操作箱跳合闸控制回路中的压力接点的后果分析

如图 3-51～图 3-53 所示。

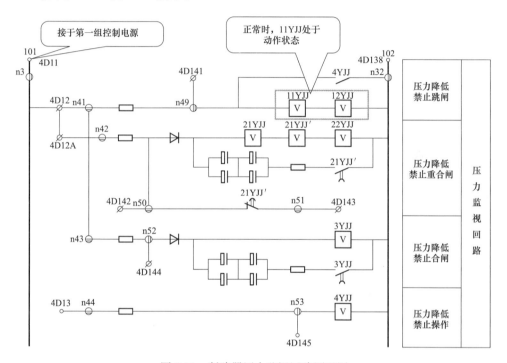

图 3-51　断路器压力监视回路原理图

（1）正常时，断路器压力监视回路接于第一组控制电源。

（2）第一组控制电源正常时，11YJJ 处于励磁动作状态，其常开接点闭合，接通跳、合闸控制回路。

（3）当第一组控制电源断开时，第一组控制回路不能跳闸，11YJJ 处于返回状态，如图 3-52 所示。

（4）当第一组控制电源失电，11YJJ 处于返回状态，影响第二组跳闸，不符合反措及规范要求，如图 3-53 所示。

2. 取消串接在操作箱跳合闸控制回路中的压力接点的实施方法

（1）如图 3-54 所示，取消第一组跳合闸操作箱压力闭锁回路，即短接 11YJJ。

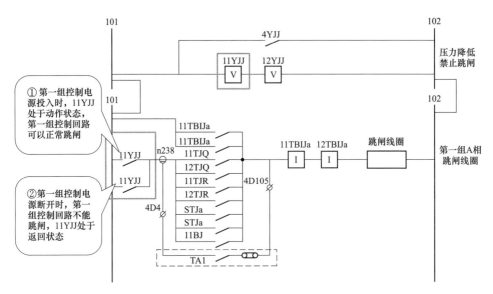

图 3-52　第一组跳闸回路图

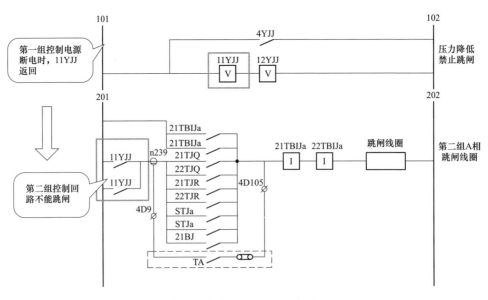

图 3-53　第二组跳闸回路图

（2）如图 3-55 所示，取消第二组跳合闸操作箱压力闭锁回路，即短接 11YJJ。

（3）第一组控制电源失电，不影响第二组跳闸，符合反措及规范要求。

验收方法：①查看 11YJJ 接点是否有短接；②逐一拉开第一组、第二组控制

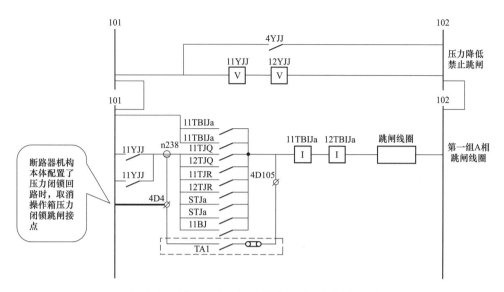

图 3-54　第一组跳合闸取消操作箱压力闭锁回路

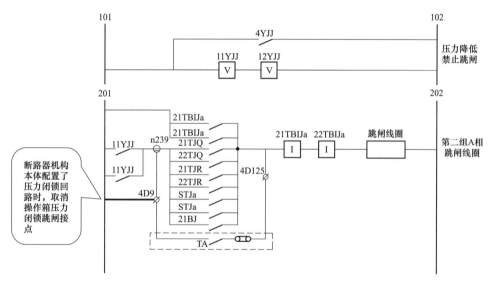

图 3-55　第二组跳合闸取消操作箱压力闭锁回路

电源，分别进行第一套、第二套保护传动，应正确。

3. 对于断路器操作机构本体具有双套压力闭锁元件时，回路的接线注意事项

对于当断路器操作机构本体具备双套压力闭锁元件时，压力低禁止跳闸、合闸、操作等功能应由断路器本体实现，分别采用第一、二路直流供电，并与两组跳闸线圈一一对应，如图 3-56 所示。

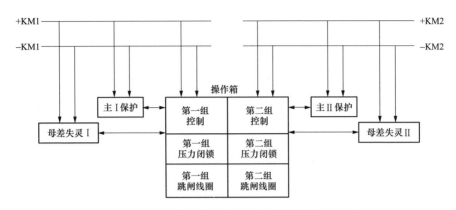

图 3-56　双套压力闭锁元件与两组跳闸线圈一一对应

（三）情形分析 3

对现有断路器，若压力低禁止跳、合闸功能已在断路器本体实现，若断路器操作机构箱内或保护操作箱内只有一组压力闭锁回路时，应采取的措施原因分析如下。

（1）对现有断路器，若压力低禁止跳、合闸功能已在断路器本体实现，若断路器操作机构箱内或保护操作箱内只有一组压力闭锁回路，电源消失时，跳闸回路压力接点应处于闭合状态，以降低开关拒动的风险，则该回路应选用第一路直流供电，而不应经操作箱直流电源切换提供，以提高供电可靠性，如图 3-57 所示。

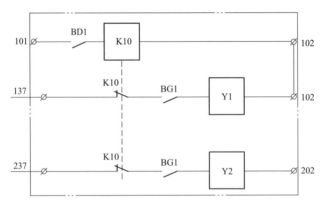

图 3-57　断路器机构箱

由于压力低接点需从断路器机构箱取得，由保护操作箱到断路器机构箱的一对连线较长，若其负端与其他回路短路，将造成第一路直流电源短路，此时若压力低闭锁重合闸回路经操作箱直流电源切换至第二路直流，将使第二路直流亦短路，造成操作箱同时失去两路直流，所以应取消操作箱直流电源自动切换回路。取消操作箱控制直流电源自动切换的实施方法如图 3-58 所示，拆除直流电源切

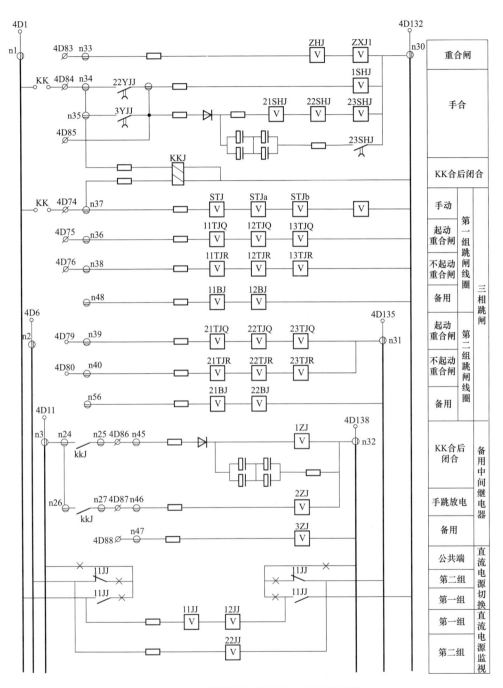

图 3-58 取消操作箱两路直流电流切换回路

说明：图中"×"表示解除此线。

换回路，保留直流电源监视回路，并保证断路器压力监视回路只由第一组控制电源供电。

对于断路器只有一组压力闭锁（220kV 及以上）元件，且元件接入跳合闸回路为常开接点时，必须按图 3-57 所示进行整改，但整改前，压力闭锁 K10 继电器工作电源应取自切换后工作电源，以保证可靠跳闸，如图 3-59 所示。

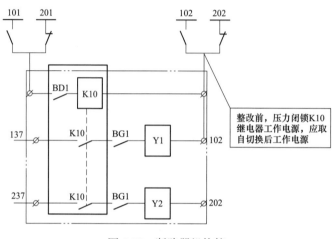

图 3-59　断路器机构箱

当断路器操作机构本体只有一套压力闭锁元件时，压力低闭锁重合闸的设计既要考虑回路本身的可靠性，还应考虑与压力低禁止跳、合闸功能的配合问题。

（2）断路器压力监视回路，应取消压力降低禁止操作、禁止合闸、禁止跳闸回路的接线，由断路器本体实现压力降低禁止操作、禁止合闸、禁止跳闸，但压力降低禁止重合闸（包括：断路器 SF$_6$ 气压低、操作机构气压或液压低、弹簧未储能接点）可由断路器压力监视回路实现，如图 3-60 所示。

1）压力低闭锁重合闸回路应选用第一路直流供电，以保证操作箱不同时失去两路直流。

2）拆除压力降低禁止操作、禁止合闸、禁止跳闸回路的接线，由断路器来本体实现。

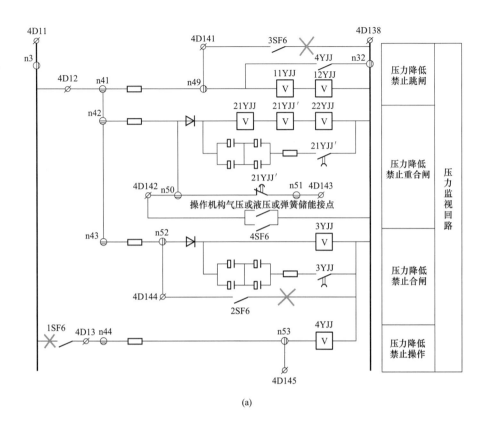

(a)

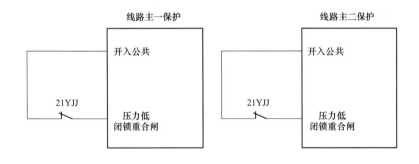

(b)

图 3-60 压力监视回路

（a）断路器压力监视回路原理图；

（b）断路器 SF$_6$ 气压低、操作机构气压或液压低、弹簧未储能接点闭锁重合闸开入图

说明：图中"×"表示拆除此接线。

第九节　断路器保护和短引线保护运行技术

一、短引线保护运行维护技术

短引线保护主要针对 500kV 电压等级 3/2 接线方式。一个半断路器接线中当一个串中的某一条线路停用，与其相连的两台串断路器仍要求运行以维持成串。在该情况下由于停用的线路保护已退出，这两台串断路器之间就没有了保护，在串环网运行时，设置了短引线保护，即短引线纵联差动保护，以保护这一范围内的故障。当线路运行，线路侧隔离开关投入时，该短引线保护在线路侧故障时，将无选择地动作，因此必须将该短引线保护停用。一般可由线路侧隔离开关的辅助触点控制，在合闸时使短引线保护停用。

如图 3-61 所示，当断路器合环运行时，两断路器 TA 的电流大小相等、方向相同，TA 之间没有差电流，保护不动作；一旦短引线故障，两断路器 TA 电流方向相反，均由断路器指向故障点，出现差电流，短引线保护动作。短引线故障时，短引线保护装置动作于这两个断路器跳闸，并闭锁其重合闸。短引线保护装置在正常运行时不投，仅在线路或主变停电、保护退出，此串成串运行时投入。短引线保护采用电流比例差动方式，大大提高了保护的安全性，加上 TA 断线判别闭锁元件，可保证在 TA 断线下保护不误动作。保护的出口正电源由线路隔离开关的辅助接点（或屏上压板）与装置的起动元件共同开放，使保护的安全性得以提高。

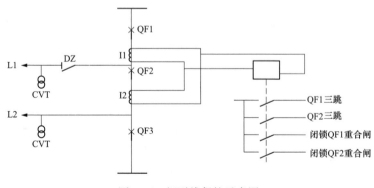

图 3-61　短引线保护示意图

3/2 接线方式的短引线保护，正常不投入运行。当线路或变压器停运而断路器又成串运行时短引线保护必须投入，短引线保护的投退要求如下，其原理逻辑如图 3-62 所示。

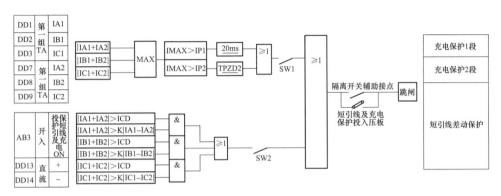

图 3-62　短引线保护原理逻辑图

（1）采用线路或变压器出线隔离开关辅助接点与保护功能硬压板并联接线方式的短引线保护，保护的投退改由线路或变压器出线隔离开关辅助接点及短引线保护出口压板共同控制。正常情况下不应使用短引线保护投退功能压板，该压板仅留作备用，当线路或变压器出线隔离开关辅助接点损坏或其他特殊情况下，短引线保护强制投入。

（2）实际操作中，变电站运行值班人员应根据线路或变压器出线隔离开关的位置检查短引线保护的投退状态，当发现短引线保护的投退状态与线路或变压器出线隔离开关位置不一致时，要及时通知继保人员进行处理。

（3）短引线保护投退状态的即时信息必须能准确监视。

二、 断路器保护运行维护技术

3/2 接线的线路两侧共有四个断路器，当线路故障跳闸时，一侧保护装置将同时作用于两个断路器，其中中断路器不为该线路专用，若将其放置在该侧线路保护屏上（如 220KV 断控装置及操作箱），将给设计及施工带来不便。故 500KV 3/2 接线方式线路保护将设置断路器保护装置（相当于集中式的断控装置及操作箱）。具有 500KV 断路器失灵保护、三相不一致、重合闸、充电保护、死区保护、瞬时跟跳等功能。

（一）断路器失灵保护

当线路或其他元件发生故障时，继电保护动作跳开相应的断路器，若此时断路器未能可靠跳闸，则称之为断路器失灵。而断路器失灵保护就是能利用故障设备的保护动作信息与拒动断路器的电流信息构成对断路器失灵的判别，能够以较短的时限切除同一厂站内其他有关的断路器，使停电范围限制在最小，从而保证整个电网的稳定运行，避免造成发电机、变压器等故障元件的严重烧损和电网的崩溃瓦解事故的保护装置。

断路器失灵保护由跳该断路器的保护启动，由反应电流检测元件检测断路器有无电流，当检测结果判断断路器失灵时，则由该断路器失灵保护跳开相邻的断路器。断路器失灵保护按断路器配置，每个断路器仅配一套，但应跳断路器的两个跳圈。

举例说明 500kV 断路器失灵保护的动作对象，如图 3-63 所示，当 5011 断路器失灵时，跳 5021、5031（包括所有边断路器）、5012 及线路 L1 对侧断路器，当 5012 失灵时，跳 5011、5013 及线路 L1、L2 对侧断路器。

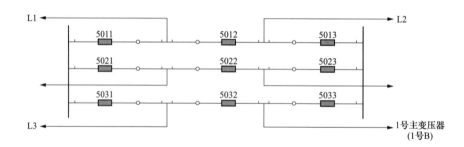

图 3-63　断路器失灵保护动作对象图

失灵保护动作跳闸遵循三条原则：①失灵保护动作跳相邻断路器；②若线线串中（如 L1、L2 串）断路器失灵，应起动 L1 和 L2 的远方跳闸；③若线变串中（如 L3 与 1 号主变压器）断路器失灵，应起动 L1 的远方跳闸和变压器的电量保护跳闸回路（即联跳主变压器三侧）。

按照失灵保护动作跳闸所遵循的三条原则，为了及时跳开相邻断路器起到失灵保护作用，断路器保护装置不仅需要连接线路保护动作和电流判据的装置，还需要连接相邻两个断路器以及远跳对侧两个断路器。因此断路器失灵保护装置回路接线应如图 3-64 所示。

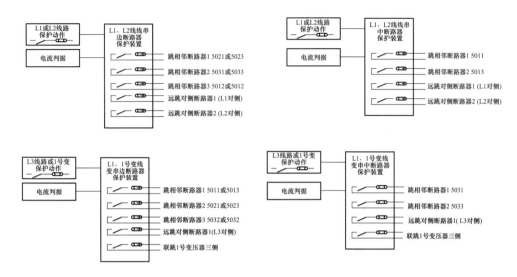

图 3-64　断路器保护装置接线图

当断路器出现故障时，500kV 断路器失灵保护装置的工作机制如下：

（1）边断路器失灵时，跳边断路器所在母线所有断路器和中断路器，并启动远跳保护跳与边断路器相连的线路对侧断路器或跳主变各侧断路器。

（2）中断路器失灵时，跳其两侧的两个边断路器，并启动远跳保护跳与中断路器相连的线路的对侧断路器或跳主变压器各侧断路器。

（3）失灵保护时，第一时限约 130ms 再跳一次本断路器，第二时限（约 160ms）跳相邻断路器。

（二）3/2 接线死区保护

某些接线方式下（如断路器在 TA 与线路之间）TA 与断路器之间发生故障时，虽然故障线路保护能快速动作，但在本断路器跳开后，故障并不能切除。此时需要保护动作跳开有关断路器。

考虑到 500kV 变电站内发生这种故障时，故障电流大，对系统影响较大，而失灵保护动作时间一般较长。因此，装置配置了动作时间比失灵保护动作快的死区保护。死区保护若满足以下条件，本保护经短延时跳开所有相关断路器（其启动回路和出口回路与失灵保护完全相同）：①有保护三相跳闸开入；②有三相跳位开入；③任一相电流大于死区电流定值。

当装置收到跳闸信号和 TWJ 信号，且死区过流元件动作仍不返回时，受死区保护投入控制经整定延时起动死区保护。图 3-65 为 3/2 接线死区保护动作逻

139

辑图，可以看出死区保护出口回路与失灵保护一致。

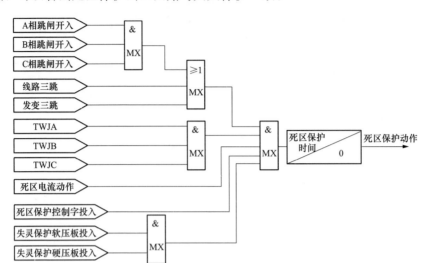

图 3-65 3/2接线死区保护动作逻辑图

（三）断路器重合闸

500kV 采用 3/2 接线，重合闸按断路器配置，每个断路器对应一套重合闸，有先重后重之分。对于瞬时性故障，整定为先重的断路器重合成功后，后重的断路器才动作。对于永久性故障，先重合断路器重合失败，后重断路器重合闸放电返回，不动作，避免了对系统的二次冲击。

1. 500kV 重合闸的配置与动作策略

重合闸动作顺序为先边断路器重合再中断路器重合。重合顺序靠时间来整定，一般边断路器为 0.7s，中断路器 1.0s。如图 3-66 所示，当线路出现故障时，5011 断路器先重闭锁 5012 断路器重合闸。

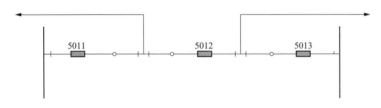

图 3-66 重合闸动作对象图

当线路发生单相故障时，中断路器与边断路器故障相同时跳闸。边断路器经过 0.7s 跳闸相重合，当重合成功后中断路器到了 1.0s 后再重合闸。当边断路器重合于永久性故障时，重合闸后加速动作三跳边断路器，中断路器不再重合。

2. 500kV 重合闸的优先回路

3/2 接线方式下一条线路相邻两个断路器，通常设定一个断路器为先合断路器，另一个断路器为后合断路器，在先合断路器重合到故障线路时保证后合断路器不再重合。主接线如图 3-67 和图 3-68 所示。

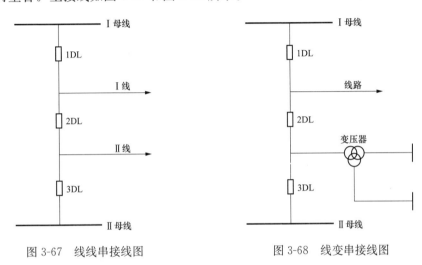

图 3-67　线线串接线图　　　　　图 3-68　线变串接线图

当"优先重合"压板投入时设定本断路器为先合重合闸；先合重合闸经较短延时（重合闸整定延时）发合闸脉冲。当先合重合闸起动时发出"闭锁先合"信号；如果先合重合闸起动返回，并且未发出重合脉冲，则"闭锁先合"接点瞬时返回；如果先合重合闸已发出合闸脉冲，则装置起动返回后该接点才返回。先合重合闸与后合重合闸配合使用时，先合重合闸的"闭锁先合"输出接点接至后合重合闸的"闭锁先合"开入接点。

当"优先重合"压板退出时设定本断路器为后合重合闸；后合重合闸经较长延时（重合闸整定延时＋后合时间差）发合闸脉冲。

当先合重合闸因故障检修或退出时，先合重合闸将不发出闭锁先合信号，此时后合重合闸将以重合闸整定延时动作，避免后合重合闸做出不必要的延时，以尽量保证系统的稳定性。

为了实现与其他无闭锁先合输出接点的断路器保护配合，在本装置中设有"后合固定"控制字，当后合固定控制字整定为"1"时，本重合闸为后合重合闸，本重合闸固定以后合延时（重合闸整定延时＋后合时间差）出口，不受先合重合闸"闭锁先合"输入接点的影响。

500kV 重合闸中优先回路的实现，是在中间断路器合闸的时间回路中，串接了对应母线侧断路器重合闸启动的常闭触点。

当线路发生故障时，保护动作，启动两台断路器的重合闸，并都进行自保持，而中间断路器重合闸时间继电器不能启动，只有等母线侧断路器重合闸动作出口后，才开始启动时间继电器，两台断路器重合闸相继动作。一旦母线侧断路器重合于永久性故障线路时后加速保护动作跳闸，同时对中间断路器重合闸发出闭锁脉冲，使重合闸启动回路自保持解除，不再进行重合。

（四）三相不一致保护

1. 电气量的三相不一致保护

断路器断相（非全相：指断路器三相可能断开一相或两相）运行会使电网产生负序和零序电流，使电网的发供用电设备受到损害。为此，当运行中的断路器断相时，采用三相不一致保护经延时后将断路器三相跳闸。不一致保护动作要躲过的断路器合闸过程主触头三相不同期，且三相不一致保护动作时间应躲过线路保护重合闸时间。

三相不一致保护设置分别经控制字"不一致经零序开放投"的零序电流元件和"不一致经负序开放投"的负序电流元件。当三相不一致保护启动后，零序电流元件或负序电流元件动作，三相不一致保护将延时出口跳开处于不一致状态的断路器，并闭锁重合闸。三相不一致保护动作后不启动失灵。

断路器位置三相不一致状态持续 12s，则装置发"位置不一致"报文，并驱动告警继电器，发出告警信号并闭锁三相不一致保护；三相不一致异常告警的返回时间为 1s。

2. 断路器本体的三相不一致保护

断路器本体的三相不一致保护依赖于断路器辅助触点和时间继电器的正确性。时间继电器和三相不一致位置继电器安装于现场汇控柜或断路器机构箱。

不一致保护动作要躲过断路器合闸过程主触头三相不同期，且三相不一致保护动作时间应躲过线路保护重合闸时间。应选用质量良好、时间刻度范围 $0 \sim 5s$ 可调、刻度误差与时间整定值静态偏差 $\leqslant \pm 0.1s$ 的时间继电器，跳闸出口重动继电器宜采用启动功率大于 5W、动作电压介于 $55\% \sim 65\% U_e$、动作时间不小于 10ms 的中间继电器。

（五）断路器充电保护

断路器充电保护实质上就是定值较小，动作时间较短的过流保护。一般用于断路器对母线充电时投入（充电前需当值调度员下调令方可投入）；对主变压器充电时不得使用充电保护。

充电保护其工作原理相当于一套特殊速断保护，当母线初次送电投运或检修完成后进行投运时，应启用充电保护。此时，如果母线与后续线路有故障（如接地线未拆除），将由充电保护迅速切除故障。当母线充电完成后，充电保护自动退出，即该保护动作于母联断路器合闸后的充电保护延时内，充电保护延时可以设定，当母联断路器合闸后时间超过充电保护延时，该保护自动退出。

（六）断路器保护运行维护技术要求

（1）正常运行时，断路器充电保护、过流保护应退出。

（2）若断路器保护退出运行，500kV断路器保护中的失灵保护退出超过1h，相应断路器应停运。

（3）220kV断路器保护退出运行导致起动失灵的回路退出时，如有旁路断路器，应将该间隔设备转至旁路运行；如无旁路断路器，断路器失灵启动退出时间超过4h的，则相应断路器应停运。

（4）角形接线方式的，在线路、变压器停运但断路器仍合环运行时，应投入短引线保护或线路距离保护、变压器差动保护等，防止出现保护死区。

第十节　过压及远跳保护装置运行技术

为解决超高压远距输电线路"电容效应"影响下终端产生过电压，所以装设过电压保护；过压及远跳保护装置是500kV、220kV线路保护中后备保护中的一项，过电压保护包括过电压跳闸及过电压发信功能。远方跳闸的就地判据包括电流突变量、零序电流、负序电流、零序电压、负序电压、低电流、过电流、补偿低电压、补偿过电压、分相低功率因数、分相低有功元件。

远方跳闸保护收信逻辑采用二取二方式时，当任一通道故障，装置闭锁该通道收信并自动转为二取一方式，同时由保护装置发出通道告警信号。

一、远跳保护动作过程

当装置收到对侧远跳命令时，会在本侧进行就地判别，若符合条件，则本侧动作。

当装置在本侧动作时，还会向对侧发出远跳命令。对侧装置结合对侧就地判据进行判别，如图 3-69 所示。

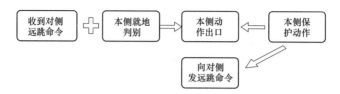

图 3-69　过压及远跳保护的动作过程图

但有时也会有不需要就地判别的情况，在某些情况下，就地判据元件可能会因灵敏度不够而不动作，这时作为后备，我们可以采用"二取二无判据"或"二取一无判据"的动作方式；例如在 TV 断线时，而就地判据又有功率因素等元件，这时可以投入 TV 断线自动转入"二取二"或"二取一"无就地判据。在这两种情况下，当收到远跳命令后经过各自的无判据延时进行出口跳闸，但该时间整定值要小于 4s。

二、 远跳保护启动方式

装置启动通常有两种方式，一种是本侧过电压启动，一种是收信远跳启动。

1. 过电压启动方式

过电压启动方式包括两个启动方式，电压"三取三"方式和电压"三取一"方式。如图 3-70 所示，"三取一"方式即只要有任意一相发生过电压则过电压保护动作，"三取三"方式则需要三相都发生过电压过电压保护才动作。

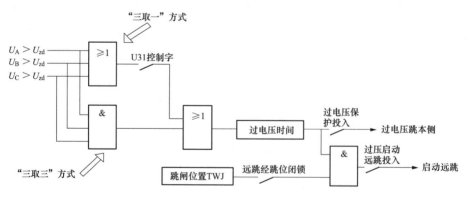

图 3-70　"三取三"方式和"三取一"方式的逻辑图

2. 收信启动方式

收信工作逻辑有"二取二"、"二取一"两种判断逻辑。如图 3-71 所示，"二取二"方式：指通道一和通道二都收信，置收信动作标志；"二取一"方式：指通道一或二其中之一收信，置收信动作标志。

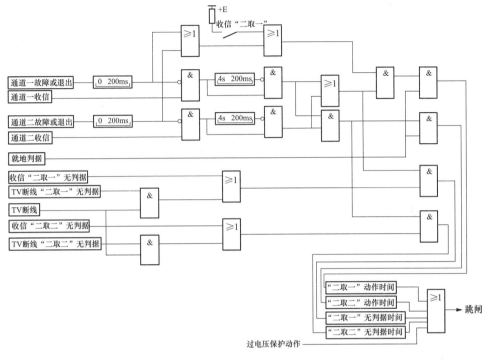

图 3-71 "二取二"方式和"二取一"方式的逻辑图

3. 500kV 配置双套独立的过电压及远方跳闸保护装置的远跳回路接线

（1）500kV 线路安装高压并联电抗器，线路保护采用双套光纤电流差动保护，保护双通道均采用光纤复用通道，配置双套独立的过电压及远方跳闸保护装置的远跳回路接线（辅助保护，即过电压及远方跳闸保护采用双光口），如图 3-72 所示。

（2）集成式光纤差动保护的远跳功能。

集成式光纤差动保护，如 PCS-931N5Y、PCS-931N5YZ、PCS-931N5YF 具有独立的远方跳闸保护功能。当线路对端的线路过电压保护、电抗器保护和断路器失灵保护等动作时均可通过自身的光纤通道发远跳信号。本端远跳保护收到远跳命令后，根据收信逻辑和相应的就地判据跳本端断路器。

过电压及远方跳闸保护装置设置两个远跳开入，"发远跳 1"和"发远跳 2"。两个远跳开入"相与"或"相或"后，经一短延时确认，或过电压发远跳动作，

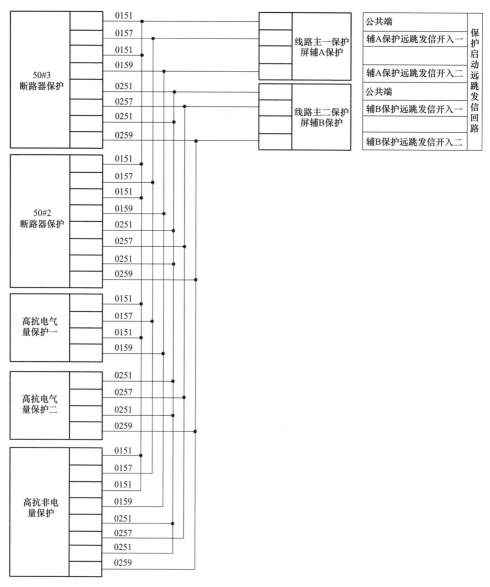

图 3-72　线路远跳回路图（辅助保护，即过电压及远方跳闸保护采用双光口）

得到最终的一个远跳信号，经两个独立的通道传送到对侧。

PCS-931N5Y 和 PCS-931N5YF 光纤收信故障逻辑仅分为"有判据方式"和"无判据方式"，不再区分"二取二"和"二取一"判断逻辑。在有判据方式下，如果光纤通道一或光纤通道二收到对侧远跳命令，同时就地判据条件满足，则有判据方式成立；在无判据方式下，如果光纤通道一或光纤通道二收到对侧远跳命令，则无判据方式成立。

对于"有判据方式"，如果 TV 断线，而就地判据又有功率因素等元件，这时可以投入 TV 断线自动转入"无判据方式"。其动作后经过远跳无判据延时定值出口跳闸。远方跳闸保护闭锁重合闸。

为了增加可靠性，防止由于光耦器件坏等导致的误开入，装置的"发远跳1"和"发远跳2"开入并联接入，因此，装置采集到的该两个开入量应是同时变位的，如果变位时间差超过 40ms，则发"远跳异常"告警，恢复正常后经 10s 延时告警返回，如图 3-73 所示。

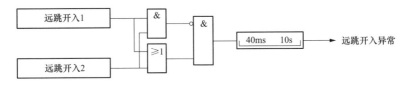

图 3-73　远跳开入不对应异常告警逻辑

PCS-931N5YZ 光纤收信逻辑同 PCS-931N5Y 和 PCS-931N5YF 光纤收信故障逻辑，但增加的载波收信逻辑有"二取二"和"二取一"判断逻辑。"二取二"方式，指通道一和通道二都收信，置收信动作标志。"二取一"方式，指通道一与通道二其中之一收信，置收信动作标志。

当两载波通道均投入运行，方式控制字"二取一"方式不投入且两通道无一故障时为"二取二"方式；当方式控制字"二取一"方式投入，或两个通道只有一通道投入运行，另一退出时为"二取一"方式。

在"二取二"方式下，如有一通道故障，则闭锁该通道收信，并自动转入"二取一"方式。当故障消失后延时 200ms 开放该通道收信。当任一通道持续收信超过 4s，则认为该通道异常，发报警信号同时闭锁该通道收信，当该通道收信消失后延时 200ms 开放该通道收信。

（3）配置双套独立过电压及远方跳闸保护的线路保护通道配置如图 3-74 所示（辅助保护，即过电压及远方跳闸保护采用双光口）。

4. 远跳保护装置运行技术要求

（1）正常运行方式下，220kV 远跳装置经就地判别装置出口跳闸，110kV 远跳装置不经就地判别。

（2）当某一启动远跳的保护退出时，需同时解除其启动远跳的回路。保护投入时，也应同时恢复其启动远跳的回路。

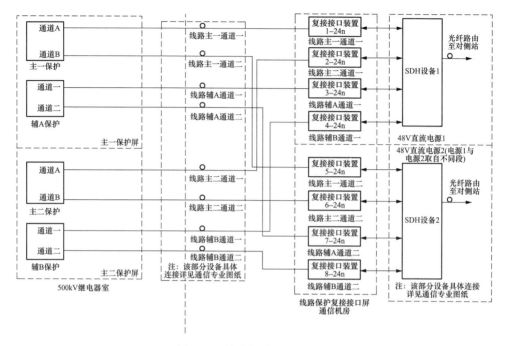

图 3-74　线路保护通道配置图

（3）通道异常或远跳判别装置异常时，远跳装置应退出运行。双通道传送远跳信号的，单一通道异常时，远跳装置可短时运行。

（4）当远跳装置、通道发生故障使得变压器保护失去作用时，变压器应停运。否则应经管理部门同意，并加强变压器监视，通知有关部门紧急处理。

（5）导引线通道监视电源故障时，可不退出远跳装置，但应通知有关部门处理。

第四章　变压器保护运行维护技术

第一节　变压器保护装置的配置

变压器是将不同电压等级的系统联系起来的电压转换设备，是电力系统中的重要电气设备之一。它的功能是把一种电压等级的电能转换为另一种电压等级的电能。变压器是依据电磁感应原理工作的，其主要组成部分是铁芯和绕组。变压器的故障可分为内部故障和外部故障。内部故障是指箱壳内部发生的故障，如绕组相间、匝间短路，绕组与铁芯间的短路等。外部故障是指箱壳外部引出线间的各种相间和接地短路故障。针对这些故障，电力系统中运行的变压器均装设了能灵敏反映油箱内部故障的非电量保护和主要反映绕组相间及接地短路、短路匝数较多的匝间短路等故障的纵差保护（含比率制动差动保护、差动速断保护等）。

一、主保护

（1）瓦斯保护：用于反应油浸式变压器油箱内部故障和油面下降。重瓦斯保护动作于跳闸，轻瓦斯保护动作于发信。其原理接线如图 4-1 所示。

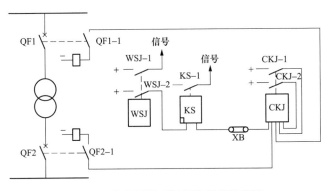

图 4-1　主变压器瓦斯保护原理接线图

（2）变压器纵差保护：用于反映变压器绕组的相间短路故障、绕组的匝间短路故障、中性点接地侧绕组的接地故障及引出线的相间故障、中性点接地侧引出线的接地故障（包括稳态比率差动保护、差动速断保护、工频变化量比率差动保护、零序比率差动/分侧比率差动保护）。其原理逻辑如图 4-2 所示。

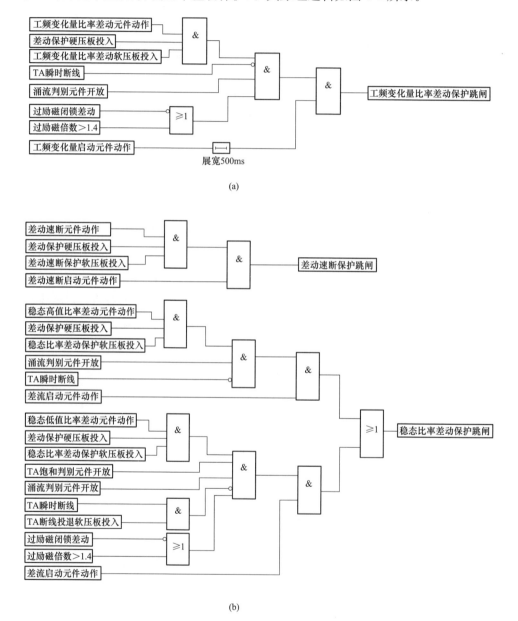

(a)

(b)

图 4-2　原理逻辑图（一）

（a）工频变化量比率差动保护；（b）稳态比率差动保护

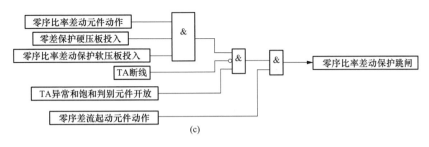

图 4-2　原理逻辑图（二）

（c）零序比率差动

稳态比率差动保护除了设置防励磁涌流或 TA 饱和误动的二次、三次谐波制动外，还增设了防主变压器过励磁误动的五次谐波制动。为反应独立每相变压器内部故障，设置了分相差动保护。

零序比率差动主要应用于自耦变压器，为变压器高压侧、中压侧和公共绕组零序电流构成的比率差动保护。该保护对变压器绕组接地故障反映较为灵敏，零差各侧零序电流通过装置自产所得，避免了各侧零序 TA 极性校验问题。非自耦变由于其零差回路不满足，一般不采用零序比率差动。

二、变压器后备保护

（1）复合电压闭锁方向过流保护：用于变压器外部相间短路的后备保护，主要用于升压变压器及过电流保护灵敏度不满足要求的降压变压器。如果用作变压器相邻元件的后备保护，整定方向应由变压器指向母线；如果用作变压器本身的后备保护，整定方向应由母线指向变压器。其保护逻辑如图 4-3 所示。

（2）反时限过励磁保护：采用多段式反时限过励磁保护，根据主变压器过励磁程度（过励磁倍数 $n = U*/f*$）决定作用于跳闸还是发信号。过励磁判断电压一般取 500kV 侧电压。

（3）500kV 主变压器失灵保护：高压侧、中压侧失灵保护均以第一时限跳开主变压器三侧断路器。中压侧失灵启动还设置一时延解除 220kV 失灵复压闭锁，防止主变压器低压侧后备保护三跳主变压器时变中断路器失灵，而 220kV 母线电压未能降低到复压解除值而使失灵保护拒动。

（4）阻抗保护：作为变压器相间短路的后备保护，当 220kV 母差退出运行时，应投入阻抗保护，在校验复合电压闭锁方向过电流保护灵敏度不足时才选用阻抗保护。由于 500kV 主变压器高、中后备保护中，采用复压闭锁过电流、零

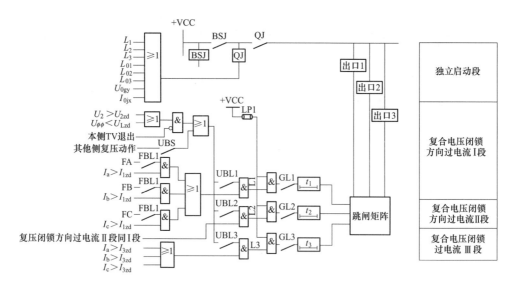

图 4-3　主变压器复合电压闭锁方向过流保护逻辑图

序电流保护往往灵敏度不能满足，故一般对应采用相间阻抗、接地阻抗保护。其保护逻辑如图 4-4 所示。

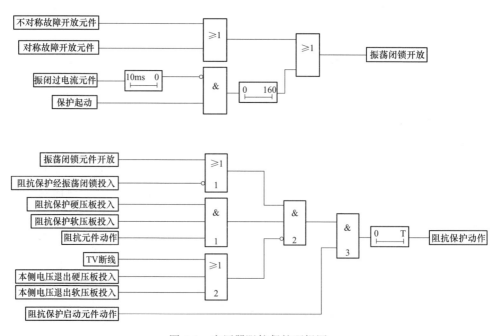

图 4-4　变压器阻抗保护逻辑图

　　(5) 零序方向过流保护：作为中性点直接接地变压器的大接地电流系统一侧

接地短路的后备保护，是由两段式的零序方向电流构成，零序方向电流保护每段设一个时限，分别由控制字控制投退，Ⅰ段时限跳母联（或分段）断路器，Ⅱ段时限跳本侧断路器，另设Ⅲ段不带方向的零序电流保护作为变压器接地故障的总后备保护，按Ⅲ段时限跳三侧断路器（即全跳）。由于自耦变压器高压侧、中压侧零序回路具有公共部分，故其零序后备保护分为变高零序保护、变中零序保护及公共绕组零序保护。500kV 主变压器零序后备保护，除设置零序Ⅰ、Ⅱ段外，设置零序反时限保护，保证在高阻接地时具有足够的灵敏度。其保护逻辑如图 4-5 所示。

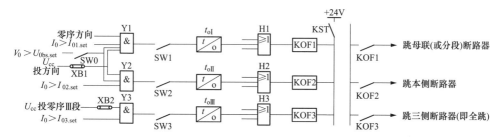

图 4-5 变压器中性点直接接地零序电流保护逻辑图

（6）间隙过电压保护、间隙零序过电流保护：作为中性点经间隙接地变压器的后备保护，对分级绝缘变压器的中性点绝缘薄弱部分可以起到过电压的保护作用。对于全绝缘变压器或中性点放电间隙满足取消条件的变压器（如中低压侧无电源且中性点绝缘等级为 66kV 的 110kV 变压器），间隙零序过电流保护应退出，间隙零序过电压保护可保留；由于 500kV 自耦变压器公共绕组中性点均直接接地，不存在间隙接地，故其高压侧、中压侧接地后备保护均不设置间隙零序保护，其原理接线如图 4-6 所示。

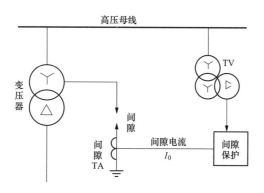

图 4-6 变压器间隙保护原理接线图

为了保证在间隙击穿过程中，零序过电流与零序过电压可能交替出现的情况，间隙零序过电流和零序过电压组成"或门"的逻辑关系，保护逻辑图如 4-7 所示；间隙零序过电压元件单独经较短延时 t_{ou1}、t_{ou2} 出口；间隙零序过电流和零序过电压组成"或门"的逻辑关系，经较长延时 t_{oj1}、t_{oj2} 出口。

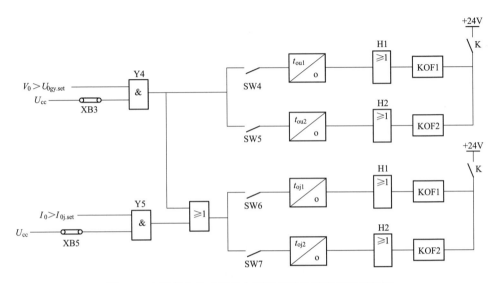

图 4-7 变压器中性点经放电间隙接地的零序保护逻辑图

间隙保护动作时间的整定要求：

1）220kV 变压器间隙保护动作跳变压器时间应满足变压器中性点绝缘的耐压要求，220kV 侧间隙保护与 220kV 线路单相重合闸时间配合，110kV 侧间隙保护与 110kV 线路保护全线有灵敏度保护段时间配合。

2）110kV 变压器中低压侧有小电源上网时，110kV 变压器间隙保护动作第一时限跳小电源进线断路器，第二时限跳变压器。第二时限应满足变压器中性点绝缘的耐压要求，并与 110kV 线路保护全线有灵敏度保护段时间配合。

3）110kV 变压器中低压侧没有小电源上网时，110kV 变压器间隙保护跳变压器动作时间与 110kV 线路保护后备保护距离Ⅲ段及零序Ⅳ段动作时间配合，并与 220kV 变压器 110kV 侧间隙零序过电流保护动作时间配合。

（7）零序过压保护：作为中性点不接地变压器的后备保护，第一时限跳母联（或分段）断路器，第二时限跳三侧断路器（即全跳），但零序电压时限应要求大于零序过电流Ⅰ段时限而小于零序过电流Ⅱ段时限，这样安排时限的目的是保证中性点不接地变压器先跳闸，接地变压器后跳闸。其保护逻辑图如图 4-8 所示。

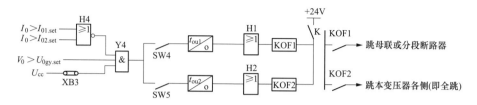

图 4-8 变压器中性点不接地零序电压保护逻辑图

　　220kV 及以上变压器保护均配置双套保护（非电气量保护除外），双重化配置的主变压器保护，必须是完整、独立并安装在各自柜内的主、后备保护一体化的微机型继电保护装置，每套保护均应配置完整的主、后备保护。非电气量保护应设置独立的电源回路和出口跳闸回路，且必须与电气量保护完全分开。每套完整的电气量保护应分别动作于断路器的一组跳闸线圈。非电气量保护的跳闸回路应同时作用于断路器的两个跳闸线圈。断路器和隔离开关的辅助触点、切换回路、辅助变流器，以及与其他保护配合的相关回路亦应相互独立地双重化配置。变压器阻抗保护都必须经电流启动，并应有电压回路断线闭锁。不得使用不能快速返回的电气量保护和非电气量保护作为断路器失灵保护的启动量。主变压器三相不一致保护不要求启动失灵保护。

第二节　变压器保护装置的运行技术

一、变压器差动保护运行技术

　　（1）运行中的变压器不允许失去差动保护。

　　1）220、500kV 变压器配有两套分相差动保护，必要时只允许退出一套。两套分相差动保护均退出时，变压器应停运。500kV 变压器只配置一套零差保护时，零差保护退出运行时变压器允许运行。

　　2）110kV 变压器若配置一套差动保护，差动保护退出时，变压器应停运。特殊情况下 110kV 主变压器无差动保护运行须经主管生产领导批准。

　　（2）遇下列情况之一时，差动保护应退出：

　　1）差流越限告警、TA 断线时；

　　2）装置发异常信号或装置故障时；

　　3）差动保护任何一侧 TA 回路有工作时；

4）旁路断路器代供变压器，倒闸操作可能引起差动保护出现差流时；

5）其他影响保护装置安全运行的情况发生时。

二、 变压器非电量保护的运行技术

（1）变压器本体、有载调压重瓦斯保护投跳闸。

（2）遇下列情况之一时，重瓦斯保护临时改投信号：①变压器在运行中滤油、补油、换潜油泵或更换净油器的吸附剂时；②当油位计的油面异常升高或呼吸系统有异常现象，需要打开放气或放油阀门时；③其他可能导致重瓦斯保护误动的情况发生时。

（3）本体轻瓦斯、有载调压轻瓦斯、压力释放、油位异常、油温高、绕组温度高、油压突变、冷却器全停、油流继电器等宜投信号。

（4）变压器本体重瓦斯、有载调压重瓦斯保护退出运行时，是否允许变压器短时运行由设备主管单位决定。

（5）变压器的瓦斯保护应防水、防油渗漏、密封性好，瓦斯继电器出口电缆应固定可靠并防踩踏。

【案例】

某电厂 2 号发变组主变压器重瓦斯误动事件：2 号主变压器 C 相中性点套管更换工作中，一次检修作业人员在工作变压器顶部行走及拆接变压器接线时，不慎踩踏到瓦斯继电器出口电缆，因基建施工工艺问题电缆芯绝缘层已破损，电缆芯线外露被踩踏后，出口回路芯线与屏蔽线接触短路，造成重瓦斯出口，如图 4-9～图 4-12 所示。

图 4-9　电缆踩踏现场示意图

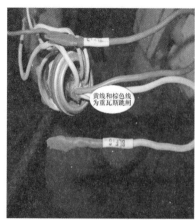

图 4-10 事件中被踩踏的电缆图

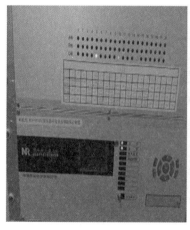

图 4-11 非电量保护屏图（5 为重瓦斯、10 为边中断路器动作、14 为油位低）

三、 变压器后备保护的运行技术

（1）变压器保护退出时，对设有联跳回路的变压器后备保护，应注意解除联跳回路的压板。

（2）保护装置 TV 断线或检修等，要求：①对应保护的阻抗保护应退出；②对应保护的方向元件退出（方向元件开放）；③高、中压侧 TV 断线或检修时，应解除该侧复合电压闭锁元件对各侧过电流保护的开放作用，本侧过电流保护仍

157

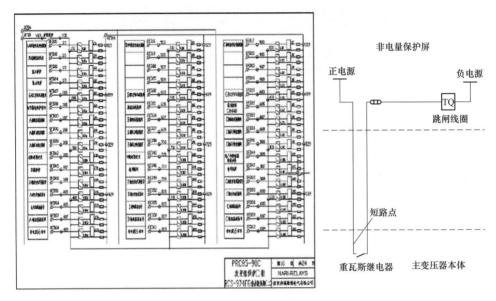

图 4-12　重瓦斯跳闸回路接线图

可受其他侧电压闭锁；④低压侧 TV 断线或检修，应解除该侧复合电压闭锁元件对高、中侧过电流保护的开放作用，但必须退出低压侧复压闭锁元件；⑤若无"本侧电压退出"压板，允许保护失去电压闭锁维持短时运行。

【案例】

××年×月×日，某 500kV 变电站对 1 号主变压器进行充电，当合上 1 号主变压器高压侧开关时，1 号主变压器高压侧阻抗保护动作跳闸。阻抗保护逻辑如图 4-4 所示。

动作原因分析：由于 TV 二次空气开关没有合上（即 1 号主变压器保护装置没有采集到 TV 二次电压），当合上 1 号主变压器高压侧断路器时，阻抗元件动作，与门 1 输出为"1"；TV 断线要延时 1.25s 才报警闭锁，所以与门 2 输出为"1"；阻抗保护启动元件动作，与门 3 输出为"1"，这样造成 1 号主变压器高压侧抗后备保护动作跳闸。

（3）220kV 及以上变压器、启备变中性点的接地方式由中调继保部确定（地调调管终端站除外）。正常运行时，500kV 变压器中性点均为直接接地运行；一般 220kV 厂、站只允许一个 220kV 侧变压器中性点直接接地；220kV 及以上电厂的启备变中性点均为直接接地运行。

（4）当正常运行方式下 220kV 侧中性点直接接地的变压器需停运或接地隔离开关需要检修时，按保护定值计算的大小方式要求重新选定直接接地变压器。在转换中性点直接接地点变压器时，必须采用"先合后拉"的操作方式。

（5）220、110kV 母线分列运行时，分列运行的各段母线须有一台变压器 220、110kV 中性点直接接地。分列运行操作前，必须先将新增接地点的接地隔离开关合上。新增加的变压器中性点直接接地变压器由相应调度运行方式部门确定。

（6）双母、双母分段结线、有变压器运行的母线，有下列情况时运行变压器 220kV 侧中性点必须有直接接地点：①运行母线经由母联（分段）断路器向一段空母线充电；②运行母线经由母联（分段）断路器向连接于空母线的间隔设备充电。

（7）在改变运行方式及变压器停、送电操作过程中，允许变压器中性点接地的数目超过规定数。经 220kV 系统对 220kV 变压器充电，该变压器的 220kV 侧中性点必须直接接地；对 500kV 变压器充电时，其中性点必须直接接地。

（8）运行中 220kV 变压器高、中侧断路器切开时，切断路器前应将该侧的中性点直接接地，但不计入规定的接地点数目。

（9）中性点轮换直接接地运行的变压器，直接接地的变压器中性点零序电流保护投入，但零序电压保护、间隙电流保护应对应退出，其余变压器中性点零序电流保护应退出，零序电压保护、间隙电流保护应退出。

（10）母线为双母双、单分段接线的变电站，对于变压器需联切母联、分段断路器的保护，应根据实际运行方式，投入联切与变压器运行所在母线相连的母联、分段断路器出口压板。

（11）3/2 接线方式的，变压器停运但断路器仍运行时，应将该变压器保护（短引线保护除外）跳对应断路器的压板退出。

（12）3/2 接线方式，当停用一台断路器时，同时应将该断路器跳闸位置开入固定接入变压器保护，可以通过切换把手或投入压板实现。

（13）应完善 220kV 及以上系统变压器断路器失灵联跳各侧回路。

第三节　主变压器代路操作期间主保护拒动的风险分析

对于 220kV 变压器主一保护使用断路器 TA，主二保护使用套管 TA，当主一保护退出运行后，主二保护与220kV母线保护存在无法消除的保护死区问题，对此，应制定死区故障时的事故处理预案并存档，同时应结合一次TA更换工作完成保护死区的整改工作。

【案例】

2017年01月13日，220kV某变电站2号主变压器高压侧C相避雷器故障（如图4-13所示K1点发生故障）导致主变差动保护动作跳闸，故障点位于接于断路器TA的差动保护（简称"大差"）及接于套管TA的差动保护（简称"小差"）保护范围的交叉区域，故某变电站2号主变压器仅大差动作跳闸。

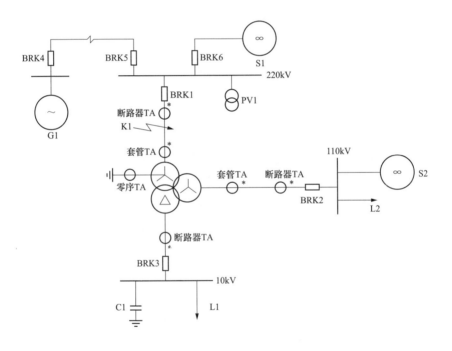

图4-13 一次接线图

同理，当采用旁路断路器代主变压器高压侧断路器运行时，此时，主一大差保护将退出运行，断路器TA至套管TA之间故障将存有不能被快速切除的风险。

一、 500kV 主变压器中压侧断路器代路时， 采用 220kV 旁路断路器 TA 代中压侧断路器 TA 的分析

500kV 主变压器中压侧 220kV 断路器代路，并采用 220kV 旁路断路器 TA 代中压侧断路器 TA 时，在进行 TA 回路切换前，以避免主变压器误动跳闸需要退出主变压器差动保护 30min～2h，此时若发生故障，该 500kV 主变压器将无法快速切除，严重危害系统稳定。如图 4-14 所示。

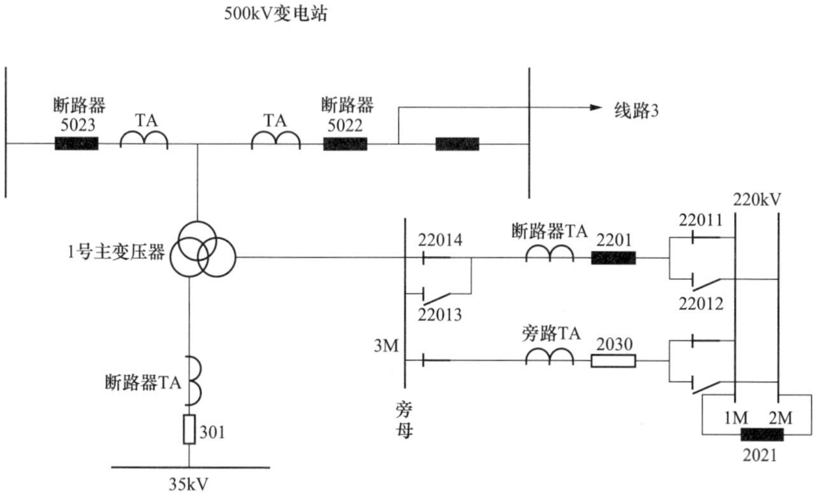

图 4-14　一次接线图

（1）若是计划性工作，安排在负荷低谷期间，采取主变压器停电，变中断路器"冷代"的操作方式（工作后恢复本断路器运行，也采取主变压器停电方式），旁路代中压侧断路器运行时 TA 切换如图 4-15 所示，操作步骤见表 4-1。

（2）若需处理紧急缺陷，主变压器无法停电，采用"热代"操作方式（即主变压器不停电），但应注意缩短 TA 回路切换时间，做好应对相关风险的准备。

采用"热代"操作方式有两种代路方法，优缺点进行对比如下：

1）第一种方法，图 4-15 所示，先退出主变两套差动保护，再进行断路器 TA 和旁路 TA 的切换操作步骤见表 4-2。

优点：操作风险低。

缺点：操作过程中主变压器失去主保护。

161

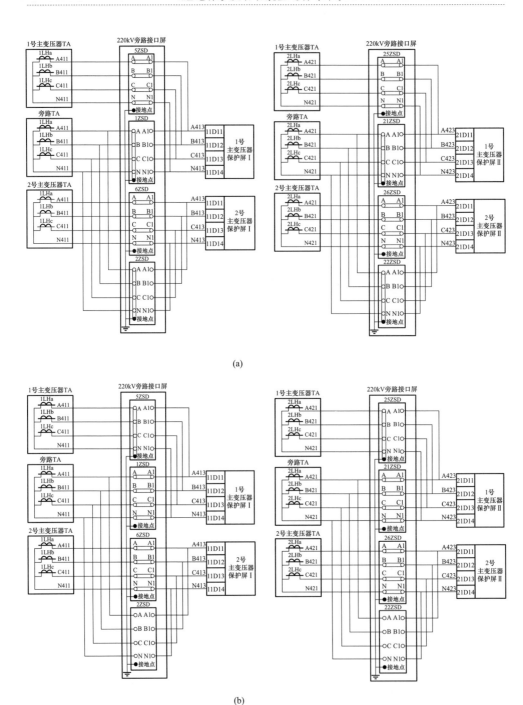

(a)

(b)

图 4-15 保护切换

（a）代路前 TA 二次回路切换图；（b）代路后 TA 二次回路切换图

表 4-1　　　　　　　　　　　　　　**操作步骤**

操作任务	220kV 旁路 2030 断路器代 1 号主变压器中压侧 2201 断路器运行，1 号主变压器停电转热备用（冷代）	
顺序	操作项目	操作√
1	在旁路保护屏：	
	1）退出 1LP4 重合闸出口压板	
	2）检查 1QK 重合闸方式切换开关在"停用"位置	
2	合上旁路 2030 断路器，检查旁路母线充电正常	
3	断开旁路 2030 断路器，检查旁路 2030 断路器在分闸位置	
4	断开 1 号主变压器高压侧 5023、5022，中压侧 2201，低压侧 301，检查 1 号主变压器高压侧 5023、5022，中压侧 2201，低压侧 301 断路器在分闸位置	
5	在 220kV 旁路接口屏：	
	1）退出旁路代 1 号、2 号主变压器中压侧第一组 TA 切换回路 1ZSD、2ZSD 的 A 与 B、B 与 C、C 与 N、N 与接地点短连接片	
	2）退出旁路代 1 号、2 号主变压器中压侧第二组 TA 切换回路 21ZSD、22ZSD 的 A 与 B、B 与 C、C 与 N、N 与接地点短连接片	
	3）投入旁路代 1 号主变压器中压侧第一组 TA 切换回路 1ZSD 的 N 与 N1、C 与 C1、B 与 B1、A 与 A1 短连接片	
	4）投入旁路代 1 号主变压器变中第二组 TA 切换回路 21ZSD 的 N 与 N1、C 与 C1、B 与 B1、A 与 A1 短连接片	
	5）投入 1 号主变压器变中第一组 TA 切换回路 5ZSD 的 N 与接地点、N 与 C、C 与 B、B 与 A 短连接片	
	6）退出 1 号主变压器变中第一组 TA 切换回路 5ZSD 的 A 与 A1、B 与 B1、C 与 C1、N 与 N1 短连接片	
	7）投入 1 号主变压器变中第二组 TA 切换回路 25ZSD 的 N 与接地点、N 与 C、C 与 B、B 与 A 短连接片	
	8）退出 1 号主变压器变中第二组 TA 切换回路 25ZSD 的 A 与 A1、B 与 B1、C 与 C1、N 与 N1 短连接片	
6	在 1 号主变压器保护屏Ⅰ，做好相关压板的投退	
7	在 1 号主变压器保护屏Ⅱ，做好相关压板的投退	
8	在 1 号主变压器保护屏Ⅲ，做好相关压板的投退	
9	在 500kV 第二串联络断路器 5022 断路器保护屏，做好相关压板的投退	
10	在 1 号主变压器变高 5023 断路器保护屏，做好相关压板的投退	
11	在 220kV 母联、分段备自投屏Ⅰ，做好相关压板的投退	

续表

顺序	操作项目	操作√
12	在 220kV 母联、分段备自投屏Ⅱ，做好相关压板的投退	
13	在 220kV 旁路保护屏，做好相关压板的投退	
14	合上 1 号主变压器高压侧 5023、5022 断路器，检查 5023、5022 断路器在合上位置	
15	同期合上 220kV 旁路 2030 断路器，检查 2030 断路器三相在合闸位置	
16	合上 1 号主变压器低压侧 301 断路器，检查合上位置	
代路完成		

表 4-2　　　　　　　　　　　　　　　**操作步骤**

操作任务	220kV 旁路 2030 断路器代 1 号主变压器变中 2201 断路器运行，1 号主变压器不停电（热代）	
顺序	操作项目	操作√
1	在 220kV 旁路保护屏，退出重合闸出口压板和检查 1QK 重合闸方式切换开关在"停用"位置	
2	合上旁路 2030 断路器，检查旁路母线充电正常	
3	断开旁路 2030 断路器，检查旁路 2030 断路器在分闸位置	
4	在 1 号主变压器保护屏Ⅰ，退出差动保护和零序差动压板，退出跳 5023、5022、2201、301 断路器压板，退出起动 2201 断路器失灵压板	
5	在 1 号主变压器保护屏Ⅱ，退出差动保护和零序差动压板，退出跳 5023、5022、2201、301 断路器压板，退出起动 2201 断路器失灵压板	
6	在 1 号主变压器保护屏Ⅲ，退出失灵解除 220kV 母差复合电压闭锁和失灵二时限起动失灵压板	
7	在 220kV 旁路接口屏：	
	1）退出旁路代 1 号、2 号主变压器中压侧第一组 TA 切换回路 1ZSD、2ZSD 的 A 与 B、B 与 C、C 与 N、N 与接地点短连接片	
	2）退出旁路代 1 号、2 号主变压器中压侧第二组 TA 切换回路 21ZSD、22ZSD 的 A 与 B、B 与 C、C 与 N、N 与接地点短连接片	
	3）投入旁路代 1 号主变压器中压侧第一组 TA 切换回路 1ZSD 的 N 与 N1、C 与 C1、B 与 B1、A 与 A1 接片	
	4）投入旁路代 1 号主变压器中压侧第二组 TA 切换回路 21ZSD 的 N 与 N1、C 与 C1、B 与 B1、A 与 A1 短连接片	

顺序	操作项目	操作√
8	在 220kV 旁路保护屏，做好相关压板的投退	
9	在 1 号主变压器变高 5023 断路器保护屏，做好相关压板的投退	
10	在 1 号主变压器保护屏Ⅲ，做好相关压板的投退	
11	在 500kV 第二串联络断路器 5022 断路器保护屏，做好相关压板的投退	
12	在 220kV 母联、分段备自投屏Ⅰ，做好相关压板的投退	
13	在 220kV 母联、分段备自投屏Ⅱ，做好相关压板的投退	
14	同期合上 220kV 旁路 2030 断路器，检查 2030 断路器三相在合闸位置及旁路、1 号主变压器变中负荷分配情况正常	
15	断开 1 号主变压器变中 2201 断路器，检查 2201 断路器三相在分闸位置	
16	在 220kV 旁路接口屏：	
	1）投入 1 号主变压器中压侧第一组 TA 切换回路 5ZSD 的 N 与接地点、N 与 C、C 与 B、B 与 A 短连接片（此时造成两点接地，但差动保护已退出）	
	2）退出 1 号主变压器变中第一组 TA 切换回路 5ZSD 的 A 与 A1、B 与 B1、C 与 C1、N 与 N1 短连接片	
	3）投入 1 号主变压器变中第二组 TA 切换回路 25ZSD 的 N 与接地点、N 与 C、C 与 B、B 与 A 短连接片（此时造成两点接地，但差动保护已退出）	
	4）退出 1 号主变压器变中第二组 TA 切换回路 25ZSD 的 A 与 A1、B 与 B1、C 与 C1、N 与 N1 短连接片	
17	在 1 号主变压器保护屏Ⅰ，投入差动保护和零序差动保护压板、投入跳 5023、5022、2030、301 断路器压板及闭锁 2030 断路器重合闸压板	
18	在 1 号主变压器保护屏Ⅱ，投入差动保护和零序差动保护压板、投入跳 5023、5022、2030、301 断路器压板及闭锁 2030 断路器重合闸压板	
19	在 1 号主变压器保护屏Ⅲ，投入失灵解除 220kV 母差复合电压和失灵二时限起动压板	
	代路完成	
	以下空白	

2）第二种方法，如图 4-16 所示，不退出主变差动保护，将旁路 TA 进入主变保护的电流回路由短接改为接入主变保护屏（即主变中压侧由变中和旁路构成和电流的形式接入主变保护）操作步骤见表 4-3。

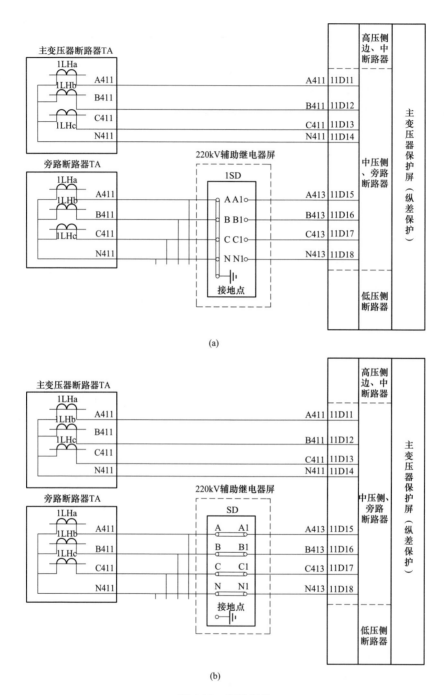

图 4-16 代路操作

（a）代路前旁路断路器 TA 短接（主变压器保护屏Ⅱ代路图略）

（b）代路时断路器 TA 和旁路 TA 均接入主变压器差动保护（主变压器保护屏Ⅱ代路图略）

表 4-3 　　　　　　　　　　　　　　　　　**操作步骤**

操作 任务	220kV 旁路 2030 断路器代 1 号主变压器变中 2201 断路器运行，1 号主变压器不停电（热代）	
顺序	操作项目	操作√
1	在 220kV 旁路保护屏，退出重合闸出口压板和检查 1QK 重合闸方式切换开关在"停用"位置	
2	合上旁路 2030 断路器，检查旁路母线充电正常	
3	断开旁路 2030 断路器，检查旁路 2030 断路器在分闸位置	
4	在 220kV 辅助继电器屏：	
	1）退出旁路代 1 号主变压器中压侧第一组 TA 切换回路 1SD 的 A 与 B、B 与 C、C 与 N、N 与接地点短连接片	
	2）退出旁路代 1 号主变压器中压侧第二组 TA 切换回路 2SD 的 A 与 B、B 与 C、C 与 N、N 与接地点短连接片	
	3）投入旁路代 1 号主变压器中压侧第一组 TA 切换回路 1SD 的 A 与 A1、B 与 B1、C 与 C1、N 与 N1 短连接片	
	4）投入旁路代 1 号主变压器中压侧第二组 TA 切换回路 2SD 的 A 与 A1、B 与 B1、C 与 C1、N 与 N1 短连接片	
5	合上 1 号主变压器中压侧 3M 母线 22013 隔离开关，检查合上位置	
6	同期合上 220kV 旁路 2030 断路器，检查 2030 断路器三相在合闸位置及旁路、1 号主变压器变中负荷分配情况正常	
7	断开 1 号主变压器变中 2201 断路器，检查 1 号主变压器变中 2201 断路器在分闸位置	
8	在 1 号主变压器保护屏Ⅰ，做好相关压板的投退	
9	在♯1 主变压器保护屏Ⅱ，做好相关压板的投退	
10	在 220kV 旁路保护屏，做好相关压板的投退	
11	在 1 号主变压器变高 5023 断路器保护屏，做好相关压板的投退	
12	在 1 号主变压器保护屏Ⅲ，做好相关压板的投退	
13	在 500kV 第二串联络断路器 5022 断路器保护屏，做好相关压板的投退	
14	在 220kV 母联、分段备自投屏Ⅰ，做好相关压板的投退	
15	在 220kV 母联、分段备自投屏Ⅱ，做好相关压板的投退	
16	在 220kV 辅助继电器屏	
	1）投入 1 号主变压器中压侧第一组 TA 切换回路的 N 与接地点、N 与 C、C 与 B、B 与 A 短连接片	
	2）投入 1 号主变压器中压侧第二组 TA 切换回路的 N 与接地点、N 与 C、C 与 B、B 与 A 短连接片	
	代路完成	
	以下空白	

优点：操作过程中主变保护完备。

缺点：运行设备上操作，操作风险高；现场接线须满足要求；旁路断路器与主变变中断路器 TA 变比需一致。

二、220kV 主变压器高、中压侧断路器代路时，采用主变压器套管 TA 代高、中压侧断路器 TA 的分析

（1）对于 220kV 变压器主一保护使用断路器 TA，主二保护使用套管 TA，当 220kV 侧断路器（或 110kV 侧断路器）代路时，主一保护必须退出，此时若旁路断路器 TA 到主变高压侧套管 TA 之间及高压侧、中压侧断路器 TA 到主变套管 TA 之间引线范围内发生故障时，主二保护将拒动，无法快速切除故障。如图 4-17 所示。

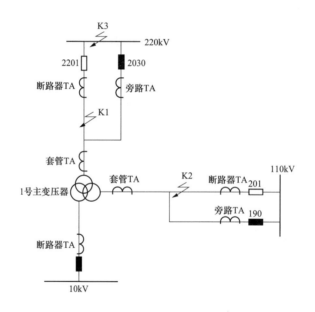

图 4-17　接线图

如图 4-17 所示，当主变压侧高压侧 220kV 侧断路器代路时 K1 点发生故障，对于主二保护来说属于区外故障，主二保护将不会动作跳闸，没有快速保护，必须靠变压器中性点零序及变压器复合电压过流保护延时跳闸；同理，当主变压器中压侧 110kV 侧断路器代路时 K2 点发生故障，存有上述一样的风险。

采取措施：

1）为快速切除 K1 故障，投入 220kV 旁路保护阻抗Ⅰ段；当主变压器

110kV 侧配置有阻抗保护时，在主一保护退出的情况下，投入主一保护的后备中压侧阻抗保护，时间 0.1s。

2）为快速切除 K2 故障，投入 110kV 旁路保护阻抗 I 段；当主变压器 220kV 侧配置有阻抗保护时，在主一保护退出的情况下，投入主一保护的后备高压侧阻抗保护，时间 0.1s。

因为当变压器绕组为 YNyn0 接线时，一侧引出线发生相间短路故障，另一侧的三个阻抗元件中至少有一个测量阻抗位于动作圆之内，能正确测量故障点到保护安装处的阻抗。当阻抗元件方向指向系统时，配置于高、中压侧的阻抗元件主要作为本侧母线和出线的后备保护；当阻抗元件方向指向主变压器时，是变压器及对侧母线故障的后备保护。

3）对于具备停电条件的变压器，应直接停电，不考虑旁路代路运行；若确无停电条件，须采取高、中压侧两侧同时代路的方式，利用两侧旁路保护临时充当断路器 TA 到套管 TA 及旁路断路器 TA 至套管 TA 之间引线的快速保护，以消除本侧死区故障本侧断路器无法快速跳闸的风险。但对侧死区故障本侧断路器仍需要至少 1.2s 切除，需要方式部门评估是否满足系统稳定要求，并做好相关事故预想。

（2）220kV 主变压器代路时，如图 4-17 所示若 K3 点母线发生故障需要跳开旁路断路器，而旁路断路器失灵，将无法实现失灵联跳主变压器其他侧断路器的功能，造成故障无法快速切除。

断路器失灵保护启动必须同时满足两个条件：①故障设备的保护能瞬时复归的出口继电器动作后不返回；②未断开的断路器失灵电流判别元件动作（断路器失灵保护的电流判别元件应采用相电流、零序电流和负序电流按"或逻辑"构成，如图 4-18 所示）。

主变压器单元失灵电流判据逻辑框图，如图 4-18 所示。

如图 4-17 所示，当主变压器高压侧 220kV 侧断路器代路时 K3 点发生故障时，从图 4-18 逻辑图可知，虽然母线保护动作跳主变压器，但当旁路断路器失灵时，由于主变套管 TA 没有接入母线差动保护，主变压器支路 A 相电流、B 相电流、C 相电流均为 0 而不大于相电流定值，$3I_0$、I_2 均为 0 而不大于零序电流定值、负序电流定值，所以该主变压器支路失灵电流判据不满足条件，所以将无法实现失灵联跳主变压器其他侧断路器的功能。

（3）220kV 主变压器代路期间，无法实现旁路断路器失灵解除复压闭锁功能，如果断路器失灵，不能快速切除故障。如图 4-19 所示。

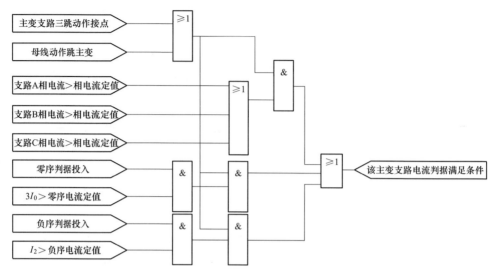

图 4-18　主变压器单元失灵电流判据逻辑框图

　　如图 4-17 所示,当主变压器高压侧 220kV 侧断路器代路时 K3 点发生故障时,从图 4-19 逻辑图可知虽然母线保护动作跳主变压器,但当旁路断路器失灵时,由于主变压器套管 TA 没有接入母线差动保护,主变压器支路 A 相电流、B 相电流、C 相电流均为 0 而不大于相电流定值,$3I_0$、I_2 均为 0 而不大于零序电流定值、负序电流定值,所以该主变压器支路失灵电流判据不满足条件而不能解除电压闭锁。

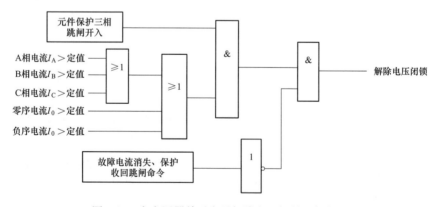

图 4-19　主变压器单元失灵解除电压闭锁逻辑框图

　　(4) 220kV 变电站主变压器旁代时主变压器大差保护退出控制措施表见表 4-4。

表 4-4　主变压器旁代时主变压器大差保护退出控制措施表

序号	旁路断路器装设位置	接入主变压器差动保护回路TA位置			接入主变压器后备保护回路TA位置			主变压器220kV侧是否配置阻抗保护	主变压器220kV侧主变压器保护情况	主变压器220kV侧高压路高压侧断路器TA至套管快速切除措施(1)	主变压器220kV侧代路中压侧断路器TA至套管故障快速切除措施(2)	主变压器110kV侧是否配置阻抗保护	主变压器110kV侧代路主变压器保护情况	主变压器110kV侧代路高压侧断路器TA至套管故障快速切除措施(3)	主变压器110kV侧代路中压侧断路器TA至套管故障快速切除措施(4)	代路情况说明
		高压侧	中压侧	低压侧	高压侧	中压侧	低压侧									
1	中压侧	A套接断路器TA,B套接套管TA	A套接断路器TA,B套接套管TA	A,B套均接断路器TA	A套接断路器TA,B套接套管TA	A套接断路器TA,B套接套管TA	A,B套均接断路器TA	否	高压侧无旁路	高压侧无旁路	高压侧无旁路	否	保留B套差动(小差)及两套后备	无	投入110kV侧旁路保护阻抗I段	110kV侧旁代主变压器运行方式
2	中压侧	A套接断路器TA,B套接套管TA	A套接断路器TA,B套接套管TA	A,B套均接断路器TA	A套接断路器TA,B套接套管TA	A套接断路器TA,B套接套管TA	A,B套均接断路器TA	否	高压侧无旁路	高压侧无旁路	高压侧无旁路	是	保留B套差动(小差)及两套后备	无	投入110kV侧旁路保护阻抗工段	110kV侧旁代主变压器运行方式
3	高压侧、中压侧	A,B套均接断路器TA	A,B套均接断路器TA	A,B套均接断路器TA	A,B套均接断路器TA	A,B套均接断路器TA	A,B套均接断路器TA	否	旁路TA与高压侧TA必须进行切换后,保留A,B套差动及后备	A,B套保护均可快速切除故障	A,B套保护均可快速切除故障	否	旁路TA与中压侧TA必须进行切换后,保留A,B套差动及后备	A,B套保护快速切除故障	A,B套保护快速切除故障	220kV或110kV侧旁代主变压器运行方式

续表

序号	旁路断路器装设位置	接入主变压器差动保护回路TA位置			接入主变压器后备保护回路TA位置			主变压器220kV侧是否配置阻抗保护	主变压器220kV侧代路主变压器保护情况	主变压器220kV侧代路高压侧断路器TA至套管TA故障快速切除措施(1)	主变压器220kV侧代路中压路断路器TA至套管TA故障快速切除措施(2)	主变压器110kV侧是否配置阻抗保护	主变压器110kV侧代路主变压器保护情况	主变压器110kV侧代路高压侧断路器TA至套管TA故障快速切除措施(3)	主变压器110kV侧中压侧代路断路器TA至套管TA故障快速除措施(4)	代路情况说明
		高压侧	中压侧	低压侧	高压侧	中压侧	低压侧									
4	高压侧、中压侧	A套接断路器TA，B套接套管TA	A套接断路器TA，B套接套管TA	A,B套均接断路器TA	A套接断路器TA，B套接套管TA	A套接断路器TA，B套接套管TA	A,B套均接断路器TA	否	保留B套(小差动)及两套后备	投入220kV旁路保护阻抗I段	无	否	保留B套(小差动)及两套后备	无	投入110kV旁路保护阻抗I段	220kV或110kV侧旁代主变压器运行方式
5	高压侧、中压侧	A套接断路器TA，B套接套管TA	A套接断路器TA，B套接套管TA	A,B套均接断路器TA	A套接断路器TA，B套接套管TA	A套接断路器TA，B套接套管TA	A,B套均接断路器TA	是	保留B套(小差动)及两套后备	投入220kV旁路保护阻抗I段	无	是	保留B套(小差动)及两套后备	无	投入110kV旁路保护阻抗工段	220kV或110kV侧旁代主变压器运行方式
6	高压侧、中压侧	A套接断路器TA，B套接套管TA	A套接断路器TA，B套接套管TA	A,B套均接断路器TA	A套接断路器TA，B套接套管TA	A套接断路器TA，B套接套管TA	A,B套均接断路器TA	否	保留B套(小差动)及两套后备	投入220kV旁路保护阻抗I段	无	否	保留B套(小差动)及两套后备	无	投入110kV旁路保护阻抗I段	220kV与110kV侧同时旁代主变压器运行方式
7	高压侧、中压侧	A套接断路器TA，B套接套管TA	A套接断路器TA，B套接套管TA	A,B套均接断路器TA	A套接断路器TA，B套接套管TA	A套接断路器TA，B套接套管TA	A,B套均接断路器KA	是	保留B套(小差动)及两套后备	投入220kV旁路保护阻抗I段	投入主变压器B套高压侧阻抗保护,时间0.1s	是	保留B套(小差动)及两套后备	投入主变压器B套中压侧阻抗保护,时间0.1s,但方向应指向主变压器	投入110kV旁路保护阻抗I段	220kV与110kV侧同时旁代主变压器运行方式

说明：

1) 220kV 高压侧阻抗保护的方向一般指向主变压器；110kV 中压侧阻抗保护的方向一般指向系统。

2) 主变压器保护 A 套（主一保护）接断路器 TA，B 套（主二保护）接套管 TA，当主变压器高压侧或中压侧需要旁代时，应将主变压器高压侧和中压侧同时旁代，以便使主变压器保护完全与 B 套（主二保护）保护（小差）相符。

第四节　220kV 电气三相联动分相操作的
主变压器（母联）断路器控制回路完善

因为变压器非全相运行会造成其他两相电流突然剧增，变压器线圈温度上升，致使变压器烧坏等不安全现象，所以主变压器应采用三相联动操作机构的断路器，确保分、合断路器时不存有非全相运行，但现运行的变压器存有许多分相操作机构的断路器，为了达到三相联动操作，设计时经常采用电气三相联动操作，以至于造成不少事故发生。

1. 设计电气三相联动操作断路器的风险分析

500kV 某站 1 号主变压器 2001 断路器实际上是分相断路器，为达到三相联动目的，设计将 1 号主变器 2001 断路器操作箱分相合闸出口回路 4D86、4D87、4D88、4D89、4D90、4D91 短接，如图 4-20 所示。同时将 1 号主变器 2001 断路器汇控柜内机构分相合闸回路 58、59、60 端子短接，如图 4-21 所示。由此带来了两个问题：①断路器机构分相合闸回路并接后运行中如果其中任两相或任一相合闸回路开路将无法发现；②只要任意一相断路器在分闸位置，三相跳位继电器将同时动作，断路器电气量三相不一致信号将无法正确动作。

为解决以上问题，应将 1 号主变压器 2001 断路器操作箱分相合闸出口回路和汇控柜内机构分相合闸回路短接线解除，操作箱至汇控柜电缆增加两芯合闸回路电缆，恢复分相合闸方式。

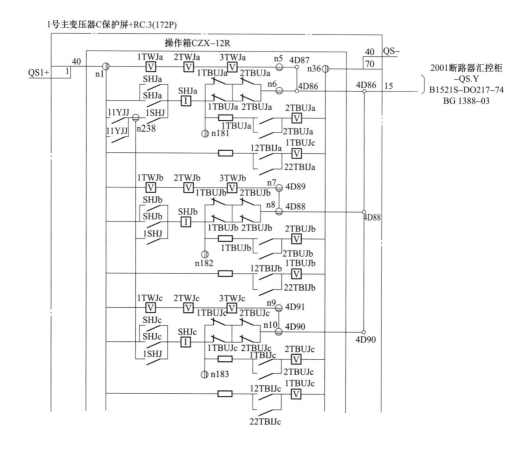

图 4-20　500kV 某站 1 号主变压器 2001 断路器操作箱合闸回路图

2. 针对电气联动分相操作断路器的不同制订完善方案

（1）三相联动但能分相监视的断路器方式一。断路器操作箱分相合闸出口回路设计如图 4-22 所示，断路器机构分相合闸回路设计如图 4-23 所示，不过这种方式存在一个问题，即断路器在分闸位置，"远控/近控"切换把手置于就地或节点接触不良，此时控制回路断线，控制回路断线信号不能正确告警，但不会造成非全相合闸。

（2）三相联动但能分相监视的断路器方式二。为实现三相联动，操作箱分相合闸出口回路设计如图 4-24 所示，断路器机构分相合闸回路设计如图 4-25 所示，则回路存在与 500kV 某站 1 号主变压器 2001 断路器同样的问题，即：①断路器机构分相合闸回路并接后运行中如果其中任两相或任一相合闸回路开路将无法发现；

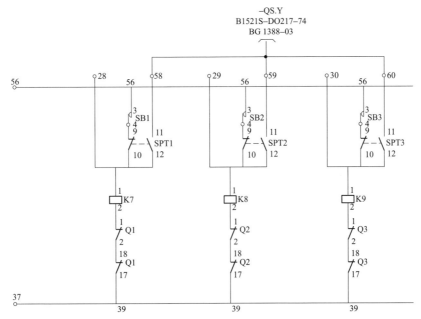

图 4-21　500kV 某站 1 号主变压器 2001 断路器机构合闸回路图

注：SB1、SB2、SB3 为"合闸按钮"，SPT1、SPT2、SPT3 为"就地/远方"，

K7、K8、K9 为"合闸线圈"，Q1、Q2、Q3 为"气体压力闭锁接点"。

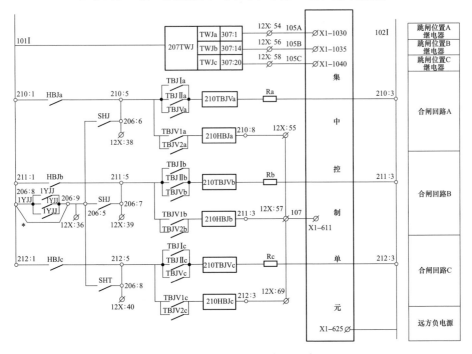

图 4-22　断路器操作箱合闸回路图

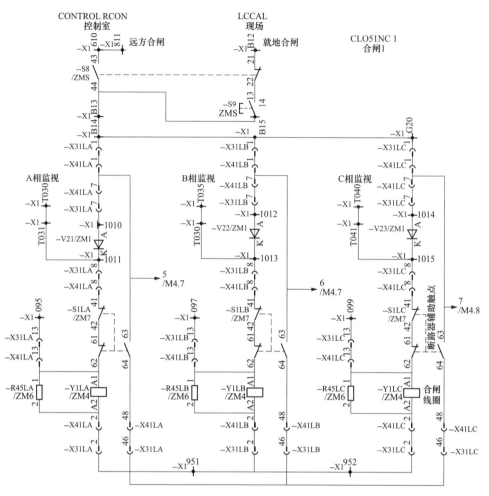

图 4-23　断路器机构合闸回路图

注：−S8 为"就地/远方"，−S9 为"合闸按钮"。

②只要任意一相断路器在分闸位置，三相跳位继电器将同时动作，三相不一致信号将无法正确动作。

此种情况必须立即整改，整改的办法是参照图 4-23，在合闸回路增加限位二极管，如图 4-26 所示，但修改后回路仍然存在二极管损坏后造成控制回路断线无法发现，进而造成非全相合闸的可能。

（3）三相联动且不能分相监视的断路器。为实现三相联动，操作箱分相合闸出口回路设计如图 4-27 所示，断路器机构分相合闸回路设计如图 4-28 所示，则回路存在两个问题，即：①断路器机构分相分闸、分相合闸回路并接后，运行中

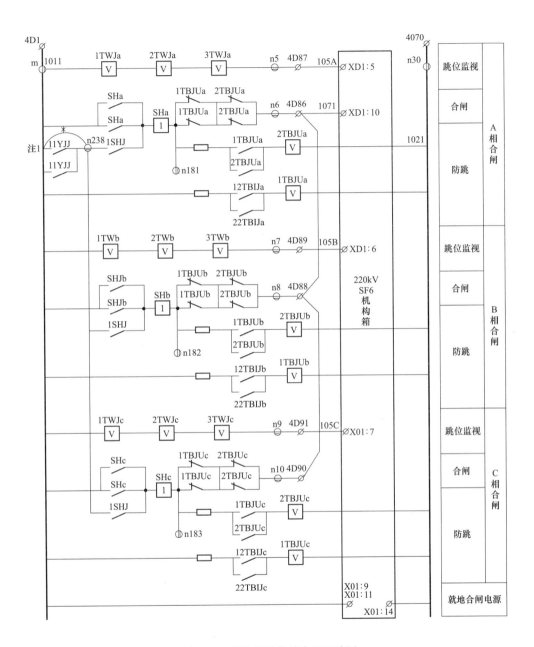

图 4-24 断路器操作箱合闸回路图

如果其中任两相或任一相分闸或合闸回路开路都将无法发现；②断路器三相不一致时，跳闸位置继电器和合闸位置继电器将同时动作。

对于此种情况，建议更换断路器操作箱，并按照图 4-22、图 4-23 进行接线。

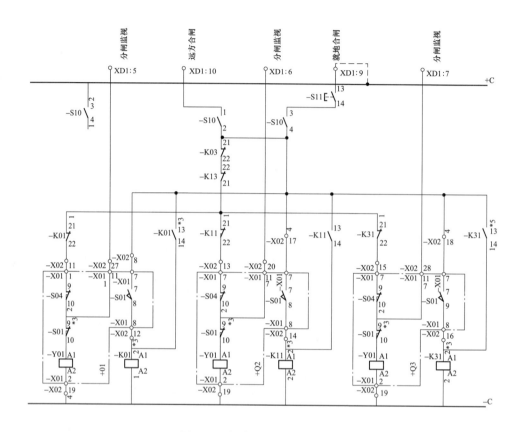

图 4-25　断路器机构合闸回路图

注：－S11 为"合闸按钮"，－S10 为"远方/就地"，－K01、－K11、－K31 为"防跳继电器"，

　　　－S01、－S04 为"断路器辅助接点"，－K03 为"SF₆ 压力闭锁"，

　　　－K13 为"液压、气压或弹簧闭锁"，－Y01 为"合闸线圈"。

结论：今后新投运变电站，回路设计不允许采用电气联动代替机械联动，220kV 及以上母联、主变断路器必须使用三相机械联动的断路器。

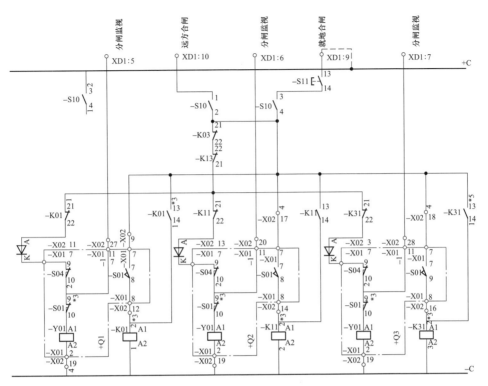

图 4-26 修改后断路器机构合闸回路图

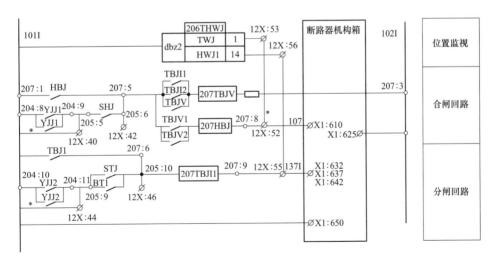

图 4-27 断路器操作箱合闸回路图

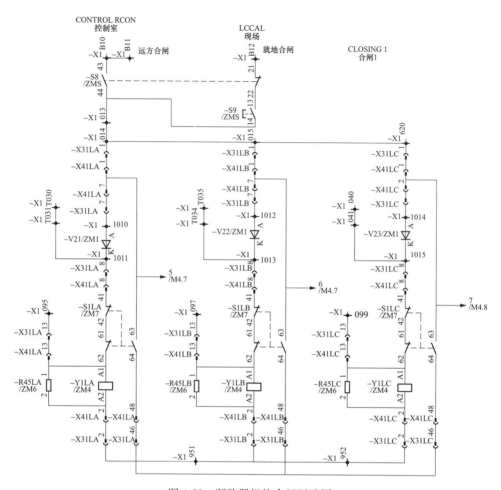

图 4-28　断路器机构合闸回路图

第五章 母差及失灵保护运行维护技术

第一节 母线差动及失灵保护装置基本原理及要求

一、母线差动保护的基本原理

母线差动保护的动作原理是建立在基尔霍夫电流定律的基础之上的，把母线视为一个节点，在正常运行和外部短路故障时流入母线电流相量之和为零，在内部短路故障时则为总短路电流相量之和。但是，由于短路故障时电流互感器的饱和而产生的不平衡电流的影响，使母差保护实施存在困难。如图 5-1 所示。

母差保护的稳态误差主要是由电流互感器的误差产生。母差保护的暂态误差主要是由外部故障时，短路电流中包含直流分量引起的。

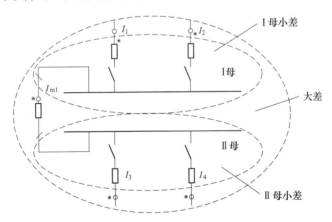

图 5-1 母线差动保护的基本原理

Ⅰ母小差差动电流：$I_{d1} = |\dot{I}_1 + \dot{I}_2 - \dot{I}_{ML}|$

Ⅰ母小差制动电流：$I_{R1} = |I_1| + |I_2| + |I_{ML}|$

Ⅱ母小差差动电流：$I_{d2} = |\dot{I}_3 + \dot{I}_4 + \dot{I}_{ML}|$

Ⅱ母小差制动电流：$I_{R2} = |I_3| + |I_4| + |I_{ML}|$

大差差动电流：$I_d = |\dot{I}_1 + \dot{I}_2 + \dot{I}_3 + \dot{I}_4|$

大差制动电流：$I_R = |I_1| + |I_2| + |I_3| + |I_4|$

大差：Ⅰ母和Ⅱ母上的所有支路的电流相量和，大差是判区内还是区外故障。

小差：Ⅰ母的小差是Ⅰ母上所有支路的电流和母联电流的相量和；Ⅱ母的小差是Ⅱ母上所有支路的电流和母联电流的相量和；小差是选故障母线。其逻辑如图 5-2 所示。

大差与小差区别在于：①大差比率差动"差电流"与"和电流"计算与刀闸无关；②大差比率差动"差电流"与"和电流"计算不计母联电流。

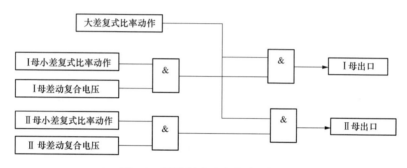

图 5-2　母线复式比率差动逻辑图

二、　对母线差动保护的要求

考虑最严重情况，在外部故障时，由于故障线路电流大，电流互感器完全饱和，其二次侧电流降为零，而健全线路电流小，电流互感器无误差，此时差动保护的不平衡电流几乎与短路电流相等，要求在此情况下差动保护应不失去选择性。

母线保护要求能适应母线的任一运行方式，当母线为双母线接线时，在一条母线上发生短路时应有选择性地仅切除故障母线，使健全母线继续运行。特别是在母线分列运行时仍应保持选择性。

当母线为 3/2 断路器接线时，在内部短路时可能有电流流出，因此应考虑在内部短路时有一定电流流出母线情况下，仍然保证母差保护正确动作。对于 3/2 接线形式的变电站，每条母线均应配置两套完整、独立的母线差动保护，在进行母线差动保护定检时，应保证每条母线至少保留一套差动保护运行。当差动保护与单套的失灵保护共用出口时，应同时作用于断路器的两个跳闸线圈。

母线差动保护对系统安全、稳定运行至关重要，为确保母线差动保护检修时母线不至于失去保护，防止母线差动保护拒动而危及系统稳定和事故扩大，220kV 及以上母线保护均配置双套保护。每套保护应分别动作于断路器的一组跳闸线圈。当母差与断路器失灵保护均为双重化时，每套保护应分别动作于断路器的一组跳闸线圈。用于母差保护的断路器和隔离开关的辅助触点、切换回路，辅助变流器，以及与其他保护配合的相关回路亦应相互独立地双重化配置。母线保护、失灵保护的判别母线运行方式的开关量输入触点应采用开关场地母线隔离开关和断路器的辅助触点，不能采用经过重动的电压切换触点和跳闸位置 TWJ 触点。

母线差动保护、断路器失灵保护二次回路复杂，一旦投入运行后，很难有全面停电的机会进行全面检验。因此，对母线差动保护、断路器失灵保护，在设计、安装、调试和运行的各个阶段都应加强质量管理和技术监督。所以继电保护人员对母线差动保护、断路器失灵保护及各回路的现场测试，显得非常重要。

三、500kV 母差保护与断路器失灵保护配置原则

（1）每段 500kV 母线应配置两套完全独立母线保护，应选用可靠的、灵敏的和不限制运行方式的母线保护。对于 3/2 接线形式的变电站，进行母差保护校验工作时，应保证每条母线至少保留一套母差保护运行。

（2）应充分考虑母线差动保护所接电流互感器二次绕组合理分配，对确无办法解决的保护动作死区，由死区保护切除故障。

（3）若 500kV 保护采用保护下放布置式，500kV 母线保护可以考虑采用分布式母差保护。

（4）对于 3/2 接线的 500kV 厂站，500kV 断路器应配置独立的断路器辅助保护，实现重合闸、跟跳、充电、死区、失灵判别与失灵启动等保护功能。

（5）为简化失灵跳闸回路，对于 3/2 接线的 500kV 厂站，边断路器失灵时，可利用母差保护联跳相关母线上的所有断路器。此时，应双重化配置抗干扰能力强的大功率开入，防止保护误动。如图 5-3 所示。

对于 3/2 断路器的接线方式，中断路器失灵时，要求跳开同一串上相邻的两个边断路器；边断路器失灵除跳开对应母线上的所有断路器外，还要跳开与自己相邻的中断路器；所以他们的出口与母差保护的跳闸对象不同，因此 3/2 断路器的失灵保护是按照断路器配置的。母线保护装置中仅配置边断路器的失灵跳闸

功能。

由于500kV系统失灵保护分布在各断路器保护中，任一断路器失灵均可直接通过本断路器失灵保护跳开有关断路器。所以其跳闸方式与500kV母差保护跳闸方式不尽相同，故不集中在母线保护中设置失灵保护（与非3/2接线失灵保护不同）。500kV系统失灵保护均经"失灵跳本断路器时间"（约130ms）首先三相跳开本断路器，经"失灵动作时间"（约160ms）延时跳开相邻断路器。

1. 情形分析1

500kV边断路器失灵时，采用双重化配置抗干扰能力强的大功率开入，防止保护误动的分析，如图5-3所示。

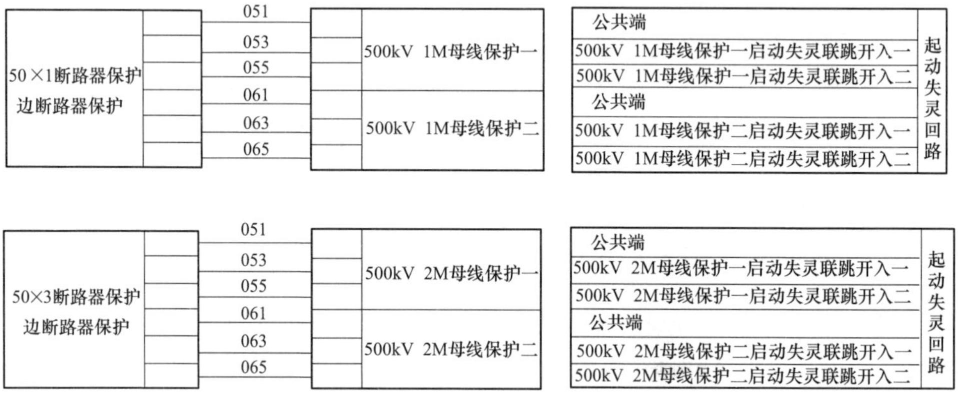

| 50×1断路器保护 边断路器保护 | 051 053 055 061 063 065 | 500kV 1M母线保护一 500kV 1M母线保护二 | 公共端 / 500kV 1M母线保护一启动失灵联跳开入一 / 500kV 1M母线保护一启动失灵联跳开入二 / 公共端 / 500kV 1M母线保护二启动失灵联跳开入一 / 500kV 1M母线保护二启动失灵联跳开入二 | 起动失灵回路 |

| 50×3断路器保护 边断路器保护 | 051 053 055 061 063 065 | 500kV 2M母线保护一 500kV 2M母线保护二 | 公共端 / 500kV 2M母线保护一启动失灵联跳开入一 / 500kV 2M母线保护一启动失灵联跳开入二 / 公共端 / 500kV 2M母线保护二启动失灵联跳开入一 / 500kV 2M母线保护二启动失灵联跳开入二 | 起动失灵回路 |

图 5-3　保护配置

1M母线边断路器失灵时，边断路器保护应开出四对接点，分别接入1M母线保护一启动失灵联跳开入一、开入二和1M母线保护二启动失灵联跳开入一、开入二；当开入一、开入二同时闭合，1M母线保护一、母线保护二启动失灵将瞬时动作跳开1M母线上的所有元件；当开入一或开入二单接点闭合且本间隔相电流条件满足时，1M母线保护一、母线保护二启动失灵将短延时动作跳开1M母线上的所有元件；当开入一或开入二单接点闭合经较短延时跟跳本间隔，若本间隔持续有电流，1M母线保护一、母线保护二启动失灵将长延时动作跳开1M母线上的所有元件。

同理可知，2M母线边断路器失灵时，边断路器保护应开出四对接点，分别接入2M母线保护一启动失灵联跳开入一、开入二和2M母线保护二启动失灵联跳开入一、开入二；失灵保护动作逻辑与1M母线边断路器失灵时一样。

注意以下情况：

当1M母线边断路器失灵时，边断路器保护不具有四对接点分别接入1M母线保护一启动失灵联跳开入一、开入二和1M母线保护二启动失灵联跳开入一、开入二，此时，如将1M母线保护一启动失灵联跳开入一、开入二并接，1M母线保护二启动失灵联跳开入一、开入二并接；同理2M母线边断路器失灵时与1M母线边断路器失灵时一样，如图5-4所示；这样将容易使失灵保护误动，因为500kV失灵保护没有复合电压闭锁逻辑功能。

所以当边断路器保护不具有四对接点接入母线保护一启动失灵联跳开入一、开入二和母线保护二启动失灵联跳开入一、开入二时，应只接入母线保护一启动失灵联跳开入一或开入二和母线保护二启动失灵联跳开入一或开入二，当开入一或开入二单接点闭合且本间隔相电流条件满足时，1M母线保护一、母线保护二启动失灵将短延时30ms动作跳开1M母线上的所有元件；当开入一或开入二单接点闭合经较短延时跟跳本间隔，若本间隔持续有电流，1M母线保护一、母线保护二启动失灵将长延时动作跳开1M母线上的所有元件。这样可有效防止失灵保护误动。

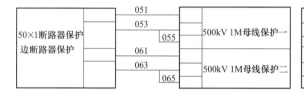

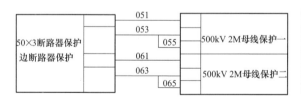

图5-4　保护配置

2. 情形分析2

500kV线一变串边断路器、中断路器失灵，失灵保护跳闸的分析。

（1）500kV边断路器失灵：失灵保护动作经母差出口跳相关边断路器，跳相邻中断路器。通过光纤传输设备向对侧发远跳信号，跳对侧断路器，如图5-5所示。

当A变电站CSC121A边断路器保护动作跳5011断路器，而5011断路器失灵时，CSC121A边断路器保护将输出四对接点分别接入BP-2B母线保护一启动

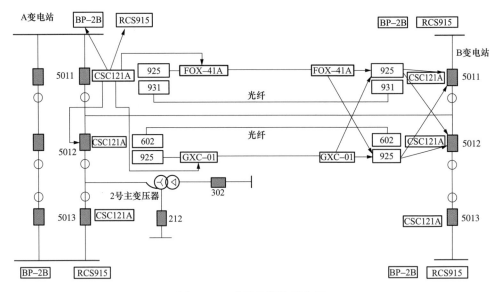

图 5-5 500kV 边断路器失灵

失灵联跳开入一、开入二和 RCS915 母线保护二启动失灵联跳开入一、开入二跳相关边断路器；CSC121A 边断路器保护输出一对接点联跳 5012 中断路器；CSC121A 边断路器保护输出一对接点至主一保护屏 FOX-41A 开入启动远跳，经主一保护屏 925 通道传输至对侧；CSC121A 边断路器保护输出另一对接点至主二保护屏 GXC-01 开入启动远跳，经主二保护屏 925 通道传输至对侧，对侧主一保护屏 925 收到本侧主一保护屏、主二保护屏 925 通道传输来的远跳信号（即满足"二取二"）经就地判据跳开 B 变电站 5011 和 5012 断路器；同理，对侧主二保护屏 925 收到本侧主二保护屏、主一保护屏 925 通道传输来的远跳信号（即满足"二取二"）经就地判据跳开 B 变电站 5011 和 5012 断路器。

（2）500kV 中断路器失灵：直跳相临两个边断路器，通过光纤传输设备向对侧发远跳信号，跳对侧断路器。向主变压器发联跳信号，跳主变压器中、低压侧断路器，如图 5-6 所示。

当 A 变电站 CSC121A 中断路器保护动作跳 5012 断路器，而 5012 断路器失灵时，CSC121A 中断路器保护将分别输出一对接点联跳 5011、5013 边断路器；CSC121A 中断路器保护输出一对接点至主一保护屏 FOX-41A 开入启动远跳，经主一保护屏 925 通道传输至对侧；CSC121A 中断路器保护输出另一对接点至主二保护屏 GXC-01 开入启动远跳，经主二保护屏 925 通道传输至对侧；对侧主一保护屏 925 收到本侧主一保护屏、主二保护屏 925 通道传输来的

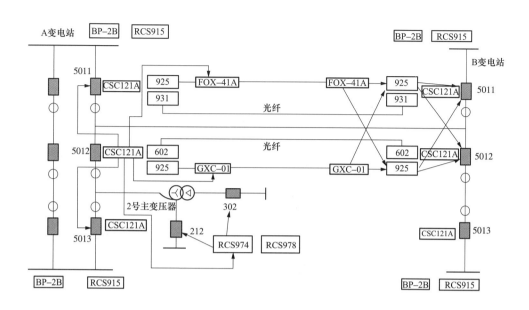

图 5-6 500kV 中断路器失灵

远跳信号（即满足"二取二"）经就地判据跳开 B 变电站 5011 和 5012 断路器；同理，对侧主二保护屏 925 收到本侧主二保护屏、主一保护屏 925 通道传输来的远跳信号（即满足"二取二"）经就地判据跳开 B 变电站 5011 和 5012 断路器。CSC121A 中断路器保护输出一对接点至主变压器 RCS974 非电量保护屏，开入启动主变压器高压侧失灵联跳主变压器三侧断路器，跳开主变压器中、低压侧断路器。

（3）主变压器 500kV 断路器失灵，直跳相邻中断路器，向主变压器发联跳信号，跳主变压器中低压侧断路器，经母差保护出口跳母线上的所有边断路器，如图 5-7 所示。

当 A 变电站 CSC121A 边断路器保护动作跳 5013 断路器，而 5013 断路器失灵时，CSC121A 边断路器保护将输出四对接点分别接入 BP-2B 母线保护一启动失灵联跳开入一、开入二和 RCS915 母线保护二启动失灵联跳开入一、开入二跳相关边断路器；CSC121A 边断路器保护输出一对接点联跳 5012 中断路器；CSC121A 边断路器保护输出一对接点至主变保护屏 RCS-974 开入启动主变压器高压侧失灵联跳主变压器三侧断路器，跳开 A 变电站主变压器中压低 212 断路器和低压侧 302 断路器。

187

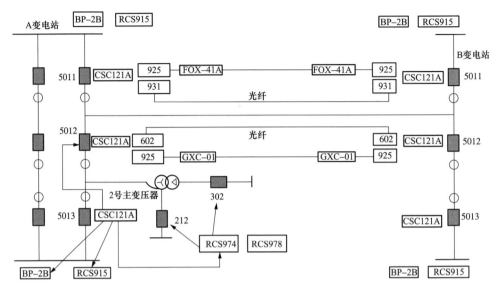

图 5-7　主变压器 500kV 断路器失灵

四、　220kV 母差保护与断路器失灵保护配置原则

（1）每条母线应采用两套含失灵保护功能的母线差动保护，并安装在各自的屏柜内。每套保护应分别动作于断路器的一组跳闸线圈。

（2）当母差保护与单套配置的失灵保护共用出口时，应同时作用于断路器的两个跳闸线圈。当共用出口的微机型母差保护与断路器失灵保护双重化配置时，每套保护应分别动作于断路器的一组跳闸线圈。

（3）用于母线差动保护的断路器和隔离刀闸的辅助接点、切换回路、辅助变流器以及与其他保护配合的相关回路亦应遵循相互独立的原则按双重化配置，开关量输入严禁使用重动继电器接点。

（4）在 TA 绕组数量允许的情况下，对现有的单套母差保护应有计划地逐步进行双重化改造；TA 绕组数量不足的情况下，应结合 TA 改造进行双母差保护改造。

（5）对于新建、扩建或大修改造的 BP 系列型、RCS-915 系列型母差保护，原则上应采用与其功能需求相对应的型号及程序版本，以更好地适应现场接线，保证装置程序运行的可靠性和安全性。

（6）500kV 厂站规模为 5 串或 6 串，220kV 母线出线和主变超过 14 回时，220kV 考虑配置双母双分段母差保护。

第二节　220kV 双母双分段母差失灵保护的分析

一次接线如图 5-8 所示，双母双分段母线差动保护配置如图 5-9 所示。

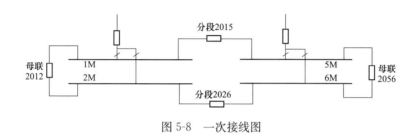

图 5-8　一次接线图

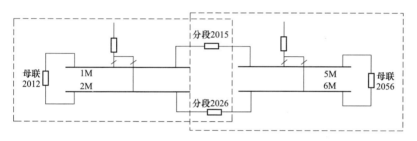

图 5-9　双母双分段母线差动保护配置

按照母线段配置双重化的母线保护（即 1M、2M 母母差保护一、母差保护二，5M、6M 母母差保护一、母差保护二）。1M、2M 母母差保护一、母差保护二的保护范围为：1M、2M 母母线上的所有出线及元件，1M、2M 母联 2012 断路器，分段 2015 断路器，分段 2026 断路器；5M、6M 母母差保护一、母差保护二的保护范围为：5M、6M 母母线上的所有出线及元件，5M、6M 母联 2056 断路器，分段 2015 断路器，分段 2026 断路器。

单套母差保护所保护的范围就是一个双母线系统。但由于两个分段断路器的特殊作用，对于整个母线系统来说，它们既是分段断路器，又具有母联断路器的全部功能，对于单套母线保护来说，分段断路器的功能又与出线线路一样。

一、220kV 双母双分段母差失灵保护分段死区的分析

如果分段断路器两侧均装设有 TA，如图 5-10 所示，TA2、TA4 接入 1M、2M 母差保护，TA1、TA3 接入 5M、6M 母差保护，这样的交叉接线方式消除

了分段断路器的保护死区，在断路器与 TA 之间发生故障（如图 5-10 K 点），1M、2M 母差保护与 5M、6M 母差保护均能正确动作。

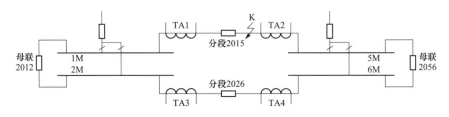

图 5-10　分段断路器两侧均装设 TA

如果 TA 只装设在分段断路器的一侧，如图 5-11 所示，TA1、TA3 接入 5M、6M 母差保护，TA2、TA4 接入 1M、2M 母差保护，当 K 点发生故障时，5M、6M 母差保护判为区内故障并瞬时动作跳开分段 2015 断路器和 5M、6M 母联 2056 断路器及 5M 母线上的所有出线与元件；1M、2M 母差保护判为区外故障，1M、2M 母差保护不会动作，但故障电流仍然保持存在，分段断路器存有保护死区，这样就要启动分段失灵保护第一时间切除 1M、2M 母联，第二时间切除 1M 母线上的所有出线与元件，所以分段断路器应配置死区保护，以加快死区的跳闸。

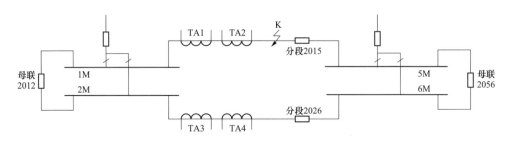

图 5-11　TA 只装设在分段断路器一侧

二、 220kV 双母双分段母差失灵保护分段失灵的分析

如图 5-12 所示，当 K 点发生故障时，1M、2M 母差保护动作跳开母联 2012 断路器、分段 2015 断路器及 1M 母线上的所有出线与元件，如果分段 2015 断路器失灵，保护检测到分段断路器仍有故障电流，所以 1M、2M 母差保护动作不返回，同时满足复合电压闭锁开放及分段有流条件，启动分段断路器失灵保护的

接点闭合（如图 5-13 所示），分段断路器失灵动作接点闭合后经压板接入 5M、6M 母差保护的启动分段失灵开入，5M、6M 母差保护收到启动分段失灵开入后，经延时分段电流互感器通过的故障电流仍然大于分段失灵电流定值，分段失灵保护经过相应母线复合电压闭锁后第一时间跳开母联 2056 断路器，第二时间跳开 5M 母线上的所有出线与元件（如图 5-14 所示）。

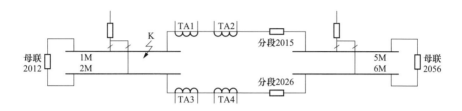

图 5-12　一次接线图

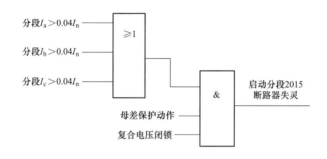

图 5-13　启动分段失灵保护逻辑

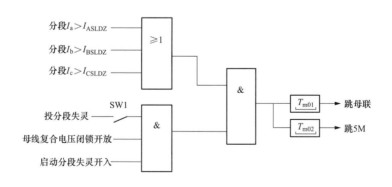

图 5-14　分段失灵保护出口逻辑

三、 分段断路器充电问题的分析

母线保护的充电保护的启动需同时满足三个条件：①分段充电保护压板投入；②其中一条母线已失压；③分段电流从无到有。当分段断路器作为充电断路器时，因充电侧保护屏无法采集到与分段相联的另一段段母线的电压。以图5-8所示的1M母线通过2015分段断路器给5M充电为例，在分段断路器充电前，1M、2M母线保护只能检测所保护的1M、2M母线电压正常，无法获取5M母线电压是否开放（即是否已失压），故1M、2M母线保护的充电保护无法投入。

为了解决这个问题，保护在应用过程中采取以下的解决方法，1M、2M母线保护采集1M、2M母线的电压状态，如1M、2M母线失压即满足母线电压开放条件，则输出失压接点至5M、6M母线保护。反之5M、6M母线保护也采集5M、6M母线的电压状态，如5M、6M母线失压即满足母线电压开放条件，则输出失压接点至1M、2M母线保护。同时增加"对侧电压开放接点开入"，采集分段断路器另一侧母线电压状态（失压接点状态）。这样，分段断路器两侧的母线电压状态都可采集，实现分段断路器充电保护逻辑与母联断路器充电保护逻辑一致。

四、 分段 TA 接入保护极性的分析

分段 TA 接入保护极性如图 5-15 所示。

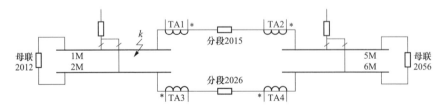

图 5-15　分段 TA 接入保护极性

对1M、2M母线保护来说，分段2015断路器TA2作为分段1的保护电流接入，电流流出的方向应与1M母线上所连接的线路流出的方向一致，即P1极性端指向1M母线。同理可知，对于5M、6M母线保护来说TA1的P1极性端也应该指向5M母线。根据220kV分段断路器电流互感器的厂家数据和一次试验的结

论，TA1 的 P1 极性端是指向 5M 母线的，所以二次接线时，TA1 二次应正极性端接入 5M、6M 母线差动保护。但对于 TA2，一次 P1 极性端是指向 5M 母线，所以 TA2 二次应该反极性接入 1M、2M 母线差动保护。

同理，可以得出分段 2026 断路器电流互感器接入 1M、2M 母线及 5M、6M 母线差动保护的极性。由于分段 2056 断路器电流互感器一次的 P1 是指向 2M 母线的，所以二次接线时，TA4 二次应该正极性接入 1M、2M 母线差动保护，TA3 二次应该反极性接入 5M、6M 母线差动保护。

第三节　母线差动及失灵保护装置的运行技术

母线差动及失灵保护对系统安全、稳定运行至关重要。母线差动及失灵保护一旦投入运行后，就很难有全面停电的机会进行检验。因此，对母线差动及失灵保护在设计、安装、调试和运行的各个阶段都应加强质量管理和技术监督。

（1）当出现下列情况时，应立即退出母差保护，并汇报当值调度、尽快处理：①差流异常或差动回路出现 TA 断线信号时；②"装置闭锁"、"闭锁异常"信号及可能导致误动的开入异常告警信号等其他影响保护装置安全运行的情况发生时。

（2）正常运行时，3/2 接线方式的母线在母差保护全部退出时必须停运；对此接线方式，若有 TA 极性不确定的边断路器要并列，合环前应在做好必要的安全措施后退出其对应的母差保护。

（3）220kV 母差保护全部退出时，现场值班人员应立即通知运行单位继保人员前往处理，当值调度应尽快通知继电保护管理部门。

（4）在系统稳定允许的情况下，按调度令将母差保护停运厂、站对侧线路保护的相间及接地距离Ⅱ段保护时间改至 0.2s，500kV 变电站的 220kV 母差保护停运，还应缩短本站 500kV 变压器高压侧对 220kV 母线有灵敏度的后备保护出口时间。

（5）当 220kV 母差保护短时间全部退出运行时间在 4h 以内且系统稳定允许，对侧可不改保护定值；110kV 母差保护退出运行时间少于 24h，可不采取临时措施，超过 24h，应投入 220kV 主变压器中压侧阻抗保护功能，若无阻抗保护功能，应报地调编制必要的临时定值。

（6）110kV 母差保护退出时，母线故障由变压器或线路后备保护动作隔离故障。

（7）500kV 站 35kV 母差保护退出时，应将主变压器 35kV 侧过流后备保护切本侧断路器的时间定值改为 0.2s。

（8）母线失去母差保护时，不允许进行母差保护范围内一次隔离开关的操作。但设备启动、充电过程等一些必须在退出母差保护才能操作（禁止倒母线）的特殊情况除外。

（9）电压闭锁异常开放，等候处理期间，母差、失灵保护可不退出运行。

（10）双母、双母双（单）分段接线的母差保护的电压闭锁元件应接于所控母线上的电压互感器。当一组电压互感器检修或因故退出时，应将 TV 公共盘上的 TV 并列开关切换到并列位置，若仍维持正常运行方式，要求：

1）220kV 母线、失灵保护（非）选择方式使用注意事项。

a. 若所有线路都配有差动保护或投入了按满足稳定和选择性要求整定的 TV 断线过流或所在母线线路保护电压取自用线路 TV，母线 TV 检修不会导致线路失去快速保护时，220kV 母线、失灵保护投选择方式。

b. 除以上所述情况外，母线 TV 检修时 220kV 母线、失灵保护应投非选择方式，其具体步骤为：①TV 检修操作前或因故退出前（后），按中调令投入 220kV 母线、失灵保护非选择方式（BP-2B 投入"强制互联"压板，RCS-915 投入"强制互联"压板的同时将运行控制字"投单母方式"整定为"1"；②确认上述工作完成后，按中调令进行常规 TV 退出操作；③工作结束后，恢复 TV 正常运行后，确认 220kV 母线、失灵保护已退出非选择方式（BP-2B 退出"强制互联"压板，RCS-915 退出"强制互联"压板的同时将运行控制字"投单母方式"整定为"0"，按调度令恢复 220kV 母线正常运行方式。

母线 TV 退出时 220kV 及以上变电站 220kV 母线保护非选择方式（可）投退列表见表 5-1（供参考，具体投退按调度令执行）。

2）110kV 母差保护仍投选择方式。

（11）母线运行方式变化时各种母线、失灵保护需采取的措施如下所述，由运行单位参照并结合实际写入现场运行规程实施，调度部门不再下达相关指令。

1）微机母差保护（BP-2A/B/C、WMZ-41B 、RCS-915 系列）的规定。

a. 单母线运行时，保护方式不变；

表 5-1　　　　　**母线 TV 退出时 220kV 及以上变电站 220kV 母线**

保护非选择方式（可）投退列表

序号	变电站	220kV 母差保护型号	线路保护是否存在未配置光差的情况	母线 TV 退出时是否需要投非选择方式	具体投退情况
1	500kV××站	BP-2B	否	否	可投入正常运行方式
2	500kV××站	RCS-915AS	否	否	可投入正常运行方式
3	220kV××站	BP-2B	是	是	投"强制互联"压板
4	220kV××站	RCS-915AB	是	是	投"强制互联"压板、"投单母方式"整定为"1"
5	220kV××站	BP-2B	是	否	××站 220kV 线路保护电压取自线路 TV，母线 TV 检修对线路的快速保护没有影响，可投入选择方式
6	220kV××站	WMZ-41B	是	是	投"强制互联"压板
7	220kV××站	BP-2C	是	是	投"强制互联"压板

注　1. RCS-915 系列母差保护投入单母线运行方式时，应投"强制互联压板"，定值项"投单母方式"整定为"1"。

　　2. BP-2A/B/C、WMZ-41B 母差保护投入单母线运行方式时，只需投入"强制互联"压板即可。

b. 为防止母联（分段）在跳位时发生死区故障将母线全切除，母联（分段）在跳位时母联电流不计入小差，该功能建议由装置根据母联（分段）位置自动识别，也可投入压板来控制；

c. 若装有母联（分段）备自投，则母联（分段）位置必须自动识别；

d. 只有一个母联的双母单分段接线，对于没有装设的母联，其位置可投入压板也可以短接保护屏后该母联断路器位置接点开入；

e. 倒母线操作时，无自适应功能的母差保护互联压板应在断开母联断路器操作电源之前投入。

2）对于双母双分段接线方式，母线保护实际由两套双母线差动保护来完成。当任何一套母差保护退出运行校验时，要把该套母差保护启动分段断路器失灵的功能退出。

3）隔离开关位置出错等待处理过程中不应退出母差保护，其间可通过模拟盘或运行方式设置控制字给出正确的隔离开关位置。

4）微机母线保护告警信号的处理，运行人员应区别对待，除隔离开关位置出错信号可先强制后复归信号外，其他告警信号在专业人员到达前，一般不可复归。

5）对空母线或新间隔充电时，母联（分段）间隔 TA 极性已确定的情况下应投入母联（分段）过流保护，母差保护投正常方式，不退出运行；若母联（分段）间隔 TA 极性未确定，投入母联（分段）过流保护时同时退出母差保护。

（12）如果变电站内配有独立的母联备自投装置，母差动作闭锁自投压板正常时投入，当母差保护退出、校验时必须退出。

（13）母联、分段断路器起动失灵的保护仅应为过流保护和母差保护，变压器保护跳分段、母联断路器时，不起动分段、母联断路器的失灵保护。起动失灵保护的压板应与相应保护的出口压板对应投退，在母联断路器检修、保护校验时退出该压板。

（14）失灵保护的退出要区分两种情况：

1）失灵保护退出，需退出该套失灵保护出口跳各断路器的压板。

2）起动失灵保护回路的退出，指将断路器所有保护的或某保护的起动失灵回路断开。一般情况下，只要保护有工作，都应注意将其起动失灵保护的回路退出。

（15）当变电站母线停电后，运行人员应检查确认相应母线 TV 二次电压回路无电压；当进行母线隔离开关的操作后，运行人员应检查相应母差保护、失灵保护的隔离开关开关量状态与一次运行方式一致。

（16）母差保护 TA 变比系统整定说明。

母差保护调整系数的定值，各保护厂家有所不同；对于深圳南瑞 BP-2B、BP-2C，南京南瑞 RCS-915、国电南自 WMZ-41（A/B），具体整定方法如下。

1）BP-2B（C）装置自动选取最大 TA 变比为基准变比，并自动进行变比折算，无需整定调整系数。母差定值单中给出的基准变比，请运行人员核对与装置实际引入最大 TA 变比的一致性；备用间隔整定为可设定的最小变比。各间隔 TA 变比的差别一般不宜超过 4 倍。BP-2B 装置二次额定电流有 1A 和 5A 混用时，装置基准变比二次值固定为 5A，并自动选取所有间隔 TA 变比中一次最大值作为基准变比的一次值。

2）RCS-915 装置由母差定值单确定基准 TA 变比，一般取多数的 TA 变比为基准变比，其余间隔 TA 只需对应折算即可。具体整定是：间隔 TA 与基准 TA 相同，则调整系数取 1；间隔 TA 与基准 TA 不相同，则调整系数＝本间隔 TA/基准 TA；备用间隔 TA，则调整系数取 0。各间隔 TA 变比的差别一般不宜超过 4 倍。

如果各间隔 TA 二次额定电流不同，订货应特别声明，此时 TA 调整系数只反映各元件 TA 一次额定电流之比。

举例：各间隔变比分别为 600/1，600/5，1200/5，则应将 TA 二次额定电流整定为 5A，将 "01TA 调整系数" 整定为 1，"02TA 调整系数" 整定为 1，"03TA 调整系数" 整定为 2。

3）WMZ-41 装置取最大 TA 变比为基准变比，其通道修正系数与 RCS-915 的调整系数同概念，整定方法一致。通道修正系数能整除的可直接整定，否则定于程序中。母差定值单中给出的基准变比，请运行人员核对与装置实际引入最大 TA 变比的一致性，备用间隔厂家推荐整定为 "1.0"。各间隔 TA 变比的差别一般不宜超过 4 倍。

举例：各间隔变比分别为 L1：1200/5，L2：800/5，L3：400/5，则将 1200/5 作为基准，各单元通道系数为：L1：1，L2：$(800/5)/(1200/5) = 2/3 = 0.666$ 或 0.667（做定于程序中），L3：$(400/5)/(1200/5) = 1/3 = 0.333$。

4）WMZ-41A /WMZ-41B 装置取最大 TA 变比为基准变比，其电流通道系数与 RCS-915 的调整系数同概念，整定方法一致。母差定值单中给出的基准变比，请运行人员核对与装置实际引入最大 TA 变比的一致性。备用间隔通道系数整定为 1。各间隔 TA 变比的差别一般不宜超过 5 倍。

举例：各间隔变比分别为 L1：1200/5，L2：600/1，则将 1200/5 作为基准，各单元通道系数为：L1：1，L2：$600/1200 = 0.5$。

需要注意的是通道系数的计算只与一次额定电流有关，与二次额定电流无关。

第六章 故障录波器、继电保护故障信息系统运行维护技术

第一节 线路故障保护动作录波图分析基础

依据线路发生故障后录波图录得的信息、事件时间、电流、电压的幅值及相位，判断故障性质。

某 110kV 线路区内单相接地故障，如图 6-1 所示，该 110kV 线路保护配置了 RCS-941B 保护装置，该保护装置配置有全线速动的纵联距离、纵联零序方向主保护及完善的距离保护、零序方向后备保护。区内单相接地故障保护动作报告及录波图如图 6-2 所示。

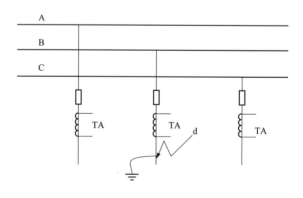

图 6-1 110kV 线路区内单相接地故障示意图

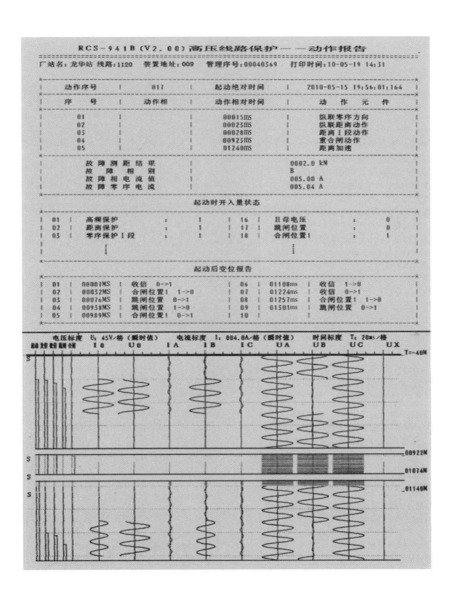

图 6-2　区内单相接地故障保护动作报告及录波图

一、保护动作报告分析

变电站及线路名称、装置地址。如图中，变电站为龙华站、线路名为×××线，编号为1120、装置地址为009、管理序号00040369、打印时间:10-05-19 14:31

故障发生时保护的动作元件序号、启动绝对时间和动作相对时间、动作相别、动作元件以及序号。如图中，故障发生的动作序号为017；启动绝对时间为2010-05-15 19:56:01:164（2010年5月15日19时56分01秒164毫秒）；各保护元件动作相对时间（即以保护启动时绝对时间为基准）为：序号01：纵联零序方向元件在保护启动后15ms动作。序号02：纵联距离元件在保护启动后23ms动作。序号03：距离Ⅰ段在保护启动后28ms动作。序号04：重合闸元件在保护启动后923ms动作。序号05：距离加速元件在保护启动后1240ms动作

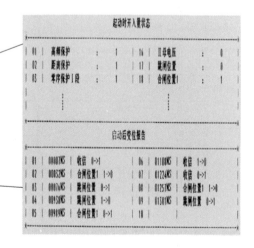

测距、故障相别、故障相电流和零序电流。如图中，测距2km、故障相别为B相、故障相电流有效值和零序电流有效值均为5A

启动时开入量状态。如图中，高频保护、距离保护、零序保护Ⅰ段等保护在启动时开入量状态为1，表示相关保护功能压板均投入；跳闸位置状态为0，合闸位置状态为1，表示断路器在合闸位置

启动后变位报告状态。如图中，如保护启动后7ms收信由"0"变为"1"，32ms合闸位置由"1"变为"0"，76ms跳闸位置由"0"变为"1"，938ms跳闸位置又由"1"变为"0"，989m合闸位置又由"0"变为"1"，1108ms收信由"1"变为"0"，1224ms收信由"0"变为"1"，1257ms合闸位置又由"1"变为"0"，1301ms跳闸位置由"0"变为"1"

二、故障波形图分析

故障波形图即整个故障过程中的各相电流、电压有效值变化曲线以及开关量的变位情况。

制定电流、电压、时间比例尺及单位。如图中，电压标度 U 为 45V/格（瞬时值）、电流标度 I 为 4A/格（瞬时值）、时间标度 T 为 20ms/格

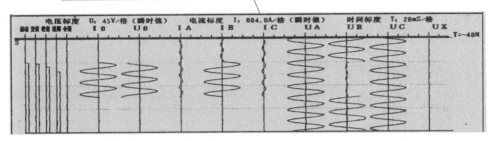

故障波形图通道名称，包括了启动、发信、收信、跳闸、合闸共 5 个开关量通道及 9 个模拟量通道，其中 I_0 为零序电流（实际为 $3I_0$），U_0 为零序电压（实际为 $3U_0$），I_A、I_B、I_C 分别为 A、B、C 三相电流、U_A、U_B、U_C 分别为母线 A、B、C 三相电压，U_X 为线路抽取电压

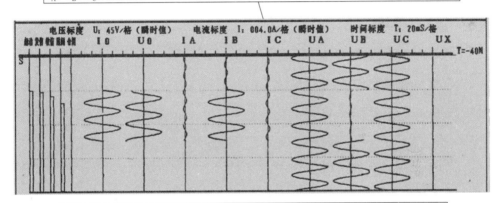

时间纵坐标。如图所示，录波图中均以故障发生保护启动时刻为 0ms 计时，后续保护动作时间均是相对于启动时刻的时间，如 $T=-40ms$ 表示保护从启动前 40ms 开始记录数据（即前两个周波），每格为 40ms

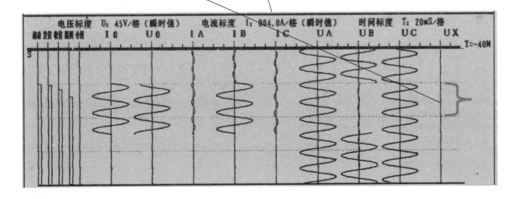

启动:B相模拟通道采集到故障电流时,保护在0ms时启动

发信:大约在保护启动2～3ms后发信,持续1074ms消失,1220ms(1140+80)合闸于故障时再次发信

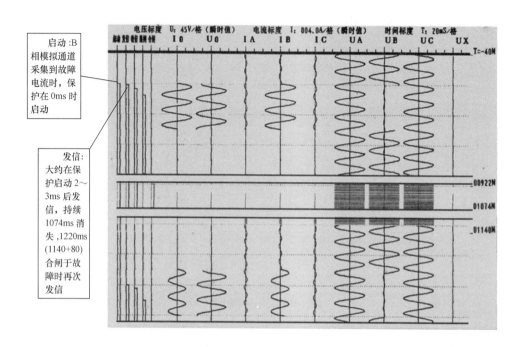

收信:大约在发信后4～5ms后保护收到对侧信号。保护此时判断为正方向区内故障(相对于本站母线)1108ms消失,1224ms(1140+84)合闸于区内故障时再次收信

合闸:当保护动作出口跳断路器后,在923ms重合闸动作,持续151ms合闸脉冲消失(1074-923=151ms)

跳闸:保护判断为正方向区内故障后15ms动作出口跳断路器,持续105ms(120-15)跳闸脉冲消失;1240ms(1140+100)合闸于区内故障保护再次动作跳开断路器

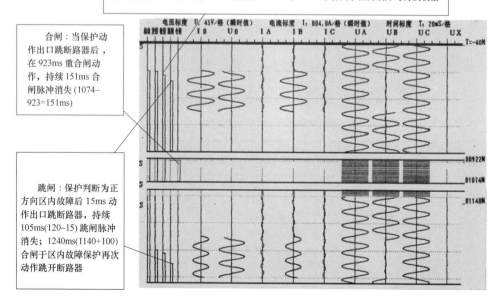

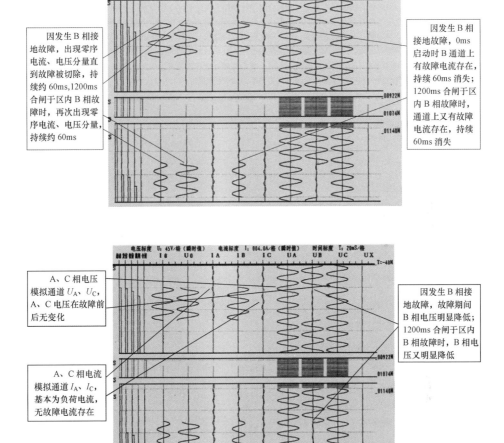

因发生 B 相接地故障，出现零序电流、电压分量直到故障被切除，持续约 60ms，1200ms 合闸于区内 B 相故障时，再次出现零序电流、电压分量，持续约 60ms

因发生 B 相接地故障，0ms 启动时 B 通道上有故障电流存在，持续 60ms 消失；1200ms 合闸于区内 B 相故障时，通道上又有故障电流存在，持续 60ms 消失

A、C 相电压模拟通道 U_A、U_C，A、C 电压在故障前后无变化

因发生 B 相接地故障，故障期间 B 相电压明显降低；1200ms 合闸于区内 B 相故障时，B 相电压又明显降低

A、C 相电流模拟通道 I_A、I_C，基本为负荷电流，无故障电流存在

根据故障波形图分析得知：第一个阶段 B 相采集到故障电流，15ms 后保护动作跳断路器以隔离故障，923ms 时重合动作将断路器合上；第二个阶段系统电流、电压恢复正常后持续 126ms 左右（1200-1074）；第三个阶段在 1200ms 合闸于区内 B 相故障，40ms 后保护动作再次跳断路器且不再重合（保护动作复归后充电还需要 10~15s）。

203

三、 故障波形图中读取准确事件时间

保护装置根据开关量变位时刻给出了各事件发生的时间，有时并不十分准确：如断路器跳开或合上时间，一般取决于断路器辅助触点动作时间，但断路器辅助触点与主触头并不精确同步，会有一定时差。因此需要从波形图中直接读取各事件的相对时间，通常以电流或电压波形变化比较明显的时刻为基准，读取各事件发生的相对时间。因为电流变大和电压变小时刻可较准确判断为故障已发生；故障电流消失和电压恢复正常的时刻可判断为故障已切除。

A 段故障持续时间：故障持续时间是从电流变大、电压降低开始到故障电流消失、电压恢复正常的时间，故障持续时间为 60ms

B 段保护动作时间：保护动作时间是从故障开始到保护出口的时间，即从电流变大、电压开始降低，到保护跳闸继电器动作的时间，保护动作最快时间为 15ms

C 段断路器跳闸时间：断路器跳闸时间是从跳闸继电器动作到故障电流消失的时间，断路器跳闸时间为 45ms

D 段保护返回时间：保护返回时间是指故障电流消失时刻到跳闸继电器返回的时间，保护返回时间约为 30ms

E 段重合闸动作时间：重合闸动作时间是从故障消失开始计时到发出重合命令的时间，图中重合闸动作时间为 862ms(922-60)

F 段断路器合闸时间：断路器合闸时间是从重合闸继电器动作到断路器合闸成功，出现负荷电流的时间，断路器合闸时间为 218ms(1140-922)

将 110kV 线路区内单相接地故障事件汇集在时间轴上

四、 故障波形中电流、 电压的幅值读取

根据故障波形图，可计算出故障期间电流、电压的幅值。
图所示。B 相故障，B 相电流大幅增加，非故障 A、C 相电流
故障前后基本不变；B 相电压明显降低，非故障 A、C 相电压
位基本没有变化。零序电流、电压增大。

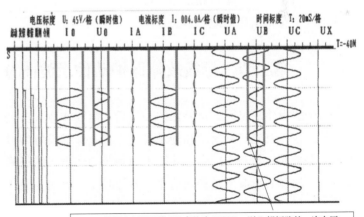

故障电流计算方法：先找出
I_B 通道上的故障电流波形两边的
最高波峰在刻度标尺上的位置，
计算在标尺截取格数除以 2，再乘
以电流标尺 4.0A/ 格，最后除以
$\sqrt{2}$ 就得到二次电流有效值，再
乘以该间隔的 TA 变比，即得到
一次电流有效值。

假设本间隔 TA 变比为 1200/1，则 B 相短路的一次电流：
I_{kB}=[(总格×电流标度 I)/(2×$\sqrt{2}$)] ×变比 =[(3.8×4)/(2×$\sqrt{2}$)]
×1200/1=6450(A) 零序电流的计算方法与 I_{kB} 相同，需要说
明的是实际计算出的是 $3I_0$

故障电压计算方法：先
找出 U_B 通道上的故障电压波
形两边的最低波峰在刻度标
尺上的位置，计算在标尺截
取格数除以 2，再乘以电压
标尺 45V/ 格，最后除以 $\sqrt{2}$
就得到二次电压有效值，再
乘以该间隔的母线 TV 变比，
即得到一次电压有效值。

假设本间隔母线 TV 变比为 1100/1，则 B 相短路的一次电压：
U_{kB} = [(总格×电压标度 U) / (2×$\sqrt{2}$)] × 变比 = [(2×45)/(2×$\sqrt{2}$)]
×1100/1=35(kV)，故障时电压降计算 U=110/$\sqrt{3}$ −35=28.5(kV)，零
序电压的计算方法与 U_{kB} 相同，需要说明的是实际计算出的是 $3U_0$

区内单相接地故障电流、电压相位如图所示。图中以故障出现时的电压、电流波形过零点的时间差来测量故障相电压、相电流及零序电压、零序电流的相位，判断保护是否正确动作。

以电压为参考，若电流过零时间滞后于电压过零时间，若波形不在同一侧，则电流滞后电压；若波形在同一侧，则电流超前电压。如图中的 B 相电流过零点滞后 B 相电压过零点约 4ms，且波形不在同一侧，相当于 B 相电流滞后 B 相电压约 18°×4＝72°，由此可以判断故障发生在正方向（相对于本站母线），且金属性接地故障。若实测相电流超前相电压 110 左右，则表明是反向故障，相量图。

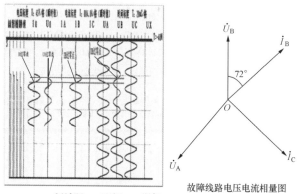

360°/20ms=18(°)/ms，即每 ms
对应的角度为 18°。

故障线路电压电流相量图

上述仅以线路区内 B 相单相接地故障保护动作报告及故障录波为例进行说明，线路区内 A、C 相故障或相间故障的分析方法类似。

综上所述，归纳单相接地故障时电流、电压量、开关量特征如下：

（1）故障相电流增大、电压降低；同时出现零序电压、零序电流。

（2）故障相电压超前故障相电流约 70°；零序电流超前零序电压约 110°。

（3）零序电流相位与故障相电流相位相同，零序电压相位与故障相电压相位相反。

（4）保护开关量变位相别与故障相别一致，保护启动、跳闸、重合闸、通道交换信息与保护动作情况一致。

第二节　母线故障保护动作录波图分析基础

当母线发生故障时，母差保护动作后，需要作业人员到变电站开展故障调查及分析工作，首先必须要获知的是接线方式及保护设备型号、厂家以及保护装置配置的保护元件等基本内容，才能正确判断动作报告的正确性，才能有效地依据母线发生故障后录波图录得的信息、事件时间、电流、电压的幅值及相位进行故障分析。保护动作报告的解读与线路保护的动作报告相似，这里就不作重复讲解，本节重点针对母线保护动作报告的录波图进行分析解读。

以单相接地故障为例讲解母线区内、区外故障时保护动作录波形图分析方法，其他短路故障分析同理，区别在于故障电流、电压的变化特征不同。以 RCS-915 系列母差保护为例进行分析。

一、 母线区内单相故障保护动作分析

双母线接线运行一次系统图如图 6-3 所示。1M 母线 A 相接地为例进行母线故障时录波图的分析如下。

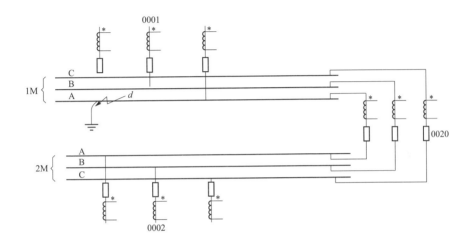

图 6-3 一次系统图

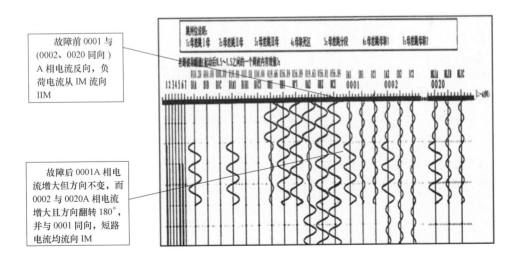

故障前 0001 与 (0002、0020 同向) A 相电流反向，负荷电流从 IM 流向 IIM

故障后 0001A 相电流增大但方向不变，而 0002 与 0020A 相电流增大且方向翻转 180°，并与 0001 同向，短路电流均流向 IM

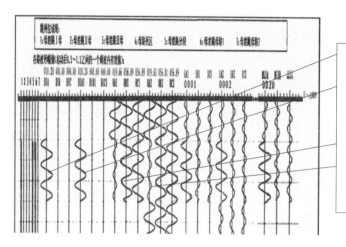

差动量通道：大差 DI_A 的 A 相通道中有突变差流存在并持续 60ms；同时 1M 小差 DI_{A1} 的 A 相通道中有突变差流存在并持续 60ms，与 DI_A 大差 A 相通道中的突变电流相位相同。以上说明故障时母差保护大差元件和 1M 小差元件均感受到差流，U_{A1}、U_{A2} 电压明显降低，满足母差保护动作条件：母差保护大、小差元件动作且电压闭锁开放

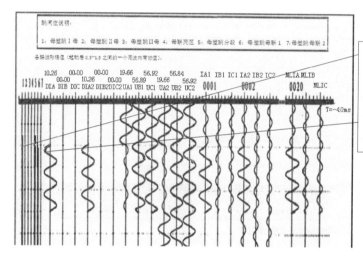

开关量通道从波形图可知：开关量 1（代表母差跳 IM）在故障发生 3～5ms 后有突变，即工频变化量差动保护跳 1M 上的所有间隔（含母联 6 和分段 5）；上述开关量变位说明保护有动作出口现象

（1）从 0001、0002 中看出故障时电流方向相同，均流向故障点，方向相同进一步说明故障为区内故障。再结合 0020 可以看出故障前负荷电流从 1M 母线流向 2M 母线。结合开关量通道、差动量通道、电压通道、电流通道综合分析得知本次故障为 1M 母线区内 A 相故障，故障持续时间为 60ms，保护正确动作。

（2）同理分析ⅡM 母线路故障。

二、 母线区外单相故障保护误动分析

录波图如图 6-4 所示。根据录波图分析母线发生的故障情况如下。

208

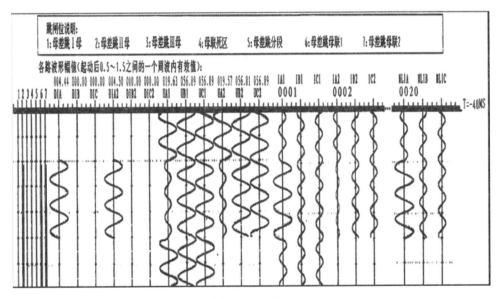

图 6-4 录波图

从录波图可得以下信息：

（1）开关量通道信息。

从保护故障录波图可知，开关量 2（代表母差跳 2M 母）在故障发生 3～5ms 后有突变，即工频变化量差动保护跳 2M 母线上所有间隔断路器及开关量 6、7（分别代表母差跳母联 1 和母联 2），上述开关量变位说明保护有动作出口现象。

（2）差动量通道信息。

母差保护的大差 DI_A 的 A 相通道中有突变差流存在并持续 60ms；同时在母差保护的 2M 母线小差 DI_{A2} 的 A 相通道中有突变差流存在并持续 60m，并与 DI_A 大差 A 相通道中有突变差流电流方向相同。以上说明故障时母差保护大差 DI_A 和 2M 小差 DI_{A2} 元件均感受到故障电流，满足母差动作条件：母差保护大差、小差元件动作。

（3）电压量通道信息。

U_{A1} 通道中在出现突变量差流时存在明显的压降，持续 60ms 后恢复正常，而 U_{B1}、U_{C1} 在整个过程中未出现变化；同时在 U_{A2} 通道中在出现突变量差流时也存在明显的压降并持续 60ms，而 U_{B2}、U_{C2} 在整个过程中未出现变化，但 60ms 后 U_{A2}、U_{B2}、U_{C2} 电压全部消失。以上说明系统中确实发生了 A 相接地故障，故障相电压明显下降，母差保护复压闭锁条件开放，母差保护动作跳开 2M 母线上

209

所有间隔，2M 母线电压消失。

（4）电流通道信息。

1）在 0001 间隔 A 相通道中存在出现突变电流，电流幅值增大但电流方向在突变时没有变化，持续 60ms 恢复正常，而 B、C 相通道中电流大小和方向均没有变化。

2）在 0002 间隔 A 相通道中存在出现突变电流，电流明显降小但电流方向在突变时没有变化并持续 60ms，而 B、C 相通道中电流大小和方向均没有变化，持续 60ms 后 A、B、C 相电流全部消失。

3）在 0020 间隔 A 相通道中存在出现突变电流，电流幅值增大但电流方向在突变时没有变化并持续 60ms，而 B、C 相通道中电流大小和方向均没有变化，持续 60ms 后 A、B、C 相电流全部消失。

（5）母差保护动作的分析。

从 1）2）点可以得出故障时电流方向相反，说明一条支路电流流入母线，另一条支路电流流出母线，二者方向相反，说明发生了区外故障，区外故障母差保护动作原因是 0002 间隔电流突变减小（此间隔 TA 二次电缆芯线破损导致多点接地而产生分流，使两者电流不平衡而产生差流，在有电压开放的条件下保护动作出口。）再结合 3）点可以得出故障前负荷电流从 1M 流向 2M。

结合开关量通道、差动量通道、电压量通道、电流量通道综合分析，0001A 相电流与 0002 及 0020 方向相反，说明一母线电流流向二母线；故障发生后，0001A 相电流与 0002 及 0020 方向相反，但 0002A 相电流明显减小，说明 0002 间隔 TA 有两点接地而产生了分流，大差 DI_A 与小差 DI_{A2} 均感受到电流，而故障相电压降低使复压闭锁开放，从而使母差动作跳 2M 所有间隔及母联。

第三节　主变压器故障保护动作录波图分析基础

基于故障录波图和相量图相结合的变压器故障分析方法，通过获取变电站变压器发生短路故障时生成的保护动作故障录波图；获取继电保护装置跳闸故障数据，并根据跳闸故障数据绘制相量图；将保护动作故障录波图的数据与相量图的数据进行比对；当保护动作故障录波图的数据与相量图的数据一致时，可正确通过保护动作故障录波图对变压器的故障进行识别。可见，基于故障录波图和相量图相结合的变压器故障分析方法，能够在主变压器两侧中的任意一侧（高压侧或低压侧）发生单相接地短路、相间短路、相间接地短路时，通过将故障录波图与相量图相结合对故障进行分析，分析结果准确率较高，具有通用性以及很好的推广应用效果。保护动作报告的解读与线路保护的动作报告相似，这里就不作重复讲解，本节重点针对主变保护动作报告的录波图进行分析解读。

一、主变压器高压侧发生区内 A 相接地故障录波图和相量图相结合的分析

一次系统图如图 6-5 所示。110kV 变压器接线组别方式为 $Y/\triangle$-11，当变压器高压侧发生区内 A 相接地短路时，如图 6-5 中 d1 所示录波图与相量图的分析方法如下。

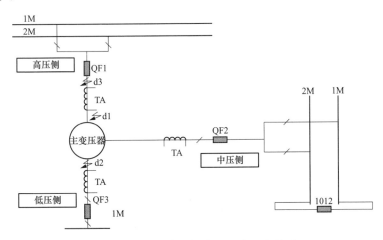

图 6-5　变压器高压侧发生区内 A 相故障

（1）变压器高压侧发生区内 A 相接地故障的录波图信息，如图 6-6 所示。

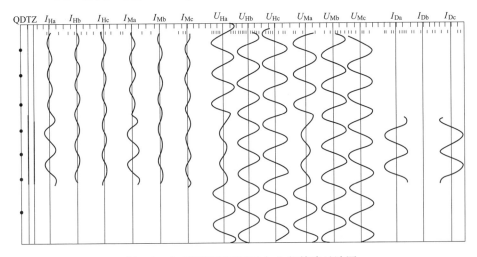

图 6-6　主变压器高压侧区内 A 相故障录波图

从图 6-6 变压器区内 A 相故障录波图得以下信息：

1）开关量通道。开关量 QD 在故障发生 10ms 前有突变，即保护启动；开关量 TZ 在故障发生 4～5ms 后有突变，即为保护动作开出，说明保护有动作出口现象，41ms 后均消失。

2）电流量通道。I_{Ha}、I_{Ma} 在 50ms 有突变，I_{Ha} 电流增大方向不变，I_{Ma} 电流增大方向翻转 180° 后与 I_{Ha} 同向，B、C 相通道中大小和方向均未发生变化，持续 41ms 后均消失。

3）电压量通道。U_{Ha}、U_{Ma} 在 50ms 有突变，电压明显减小，B、C 相整个过程均没变化，持续 41ms 后均恢复正常。

4）差动量通道。由于该主变压器差动保护采用丫向△进行相位调整，见式（6-1）。对△侧电流而言存在以下对应关系，见式（6-2）。因此，当高压侧区内发生 A 相接地短路时，变低 A 相和 C 相均有电流，且相位相反，所以 A 相差流与 C 相差流大小相等而方向相反，如图 I_{Da}、I_{Dc}，持续 41ms 后均消失。

$$\dot{I}'_{AH} = \frac{\dot{I}_{AH} - \dot{I}_{BH}}{\sqrt{3}} \qquad \dot{I}'_{BH} = \frac{\dot{I}_{BH} - \dot{I}_{CH}}{\sqrt{3}} \qquad \dot{I}'_{CH} = \frac{\dot{I}_{CH} - \dot{I}_{AH}}{\sqrt{3}} \qquad (6\text{-}1)$$

由于高压侧 A 相接地故障，相对调整前高压侧 B、C 相均无故障电流，但经相位调整后高压侧 A、C 相有故障电流，即：

$$\dot{I}'_{AH} = \frac{\dot{I}_{AH}}{\sqrt{3}} \qquad \dot{I}'_{CH} = -\frac{\dot{I}_{AH}}{\sqrt{3}} \qquad (6\text{-}2)$$

对应低压侧 A、C 相均有故障电流，所以主变压器保护及录波显示 A 相和 C 相均有差流且方向相反。

从上述分析可得故障后高压侧和中压侧电流方向相同，故障电流均流向故障点，说明故障为主变压器区内故障，故障电流均由极性端流向非极性端（TA 极性均在母线侧）。结合开关量通道、差动量通道、电压量通道、电流量通道综合判断此故障为主变区内故障，故障持续 41ms，保护动作正确。

（2）变压器高压侧发生区内 A 相接地故障的相量图信息（以下均以丫/△-11 接线主变压器进行分析，低压侧同相正序电流、电压超前高压侧 30°，负序电流、电压滞后高压侧 30°）。

1）变压器高压侧发生 A 相接地故障时，高、低压侧电流相量图如图 6-7 所示。

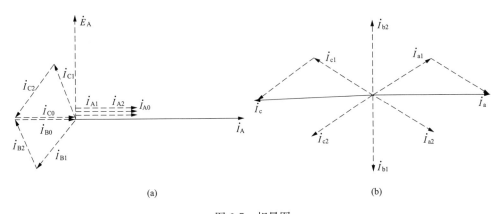

图 6-7　相量图

（a）高压侧电流相量图；（b）低压侧电流相量图

从图 6-7（a）得出，高压侧只有 A 相有故障电流；从图 6-7（b）得出，低压侧 A、C 相均匀有故障电流。

2）主变压器高压侧发生 A 相接地故障时，高、低压侧电压相量图如图 6-8 所示。

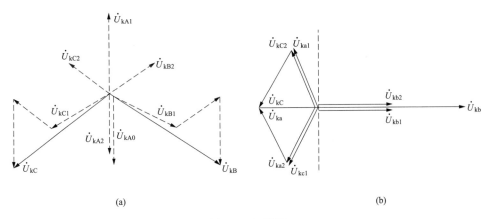

图 6-8　相量图

（a）高压侧电压相量图；（b）低压侧电压相量图

从图 6-8（a）得出，高压侧 A 相故障电压为零，B、C 相故障电压稍有增大。

从图 6-8（b）得出，低压侧 a、c 相故障电压大小相等，方向相同，b 相故障电压为 a、c 相故障电压的 2 倍，且方向相反。

比较变压器高压侧发生区内 A 相故障时保护动作故障录波图与相量图分析

的数据完全一致时，说明变压器故障时故障录波图与相量分析的识别方法是非常正确的。

二、变压器低压侧发生区内 A、B 相短路故障录波图和相量图相结合的分析

一次系统图如图 6-5 所示，某 110kV Y/△-11 变压器低压侧发生区内 A、B 相短路时，如图 6-5 中 d2 所示，录波图与相量图的分析方法如下。

（1）变压器低压侧发生区内 A、B 相短路故障的录波图信息，如图 6-9 所示。

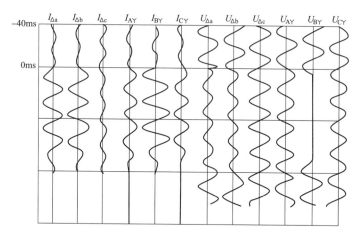

图 6-9　低压侧区内 A、B 相短路故障的录波图

从图 6-9 低压侧区内 A、B 相短路故障的录波图得以下信息：

1）低压侧 A、B 相电压降低，且 A、B 相短路电压大小相等、方向相同，并为 C 相电压的一半、方向相反。电流增大，没有零序电流、零序电压。

2）低压侧 A、B 相电流大小相等，方向基本相反。

3）高压侧短路滞后相（即 B 相）电流与其他两相电流方向相反，且大小为其他两相电流的 2 倍左右。

4）高压侧短路滞后相（即 B 相）母线残压非常小，接近为零。

5）高压侧非故障 C 相电压与短路超前相电压（即 A 相）大小相等，方向相反。

（2）变压器变低侧发生区内 A、B 相短路故障的相量图信息。

1）变压器变低侧发生区内 A、B 相短路故障时，高低压侧电流相量图如图 6-10 所示。

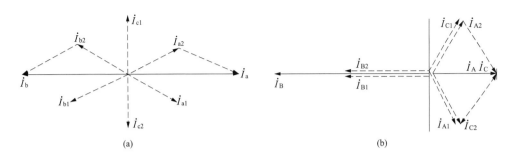

图 6-10　相量图

（a）变低侧电流相量图；（b）变高侧电流相量图

从图 6-10（a）得出，低压侧 C 相短路电流为零，A、B 相短路电流大小相等，方向相反。

从图 6-10（b）得出，高压侧 B 相短路电流的大小是 A、C 相短路电流的两倍，并与 A、C 相电流的方向相反，A、C 相电流方向相同。

2）变压器变低侧发生区内 A、B 相短路故障时，高、低压侧电压相量图如图 6-11 所示。

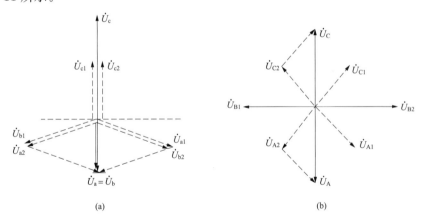

图 6-11　相量图

（a）低压侧电压相量图；（b）高压侧电压相量图

从图 6-11（a）得出，低压侧 C 相短路电压为正常电压；A、B 相短路电压大小相等、方向相同且为 C 相电压的一半，并与 C 相相反。

从图 6-11（b）得出，高压侧 B 相短路电压为零；A、C 相短路电压大小相等、方向相反。

比较变压器变低侧发生区内 A、B 相短路故障时保护动作故障录波图与相量

图分析的数据完全一致时，说明变压器故障时故障录波图与相量分析的识别方法
是非常正确的。

三、 主变压器高压侧发生区外 A 相接地故障录波图的分析

一次系统图如图 6-5 所示。某 110kV Ｙ/△-11 变压器中压侧发生区外 A 相
接地短路，如图 6-5 中 d3 所示，录波图如图 6-12 所示。

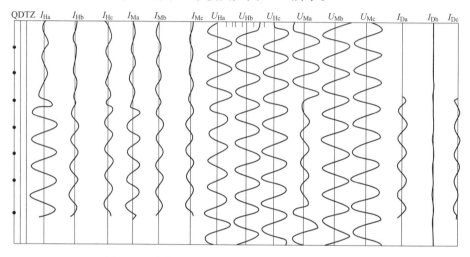

图 6-12　主变压器中压侧区外 A 相接地故障录波图

从图 6-12 可得以下信息：

（1）开关量通道。

开关量 QD 在故障发生时有突变，即保护启动；开关量 TZ 在故障发生 30ms
后有突变，即为保护动作开出，说明保护有动作出口现象，50ms 后均消失。

（2）电流量通道。

I_{Ha}、I_{Ma} 在 60ms 有突变，I_{Ha} 电流增大方向不变，I_{Ma} 电流增大方向也不变，
与 I_{Ha} 方向相反，B、C 相通道中大小和方向均未发生变化，持续 85ms 后均消失。

（3）电压量通道。

U_{Ha}、U_{Ma} 在 60ms 有突变，U_{Ha} 电压减小但不明显，U_{Ma} 电压明显减小，B、
C 相整个过程均没变化，持续 85ms 后均恢复正常。

（4）差动量通道。

在 I_{Da} 通道中有突变差流存在并持续 85ms；同时在 I_{Dc} 通道中也有突变差流
存在也持续 85ms，并与 I_{Da} 通道中的突变差流方向相反（原因同前文所述，即主

变差动保护采用丫向△进行相位调整产生的差流，变中的相位调整与变高的相位调整方法一样）。

TA 极性均在母线侧，从上述分析可得故障前高压侧和中压侧负荷电流方向相反，由高压侧流入主变压器，中压侧流出主变压器；故障时电流由高压侧流入主变压器，由中压侧流出主变压器，电流均流向故障点，说明故障为主变压器区外故障，但中压侧 A 相电流明显偏小，引起两侧电流不平衡产生差流，造成该主变压器差动保护区外故障时误动。中压侧 A 相电流偏小的原因可能有 TA 二次回路存在有多点接地而产生了分流或 TA 饱和。

第四节 故障录波器、继电保护故障信息系统运行技术

（1）正常情况下，故障录波器、继电保护故障信息系统子站（保信子站）必须投入运行。若需退出，必须向相应的调度部门办理申请手续。基建、改造工程投运时，其相应的故障录波器、保信子站必须保证同时投入运行。

（2）各运行维护单位应加强对保信子站的运行维护，当厂站端进行改建时，应及时对相应的保信主站、子站的标识、画面等进行完善。

（3）故障录波器、保信子站的调度管辖部门的确定为装置接入设备的调度管辖部门的最高单位。基建、改造工程的录波器、保信子站均应同期验收，同期投产。

（4）220kV 及以上录波装置因检修退出时必须在生产 MIS 系统上填报相关业务报表供中调备案，以便在地区安全性评价免责。因而，运行方式分部在批复变电部或工程部录波器检修批复后通过 OAK 形式抄送地调继保分部，地调继保分部通过生产 MIS 系统报省中调备案。

（5）各运行维护单位应有专人分别负责保信分站及变电站内保信子站的运行管理。

（6）运行值班人员应认真巡视保信子站，发现异常情况应准确记录异常信息，并及时通知运行维护单位继保人员处理。

（7）运行维护单位应做好接入保信子站的站内保护及录波器装置的 IP 管理，禁止随意改动；保护更换后应将新保护对应通信口的 IP 地址应与原来保持一致，确保与保信子站的正常通信。

（8）保护或录波器技改后，运行维护单位应在设备投运前完成保信子站对应间隔的信息定值表的配置，并再通知地调分站进行联调；对于保护或录波器软件

升级造成信息点表变化的，运行维护单位应在一个月内完成子站配置修改并通知地调分站进行联调。若还需与总调或中调主站进行联调的，则由地调联系完成。

（9）基建、扩建工程的保信子站应与工程同步验收、同步投产；运行维护单位应提前介入子站的验收工作，确保在工程投产前完成子站与分站或主站的联合调试工作，未能完成联合调试的保信子站不得投产。

（10）基建、扩建工程应充分利用保护试验的机会验证各类信息的正确性；不具备停电条件的子站技改工程，允许采用与保护当前信息核对、点表核对的方式进行验收。

（11）220kV 及以上新建（或技改）的保信子站必须接入中调主站，500kV 新建（或技改）的保信子站还需接入总调主站。

（12）各运行维护单位应每季度在《生产管理信息系统缺陷管理模块》中对保信子站的运行缺陷进行统计，并在每季度的第 1 个工作日内报调度继保管理部门。

（13）故障录波装置的定检，技改、基建工程的验收按管理要求执行。

第七章　小电流接地系统运行维护技术

小电流接地系统是指零序电抗 X_0 与正序电抗 X_1 的比值 $X_0/X_1 > 4 \sim 5$ 的系统，在这种系统发生单相接地故障时接地短路电流很小，并不破坏系统线电压的对称性，系统可继续运行 $1 \sim 2h$，但不能长期运行，是因为接地电流将在故障点形成破坏性电弧。稳定性电弧有可能烧坏设备或引起两相甚至三相短路；在单相接地时，电网的电容和电感容易形成振荡而出现间歇性电弧，间歇性电弧将导致相对地电压升高而危害系统设备绝缘。为了避免间歇性电弧引起过电压危害，所有 35、66kV 及 10kV 不直接连接发电机的架空线路构成的系统在单相接地故障电容电流超过 10A 时，应采用消弧线圈接地方式或小电阻接地方式。

第一节　小电流接地系统的不同接地方式并列运行和配网合环转供的影响

近几年，由于小电流接地系统发生单相接地故障时，消弧线圈装置选线跳闸很不准确，造成了人畜伤亡事件，所以将消耗线圈接地方式改为小电阻接地方式（即"消改小"），采用零序电流保护跳开接地线路，确保人畜安全。在进行"消改小"过程中，不同接地方式的小电流接地系统将并列运行或合环转供运行，因此对此情况进行分析，避免对系统产生影响。

一、10kV 保护配置

小电流接地系统中，若采用消弧接地、相控接地，10kV 线路保护的零序仅投告警，不投跳闸；若采用小电阻接地，10kV 线路保护的零序投跳闸。

二、不同接地方式并列运行

不同接地方式并列运行指在同一变电站的 10kV 几段母线中，几段母线分别配置消弧线圈接地或小电阻接地,通过合上母线母联 500 或 550 断路器,将消弧线圈接地母线和小电阻接地母线长时间并列运行的情况。以下假设某站 1M 母线为消弧接地、2M 母线为小电阻接地(见图 7-1),当 1M 母线与 2M 母线并列运行后,1M 母线的消弧线圈与 2M 母线的小电阻并列接地,相当于小电阻将消弧线圈短接(小电阻阻抗为 10 或 16Ω,消弧线圈阻抗约为 40~250Ω),1M 母线与 2M 母线全部变为有效接地系统。

(1)不同接地方式并列运行的分析。

1)1M 母线情况。

当 1M 母线的出线发生接地故障,故障电流主要流向如图 7-1 所示。馈线甲 C 相接地点→2M 母线小电阻→2M 母线→母联断路器→1M 母线→故障馈线甲 C 相接地点。

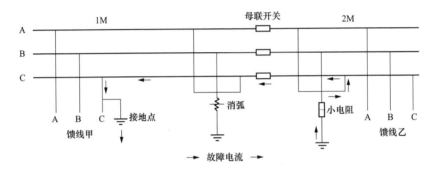

图 7-1 不同接地方式并列运行

在小电阻接地系统中,一般情况下,单相接地故障由零序保护跳闸,相过电流保护不动作。由于 1M 母线的出线不投零序跳闸,因此故障电流未达到相过流启动值或 B 相未配置 TA 且故障相为 B 相时,保护不跳闸。由于保护不跳闸,接地点持续长时间大电流放电(消弧接地的接地点电流在几安左右,小电阻接地的接地点电流在几百安左右),将对设备和接地点周边的人身安全造成较大影响。

由于主变压器低压侧和母联断路器的额定电流在 3000A 以上,主变压器低压侧后备保护和母联保护的电流启动值较高,上述情况一般不会导致主变压器低压侧或母联保护动作。

2)2M 母线情况。

当 2M 母线的出线发生接地故障,10kV 保护正常跳闸(零序保护启动一次值为 30~60A,保护灵敏度可覆盖高阻接地的情况)。

(2)退出消弧线圈时不同接地方式并列运行的分析。

若退出 1M 母线的消弧接地，1M 母线与 2M 母线全部变为小电阻接地系统，情况与第（1）点类似。

（3）退出小电阻时不同接地方式并列运行的分析。

若退出 2M 母线的小电阻接地，1M 母线与 2M 母线全部变为消弧接地系统。

1）当 1M 母线的出线发生接地故障，按照消弧系统的情况处理即可。

2）当 2M 母线的出线发生接地故障，假设消弧补偿电流为 100A，则 1M 母线消弧断路器柜的电流变为 100A 多（消弧线圈未投入时对应断路器柜电流接近 0A，消弧带站用变的电流 2~3A），消弧的 100A 补偿电流分散补偿各出线的电容电流，故障线路断路器的电流变化不大（仅增大几安），故障线路不跳闸，按照消弧系统的情况处理即可。

3）2M 母线没有配置接地故障选线功能，影响故障处理效率。

（4）相控接地与小电阻并列运行，情况与上述类似。

（5）不同接地方式并列运行的绝缘配合。

根据《交流电气装置的过电压保护和绝缘配合》（DL/T 620—1997，有效制度）：

相对地暂时过电压和操作过电压的标幺值如下：

1）工频过电压的 1.0p. u. $= U_m / \sqrt{3}$ ；

2）谐振过电压和操作过电压的 1.0p. u. $= \sqrt{2} U_m / \sqrt{3}$ ；

3）对系统最高电压 $3.6\text{kV} \leqslant U_m \leqslant 252\text{kV}$ 系统中的 110kV 及 220kV 系统，工频过电压一般不超过 1.3p. u. ；3kV~10kV 和 35kV~66kV 系统，一般分别不超过 $1.1\sqrt{3}$ p. u. 和 $\sqrt{3}$ p. u. 。

注：U_m 为系统最高电压。

10kV 系统的工频过电压水平为线电压的 1.1 倍，行标对不同接地方式的配置要求仅从接地电流大小方面考虑（接地电流较大，则跨步电压的影响较大，且接地点的故障能量较大影响附近其他设备，需配置消弧措施或采用小电阻系统快速断开电源；接地电流较小，则可采用不接地方式），只要符合我国行标的要求，10kV 不同接地方式在绝缘配合方面没有差异（纯进口设备视情况除外，美洲和欧洲部分地区 10kV 系统没有采用消弧或小电阻，而是采用直接接地方式，10kV 系统绝缘水平比我国的低）。

（6）不同接地方式并列运行的建议。

将不同接地方式的母线长时间并列运行，建议采用以下方式之一：

1）全部投入零序保护。

2）退出小电阻接地，保留其他接地方式（含消弧装置或相控接地装置）。

三、 不同接地方式的配网合环转供

配网转供电有两种方式，其中一种是停电转供，另一种是合环转供。假设将甲线的负荷转移乙线，停电转供是将甲线停电，然后将甲线负荷接至乙线供电；合环转供是甲线和乙线均不停电，先将甲线和乙线临时短时间并列运行，然后断开甲线的原电源端，甲线负荷转由乙线供电。配网转供电还有三种情况，一种情况是甲线和乙线属于同一段母线，第二种是甲线和乙线属于同一个变电站但不在同一母线，第三种是甲线和乙线属于不同变电站。不同接地方式合环转供仅涉及第二、三种情况。

（1）配网转供电现状。

配网转供电现状要求如下：

1）待转供的甲线和乙线经核对相序正确。

2）甲线和乙线处于同一 220kV 电源。

3）若甲线与乙线所属母线的中性点接地方式相同，可采用合环转供；若甲线与乙线所属母线的中性点接地方式不相同，不得采用合环转供，可采用停电转供电。

（2）不同接地方式合环转供的分析。

假设甲线所属母线为消弧接地，乙线所属母线为小电阻接地。

1）待转供线路出现故障情况。

当甲线与乙线合环后（甲线与乙线临时短时间并列，相当于甲线所属母线与乙线所属母线临时短时间并列），若甲线或乙线线路存在接地故障，乙线对应的 10kV 保护跳闸，甲线与乙线转为消弧接地方式，再按照要求处理即可。

2）待转供线路所属母线的其他线路出现故障情况。

a. 当馈线甲与馈线乙合环后，若馈线甲所属母线的馈线丙 C 相存在接地故障，故障电流流向如图 7-2 所示：馈线丙 C 相接地点→馈线乙对应母线的小电阻→馈线乙→馈线甲→馈线甲所属母线的馈线丙 C 相接地点，故障电流也经过馈线乙，馈线乙对应的 10kV 保护跳闸，馈线甲与馈线乙转为消弧接地方式，再按照要求处理即可。

b. 当馈线甲与馈线乙合环后，若馈线乙所属母线的其他线路存在接地故障，该线路跳闸。

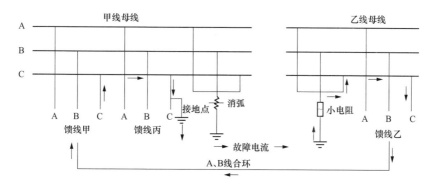

图 7-2　待转供线路所属母线的其他线路出现故障电流流向图

3）消弧线圈对合环同期的影响分析

在系统正常运行时，10kV 中性点电压为零或接近零（视系统三相平衡度），消弧线圈没有投入，接地方式对电压的角度没有影响。

综上所述，不同接地方式合环转供是可行的。

四、 不同变电站的 10kV 母线之间采用 10kV 线路串供时并列运行方式分析

当由于计划或非计划停电需不同变电站的 10kV 母线之间采用 10kV 线路串供时，不同接地方式的组合有如下四种（均假设 A 站为电源侧站，B 站为负荷侧站）。

（1）A 站为消弧或相控接地，B 站为小电阻接地，如图 7-3 所示。

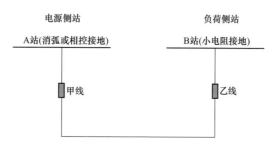

图 7-3　A 站为消弧或相控接地，B 站为小电阻接地

与上述第二点情况类似，应退出小电阻。

（2）A 站和 B 站均为消弧、相控接地或不接地，如图 7-4 所示。

为了避免消弧装置过补偿或相控接地装置的时间配合混乱，应退出负荷站侧消弧或相控接地装置。

223

图 7-4　A 站和 B 站均为消弧、相控接地或不接地

（3）A 站和 B 站均为小电阻接地方式，如图 7-5 所示。

图 7-5　A 站和 B 站均为小电阻接地方式

为了避免单相接地故障电流过大，应退出负荷站侧小电阻。

（4）A 站为小电阻接地，B 站为消弧或相控接地，如图 7-6 所示。

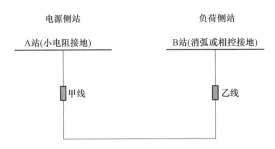

图 7-6　A 站为小电阻接地，B 站为消弧或相控接地

与上述第二点情况类似。当小电阻处于运行状态时（此时不论消弧或相控接地装置是否运行），若乙线或其对应母线的其他馈线单相接地，故障线路不跳闸，但故障电流经过甲线，甲线零序保护跳闸，负荷侧母线失压；若退出小电阻保留消弧或相控接地装置运行，则电源站侧的 10kV 零序保护失去作用。为了优先保障电源侧变电站的安全稳定运行，宜退出负荷侧消弧或相控接地装置。

（5）小结。

在同一 220kV 电源下，不同变电站的 10kV 母线之间采用 10kV 线路串供时，应退出负荷侧变电站的接地方式（消弧线圈接地、相控接地或小电阻接地）。

第二节　小电流接地系统运行技术

1. 中性点经小电阻接地系统

（1）原则上不允许不带接地装置和无接地保护运行。接地装置投入前，必须投入 10kV 系统零序保护，用户零序保护与站零序保护同时投运，避免单相接地越级跳闸事故。

（2）接地装置和变压器正常应分列运行，只有在转电倒闸操作过程中，允许两台接地装置短时并列运行。

（3）接地变压器经断路器接于 10kV 母线，合变低断路器对 10kV 母线充电前应确保接地装置及接地保护已投入。

2. 中性点不接地系统

（1）中性点不接地系统发生单相接地时，允许带故障点运行 2h。

（2）10kV 中性点不接地系统连接系统的 TV，应加装消谐器。

3. 中性点经消弧线圈接地系统

（1）消弧线圈的调整应以过补偿运行。但由于容量不足或其他特殊原因，允许采用欠补偿运行。在正常运行方式下，消弧线圈的分接头的选择应符合如下规定：

1）正常或检修方式时，当系统一相接地通过故障点电流（残流）不得大于如下数值：

35kV 为 10A；10kV 为 30A，有发电机或调相机时为 4A。

2）正常和检修情况下，中性点位移电压不得超过相电压的 15%，即 35kV 系统为 3000V，10kV 系统为 900V。

3）在满足残流和中性点位移电压的要求下，优先选择较小的脱谐度（一般为 10%～20% 为宜）。其计算公式如下：

$$U\% = \frac{I_L - I_C}{I_C} \times 100\%$$

式中　$U\%$——补偿脱谐度百分数；

　　　I_L——消弧线圈电感电流；

I_c——线路电容电流。

（2）消弧线圈调整分头应按下列顺序操作：

1）过补偿系统：电容电流增加时，应先改分头；电容电流减小时，后改分头。

2）欠补偿系统：电容电流增加时，应后改分头；电容电流减小时，先改分头。

3）对于自动调谐的消弧线圈，视具体情况参照此理灵活执行。

（3）禁止将消弧线圈同时连接在两台变压器的中性点上，当消弧线圈从一台变压器倒换至另一台变压器中性点时，必须先把它从一台断开，再投入另一台。当网络发生单相接地时，禁止用隔离开关投入和切除消弧线圈。

（4）装有消弧线圈的系统线路在停送电前，应考虑消弧线圈抽头定值是否合适，其定值要求符合（1）中的规定。

（5）装有而未投入消弧线圈的 35kV 系统，在用户电缆发生单相接地情况下，应将线路停电，才拉开接地电缆的线路进线隔离开关。

（6）35kV 自成独立电网其电容电流超过 10A 者应装设消弧线圈。

第八章　电流互感器运行维护技术

第一节　电流互感器特性

一、 电流互感器极性

电流互感器（TA）：是将一次回路的大电流成正比地变换为二次小电流以供给测量、计量、继电保护及其他的电气设备使用的电气设备。一次电流 I_1 与二次电流 I_2 之比值等于二次绕组匝数 N_2 与一次绕组 N_1 匝数之比，即：$I_1/I_2 = N_2/N_1$　如图 8-1 所示。

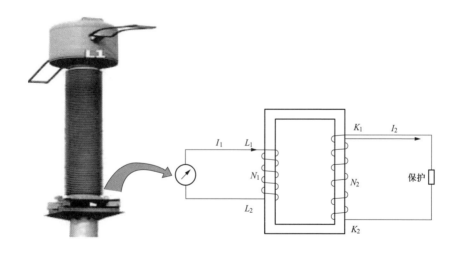

图 8-1　电流互感器原理图

电流互感器采用减极性标注，即分别从一、二次绕组的同名端流入正向电流时，该电流在铁芯中产生磁通方向相同的端子，称为电流互感器同名端。如图 8-2 所示 P1 和 S1。

根据电磁感应定律，在某时刻，当一次侧电流作为电源从同名端流入时（如

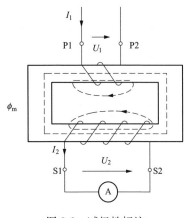

图 8-2 减极性标注

图 8-2 所示的 P1），二次侧作为负荷从同名端流出（如图 8-2 所示的 S1），两侧电流在磁路中产生的磁通是相反方向的，因此称为减极性标注。

电流互感器的端子标注如图 8-3 所示，图中所有标有 P1、C1 等为一次极性端的接线端子，S1 为二次极性端的接线端子，P2、C2 等为一次非极性端的接线端子，S2 为二次非极性端的接线端子，对于在同一瞬间极性端具有同一极性。

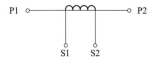
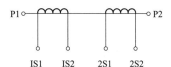
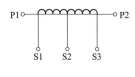
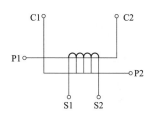

图 8-3　电流互感器端子标注

二、 500kV 继电保护用电流互感器二次绕组配置原则

（1）电流互感器二次绕组的配置应满足 DL/T 866—2004《电流互感器和电压互感器选择及计算导则》的要求。

（2）500kV 线路保护、母差保护、断路器失灵保护用电流互感器二次绕组推荐配置原则：

1）线路保护宜选用 TPY 级；

2）母差保护可根据保护装置的特定要求选用适当的电流互感器（技术规范中为 5P 级）；

3）断路器失灵保护可选用 TPS 级或 5P 等二次电流可较快衰减的电流互感

器，不宜使用 TPY 级。

（3）为防止主保护存在动作死区，两个相邻设备保护之间的保护范围应完全交叉；同时应注意避免当一套保护停用时，出现被保护区内故障时的保护动作死区。当线路保护或主变压器保护使用串外电流互感器时，配置的 T 区保护亦应与相关保护的保护范围完全交叉，属于 T 区的变电站边断路器的失灵保护电流互感器应在母线保护电流互感器和 T 区保护电流互感器之间，中断路器的失灵保护电流互感器应在两个间隔的 T 区保护电流互感器之间。

（4）为防止电流互感器二次绕组内部故障时，本断路器跳闸后故障仍无法切除或断路器失灵保护因无法感受到故障电流而拒动，断路器保护使用的二次绕组应位于两个相邻设备保护装置使用的二次绕组之间。

（5）3/2 断路器接线继电保护用电流互感器二次绕组准确级的正确配置，如图 8-4 所示。

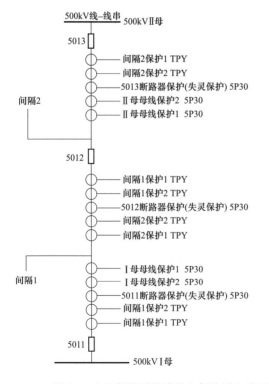

①线路保护宜选用 TPY 级；
②母差保护可根据保护装置的特定要求选用适当的电流互感器（如 5P）；
③断路器失灵保护可选用 TPS 或 5P 等二次电流可较快衰减的电流互感器，不宜采用 TPY 级。

图 8-4　3/2 断路器接线继电保护用电流互感器二次绕组准确级的正确配置

（6）3/2 断路器接线断路器单侧配置电流互感器二次绕组的正确接线如图

8-5 所示。

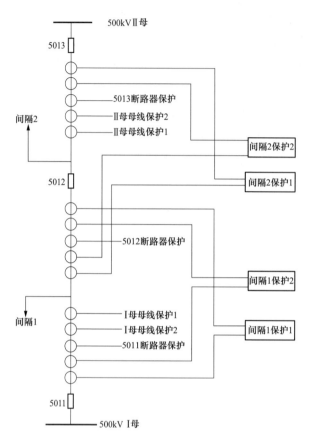

①对于边断路器，间隔 1（间隔 2）设备保护应与 500kV Ⅰ母（或Ⅱ母）母线保护的保护范围交叉，断路器失灵保护用绕组位于间隔 1（或间隔 2）设备保护与 500kV Ⅰ母（或Ⅱ母）母线保护用绕组之间。

②对于中断路器，间隔 1 与间隔 2 两个设备保护的保护范围应交叉，断路器失灵保护用绕组位于间隔 1 与间隔 2 两个设备保护用绕组之间。

图 8-5　3/2 断路器接线断路器单侧配置电流互感器二次绕组的正确接线

（7）3/2 断路器接线，中断路器双侧配置电流互感器二次绕组的正确接线如图 8-6 所示。

（8）3/2 断路器接线，断路器双侧配置电流互感器二次绕组的正确接线如图 8-7 所示。

（9）3/2 断路器接线，有串外电流互感器二次绕组的正确接线如图 8-8 所示。

（10）3/2 断路器接线，单侧不完整串（间隔 1 预留）电流互感器二次绕组的正确接线如图 8-9 所示。

（11）3/2 断路器接线，单侧不完整串（间隔 2 预留）电流互感器二次绕组的正确接线如图 8-10 所示。

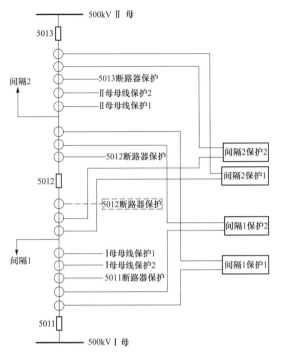

①对于边断路器，间隔 1（或间隔 2）设备保护应与 500kV Ⅰ 母（或 Ⅱ 母）母线保护的保护范围交叉，断路器失灵保护用绕组位于间隔 1（或间隔 2）设备保护与 500kV Ⅰ 母（或 Ⅱ 母）母线保护用绕组之间。

②对于中断路器，间隔 1 与间隔 2 两个设备保护的保护范围应交叉，断路器失灵保护用绕组位于间隔 1 与间隔 2 两个设备保护用绕组之间。

图 8-6　3/2 断路器接线断路器双侧配置电流互感器二次绕组的正确接线

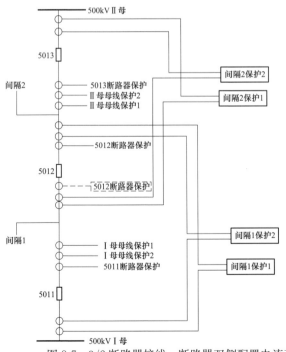

①对于边断路器，间隔 1（或间隔 2）设备保护应与 500kV Ⅰ 母（或 Ⅱ 母）母线保护的保护范围交叉，断路器失灵保护用绕组位于间隔 1（或间隔 2）设备保护与 500kV Ⅰ 母（或 Ⅱ 母）母线保护用绕组之间。

②对于中断路器，间隔 1 与间隔 2 两个设备保护的保护范围应交叉，断路器失灵保护用绕组位于间隔 1 与间隔 2 两个设备保护用绕组之间。

图 8-7　3/2 断路器接线，断路器双侧配置电流互感器二次绕组的正确接线

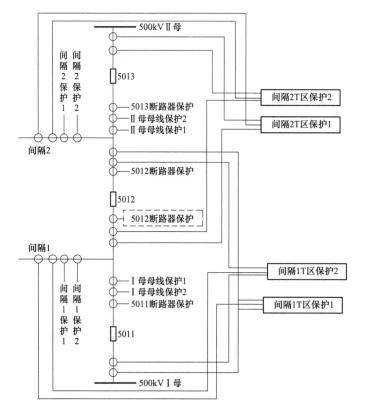

配置说明：线路保护或主变压器保护使用串外电流互感器，同时配置 T 区保护。

①对于边断路器，间隔 1（或间隔 2）T 区保护应与 500kV Ⅰ母（或Ⅱ母）母线保护的保护范围交叉，断路器失灵保护用绕组位于间隔 1（或间隔 2）T 区保护与 500kV Ⅰ母（或Ⅱ母）母线保护用绕组之间。

②对于中断路器，间隔 1 与间隔 2 两个 T 区保护的保护范围应交叉，断路器失灵保护用绕组位于间隔 1 与间隔 2 两个 T 区保护用绕组之间。

图 8-8 3/2 断路器接线，有串外电流互感器二次绕组的正确接线

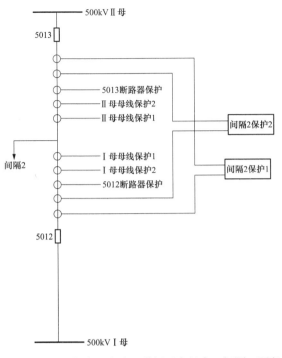

①对于 5013 断路器，间隔 2 设备保护应与 500kVⅡ母母线保护的保护范围交叉，断路器失灵保护用绕组位于间隔 2 设备保护与 500kVⅡ母母线保护用绕组之间。

②对于 5012 断路器，间隔 2 设备保护应与 500kVⅠ母母线保护的保护范围交叉，断路器失灵保护用绕组位于间隔 2 设备保护与 500kVⅠ母母线保护用绕组之间。

图 8-9　3/2 断路器接线，单侧不完整串（间隔 1 预留）电流互感器二次绕组的正确接线

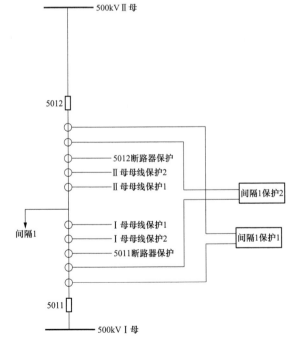

①对于 5011 断路器，间隔 1 设备保护应与 500kVⅠ母母线保护的保护范围交叉，断路器失灵保护用绕组位于间隔 1 设备保护与 500kVⅠ母母线保护用绕组之间。

②对于 5012 断路器，间隔 1 设备保护应与 500kVⅡ母母线保护的保护范围交叉，断路器失灵保护用绕组位于间隔 1 设备保护与 500kVⅡ母母线保护用绕组之间。

图 8-10　3/2 断路器接线，单侧不完整串（间隔 2 预留）电流互感器二次绕组的正确接线

三、 220kV 继电保护用电流互感器二次绕组配置原则

现在变电站按高压配电装置的型式，可分为 AIS、GIS、HGIS。

（1）AIS 是空气绝缘的常规配电装置，其母线裸露直接与空气接触，其双母双分段接线 TA 正确配置如图 8-11 所示（双母接线、双母单分段接线参考此 TA 配置）。

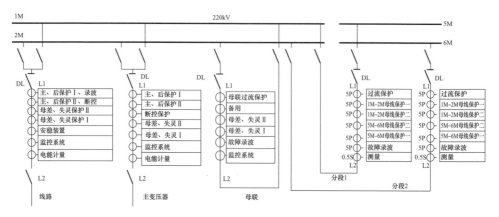

图 8-11　220kV AIS 变电站双母双分段接线主变压器、线路、母联、分段间隔 TA 正确配置图

（2）GIS 是气体绝缘封闭式组合电器，主要把母线、断路器、TA、TV、隔离开关、避雷器都组合在一起。其双母双分段接线 TA 正确配置如图 8-12 所示（双母接线、双母单分段接线参考此 TA 配置）。

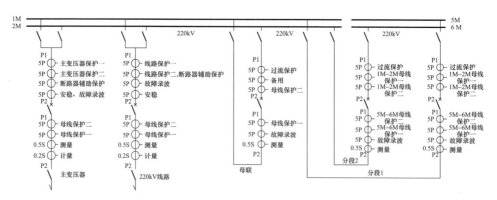

图 8-12　220kV GIS 变电站双母双分段接线主变压器、线路、母联、分段间隔 TA 正确配置图

（3）500kV AIS 变电站 220kV 侧主变压器、线路、母联、分段间隔 TA 正确配置如图 8-13 所示（双母接线、双母单分段接线参考此 TA 配置）。

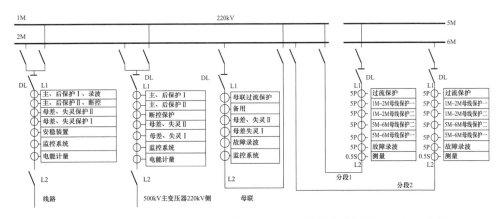

图 8-13　500kV AIS 变电站 220kV 侧双母双分段接线主变压器、线路、母联、
分段间隔 TA 正确配置图

（4）500kV GIS 变电站 220kV 侧主变、线路、母联、分段间隔 TA 正确配
置如图 8-14 所示（双母接线、双母单分段接线参考此 TA 配置）。

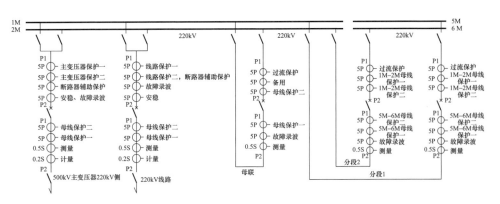

图 8-14　500kV GIS 变电站 220kV 侧双母双分段接线主变压器、线路、母联、
分段间隔 TA 正确配置图

（5）HGIS 是混合式配电装置，母线采用敞开式，其他均为六氟化硫气体绝缘开
关装置。该类型配电装置的电流互感器配置可参考上述（3）、（4）两种配电装置。

四、　500kV 继电保护用电流互感器二次绕组配置错误的分析

（1）断路器双侧配置电流互感器的错误接线如图 8-15 所示。

（2）断路器单侧配置电流互感器的错误接线如图 8-16 所示。

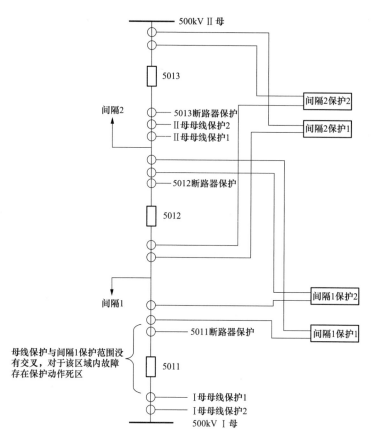

图 8-15　双侧电流互感器错误配置图

【案例】

500kV 某变电站 500kV 5011 断路器 B 相断路器底部击穿事故，如图 8-17 所示，因间隔 1 保护及 I 母差保护均判断为区外故障而拒动，造成 500kV 母线失压，同时直流双极闭锁，连接的多个电厂安稳装置动作，多条线路相继发生跳闸等，导致事故扩大。

五、 电流互感器一次绕组串/并联连接方式

（1）电流互感器导电杆结构如图 8-18 所示。

（2）电流互感器一次绕组串联连接方式如图 8-19 所示。

（3）电流互感器一次绕组并联连接方式如图 8-20 所示。

（4）等电位、等电位点、死区故障。

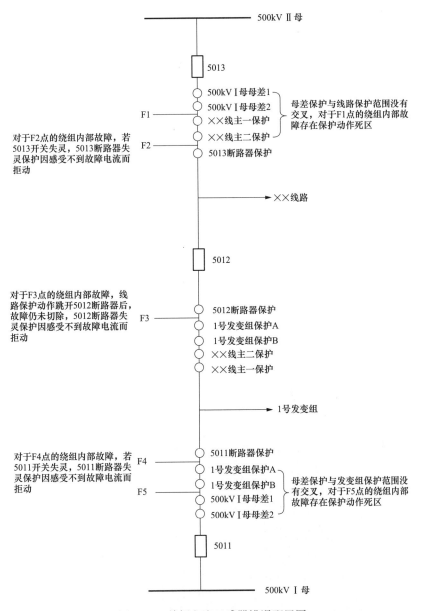

图 8-16　单侧电流互感器错误配置图

1）等电位及等电位点：等电位是两个以上的点电势相等，电荷在等电位点间移动不做功或做功为零，与路径无关，即电位差为零叫等电位，两电位差为零的点叫等电位点（如 TA 并联时，TA 外壳就是等电位点）。

2）等电位点连接：根据 GB 50057—1994 定义"将各分开的金属装置、导电

237

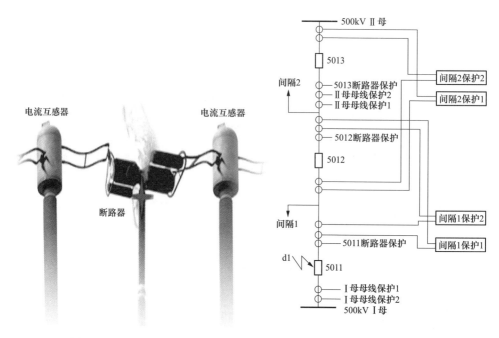

图 8-17　500kV 某变电站 500kV 5011 断路器 B 相断路器底部击穿事故

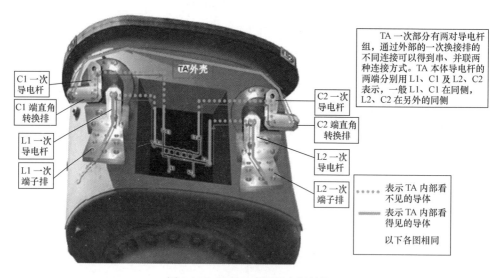

图 8-18　电流互感器导电杆结构

物体用等电位连接导体或电涌保护器连接起来以减少雷电流在他们之间产生电位差"称为等电位点连接。

3）在某些特定的区域内发生故障，由于故障点的特殊，虽然该区域的线路

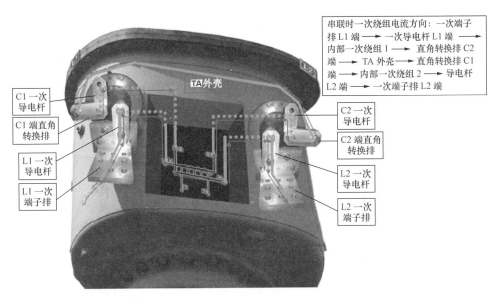

串联时一次绕组电流方向：一次端子
排 L1 端 ——→ 一次导电杆 L1 端 ——→
内部一次绕组 1 ——→ 直角转换排 C2
端 ——→ TA 外壳 ——→ 直角转换排 C1
端 ——→ 内部一次绕组 2 ——→ 导电杆
L2 端 ——→ 一次端子排 L2 端

C1 一次
导电杆

C1 端直角
转换排

L1 一次
导电杆

L1 一次
端子排

TA外壳

C2 一次
导电杆

C2 端直角
转换排

L2 一次
导电杆

L2 一次
端子排

图 8-19　电流互感器一次绕组串联连接方式

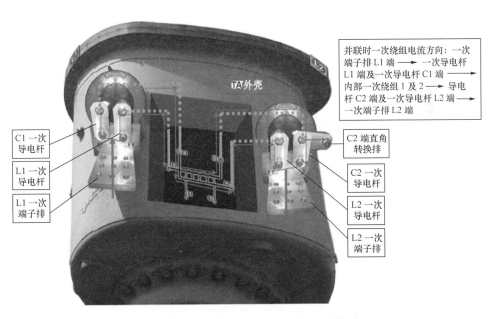

并联时一次绕组电流方向：一次
端子排 L1 端 ——→ 一次导电杆
L1 端及一次导电杆 C1 端 ——→
内部一次绕组 1 及 2 ——→ 导电
杆 C2 端及一次导电杆 L2 端 ——→
一次端子排 L2 端

C1 一次
导电杆

L1 一次
导电杆

L1 一次
端子排

TA外壳

C2 端直角
转换排

C2 一次
导电杆

L2 一次
导电杆

L2 一次
端子排

图 8-20　电流互感器一次绕组并联连接方式

保护、变压器保护或母线保护动作切除断路器，但故障点仍然未隔离，一般该类
故障称为死区故障。通常将快速主保护动作无法完全隔离的一次设备区域称为保

护死区。需配置一种快速切除这种故障的保护称为死区保护。

4）电流互感器一次绕组串联时 TA 外壳作为导体用，故不存在等电位点。

5）电流互感器一次绕组并联（或用仅 1 匝）时 TA 外壳不作为导体用，通过换接排连接外壳做等电位点与一次导电杆连接；为防止绕组绝缘损坏时，因绕组与外壳存在压差对外壳放电，所以等电位点应按照 TA 故障时跳闸范围最小的原则设置，一般厂家均放在 TA 的 L2 侧。

六、500kV 电流互感器一次绕组等电位点安装位置对继电保护的影响分析

（1）3/2 接线方式（完整串单侧 TA）如图 8-21 所示。

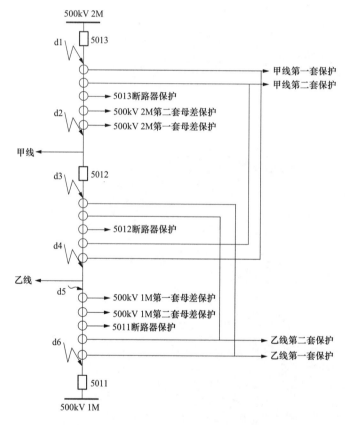

图 8-21 3/2 接线方式（完整串单侧 TA）

1）5013 边断路器的分析：如图 8-21 所示，5013 断路器边 TA，如果 TA 的等电位点安装位置靠 5013 断路器侧，TA 的等电位点故障，图中 d1 点。此时 2M 母线的两套母差均动作，切除 2M 母线上的 5013 及其他断路器；故障在甲线线

路保护外，保护不动作（属于正常），但故障点仍然存在（即形成保护死区点），故障电流无法快速切除，继续流向故障点 d1，必须靠失灵保护动作来跳开相邻断路器。但考虑到这种故障短路电流较大，对系统的影响特别大，而失灵保护动作一般要经过长延时，不利于系统的恢复，所以应装设动作时间比失灵保护快的死区保护。如广泛采用的 RCS-921A 微机断路器死区保护，其动作跳闸必须同时具备 3 个条件：对应的间隔保护动作、断路器电流越限、装置收到断路器三相 TWJ 触点开入量。

那么死区故障有什么特点呢？以图中 d1 点故障为例，2M 母差保护动作跳开 5013 边断路器的同时起动 5013 边断路器死区保护，此时 5013 边断路器虽已跳开，但因故障点未被完全隔离，5013 边断路器死区保护仍可从电流互感器检测到故障电流。可见，d1 点故障时恰能满足 5013 断路器死区保护动作的条件，5013 边断路器死区保护动作跳闸，瞬时重跳本断路器，延时跳开 5012 中断路器、起动远跳甲线对侧断路器，从而迅速地隔离故障，实现了快速切除故障的功能。综上所述，等电位点 d1 故障将导致跳闸范围扩大（多切除 2M 母线上所有断路器）。

如图 8-21 所示，若 TA 的等电位点安装位置靠甲线线路侧，TA 的等电位点故障，图中 d2 点。此点在 2M 母线的两套母差保护范围外，母差保护均不动作。故障点在甲线线路保护内，保护动作，切除 5013、5012 断路器，甲线对侧断路器跳闸，从而迅速地隔离故障。与等电位点设置为 d1 相比，此等电位点故障不会导致跳闸范围扩大，且能快速隔离故障，有利于系统稳定。应将等电位点设置在线路侧（如图中 d2 点）。

2）5012 中断路器的分析：如 8-21 图所示，若 TA 的等电位点安装位置靠 5012 断路器侧，TA 的等电位点故障，图中 d3 点。此点在 1M、2M 母线的两套母差保护外，母差均不动作。故障在甲线线路保护内，保护动作切除 5013、5012 断路器，甲线对侧断路器跳闸，但故障点仍然存在（即形成保护死区点），故障电流无法快速切除，继续流向故障点 d3，需快速动作的死区保护隔离故障点，将乙线的 5011 断路器及对侧断路器切除（若 5012 断路器拒动靠失灵保护实现）。因此等电位点 d3 故障时将导致跳闸范围扩大（多切除甲线断路器）。

如图 8-21 所示，若 TA 的等电位点安装位置靠乙线线路侧，TA 的等电位点故障，图中 d4 点。此点在 1M、2M 母线的母差保护外，母差均不动作。故障点在乙线线路保护内，保护动作，切除 5012、5011 断路器，乙线对侧断路器跳闸，从而迅速地隔离故障。与等电位点设置为 d3 相比，此等电位点故障不会导致跳闸范围扩大。应将等电位点设置在线路侧（如图中 d4 点）。

3）5011 边断路器的分析：如图 8-21 所示，5011 断路器边 TA，如果 TA 的等电位点安装位置靠 5011 断路器侧，TA 的等电位点故障，图中 d6 点。此时 1M 母线的两套母差均动作，切除 1M 母线上的 5011 及其他断路器；故障在乙线线路保护外，保护不动作（属于正常），但故障点仍然存在（即形成保护死区点），故障电流无法快速切除，继续流向故障点 d6，需快速动作的死区保护隔离故障点，延时跳开 5012 中断路器、起动远跳乙线对侧断路器，从而迅速地隔离故障，实现了快速切除故障的功能。综上所述，等电位点 d6 故障将导致跳闸范围扩大（多切除 1M 母线上所有断路器）。

如图 8-21 所示，若 TA 的等电位点安装位置靠乙线线路侧，TA 的等电位点故障，图中 d5 点。此点在 1M 母线的两套母差保护范围外，母差保护均不动作。故障点在乙线线路保护内，保护动作，切除 5011、5012 断路器，乙线对侧断路器跳闸，从而迅速地隔离故障。与等电位点设置为 d6 相比，此等电位点故障不会导致跳闸范围扩大，且能快速隔离故障，有利于系统稳定。应将等电位点设置在线路侧（如图中 d5 点）。

上述分析可知：对于 3/2 接线方式（完整串单侧 TA），边断路器 TA 的等电位点应在线路侧（如 d2、d5）；中断路器 TA 的等电位点也应在线路侧（如 d4）。

（2）3/2 接线方式（不完整串）如图 8-22 所示。

1）断路器靠母线侧的不完整串如图 8-22（a）所示。

如图 8-22（a）所示，如果 TA 的等电位点安装位置靠 5012 断路器侧，TA 的等电位点故障，图中 d1 点。此点在 2M 母线的两套母差保护内，母差均动作，切除 2M 母线上的 5012 及其他断路器。故障点仍然存在（即形成保护死区点），故障电流无法快速切除，继续流向故障点 d1，需快速动作的死区保护隔离故障点，将乙线的 5011 断路器，及对侧断路器切除（若 5012 拒动靠失灵保护实现）。此等电位点故障导致跳闸范围扩大（多切除 2M 母线上所有断路器）。

如图 8-22（a）所示，如果 TA 的等电位点安装位置靠乙线线路侧，TA 的等电位点故障，图中 d2 点。此点在 1M、2M 母线的两套母差保护外，母差均不动作。故障点在乙线线路保护内，保护动作，切除 5012、5011 断路器，起动远跳乙线对侧断路器，从而迅速地隔离故障。等电位点故障不会导致跳闸范围扩大。故宜将等电位点设在线路侧。

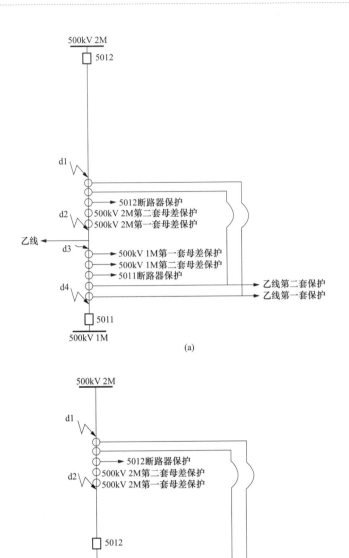

图 8-22　3/2 接线方式（不完整串）

（a）断路器靠母线侧的不完整串；（b）边 TA 靠母线侧的不完整串

如图 8-22（a）所示，如果 TA 的等电位点安装位置靠 5011 断路器侧，TA 的等电位点故障，图中 d4 点。此时 1M 母线的两套母差均动作，切除 1M 母线上的 5011 及其他断路器；故障在乙线线路保护外，保护不动作（属于正常），但故障点仍然存在（即形成保护死区点），故障电流无法快速切除，继续流向故障点 d4，需快速动作的死区保护隔离故障点，延时跳开 5012 断路器、起动远跳乙线对侧断路器，从而迅速地隔离故障，实现了快速切除故障的功能。综上所述，等电位点 d4 故障将导致跳闸范围扩大（多切除 1M 母线上所有断路器）。

如图 8-22（a）所示，若 TA 的等电位点安装位置靠乙线线路侧，TA 的等电位点故障，图中 d3 点。此点在 1M 母线的两套母差保护范围外，母差保护均不动作。故障点在乙线线路保护内，保护动作，切除 5011、5012 断路器，乙线对侧断路器跳闸，从而迅速地隔离故障。与等电位点设置为 d4 相比，此等电位点故障不会导致跳闸范围扩大，且能快速隔离故障，有利于系统稳定。应将等电位点设置在线路侧（如图中 d3 点）。

2）边 TA 靠母线侧的不完整串如图 8-22（b）所示。

如图 8-22（b）所示，如果 TA 的等电位点安装位置靠母线侧，TA 的等电位点故障，图中 d1 点。此点在 2M 母线的两套母差保护内，母差均动作，切除 2M 母线上的 5012 及其他断路器。此等电位点故障不会导致跳闸范围扩大。

如图 8-22（b）所示，如果 TA 的等电位点安装位置靠 5012 断路器侧，TA 的等电位点故障，图中 d2 点。此点在 1M、2M 母线的两套母差保护外，母差均不动作。故障点在乙线线路保护内，保护动作，切除 5012、5011 断路器，乙线对侧开关跳闸，故障点仍然存在（即形成保护死区点），故障电流无法快速切除，继续流向故障点 d2，需死区保护来隔离故障点（若 5012 拒动靠失灵保护实现），将 2M 母线的所有断路器切除。此等电位点故障导致跳闸范围扩大（多切除乙线断路器）。故宜将等电位点设在母线侧（如 d1 点）。

图 8-22（b）中的 d3 点与 d4 点分析与图 8-22（a）中的 d3 点与 d4 点分析相同。

上述分析可知：

1）对于 3/2 接线方式（不完整串），断路器靠母线侧，TA 的等电位点应在线路侧［如图 8-22（a）d2 点］。

2）对于 3/2 接线方式（不完整串），TA 靠母线侧，TA 的等电位点应在母线侧［如图 8-22（b）d1 点］。

（4）220kV 电流互感器一次绕组等电位点安装位置对继电保护的影响分析。

1）双母双分段带旁路接线且电流互感器分布在分段断路器两侧，如图 8-23 所示。

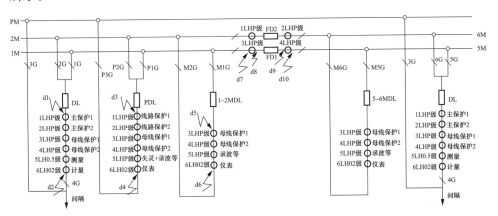

图 8-23　双母双分段带旁路接线且电流互感器分布在分段断路器两侧

　　a. 出线间隔：如图 8-24 所示，如果 TA 的等电位点安装位置靠断路器侧，TA 的等电位点故障，图中 d1 点。此时两套母差保护均动作，切除 DL 及母线上其他断路器，故障点仍然存在（即形成保护死区点），故障电流无法快速切除，继续流向故障点 d1。此类接线方式若有母差保护，则由母差保护起动远方跳闸或联跳各侧；如果没有，则靠对侧距离Ⅱ段等后备保护跳闸隔离故障点，导致跳闸范围扩大。若等电位点为图中 d2 点，其不在母差保护范围内，但在间隔保护范围内，故障时间隔保护跳开 DL 及对侧跳闸不会导致跳闸范围扩大。故宜在线路侧。

　　b. 旁路间隔：如图 8-23 所示，如果 TA 的等电位点安装位置靠断路器侧，TA 的等电位点故障，图中 d3 点。此时两套母差保护均动作，切除 PDL 及母线上其他断路器。故障点仍然存在（即形成保护死区点），故障电流无法快速切除，继续流向故障点 d3。此类接线方式若有母差保护的采用母差保护起动远方跳闸或联跳各侧，若没有的靠对侧距离Ⅱ段等后备保护跳闸隔离故障点，扩大了跳闸范围。若等电位点为图中 d4 点，不在母差保护范围内，但在间隔保护范围内，间隔保护跳开 PDL 及对侧跳闸。不会导致跳闸范围扩大。故宜在 PM 侧。

　　c. 母联间隔：如图 8-23 所示，如果 TA 的等电位点安装位置靠母线侧，TA 的等电位点故障，图中 d6 点。此时两套母差保护均动作，切除 MDL 及 2M 母线上其他断路器；MDL 断路器合位时，没有扩大跳闸范围。MDL 断路器分位时，仍然属于 2M 母差保护范围，也不会扩大跳闸范围。若等电位点为图中 d5 点，此时两套差动保护均动作，切除 MDL 及 1M 母线上其他断路器，故障点仍然存在（即形成保护死区点），故障电流无法快速切除，继续流向故障点 d5，需母联死区保护来隔离故障点，将 2M 母线上所有断路器切除，显然 MDL 合位时扩大了跳闸范围。MDL 分位时，仅需母联死区保护来将 2M 母线上所有断路器切除。故宜设置在靠母线侧。

d. 分段间隔（FD1）：①如图 8-23 所示，如果 3LHP 级的等电位点安装位置靠断路器侧，TA 的等电位点故障，图中 d8 点，此故障点在 1-2M 母线、5-6M 母线的母差保护范围内，将切除 1-2MDL、5-6MDL、FD1 及 1M、5M 母线上其他断路器。②如图 8-23 所示，如果 4LHP 级的等电位点安装位置靠断路器侧，TA 的等电位点故障，图中 d9 点，此故障点在 1-2M 母线、5-6M 母线的母差保护范围内，将切除 1-2MDL、5-6MDL、FD1 及 1M、5M 母线上其他断路器。③如图 8-23 所示，如果 3LHP 级的等电位点安装位置靠母线侧，TA 的等电位点故障，图中 d7 点，此故障点在 1-2M 母线的母差保护范围内，切除 1-2MDL、FD1 及 1M 母线上其他断路器。④如图 8-23 所示，如果 4LHP 级的等电位点安装位置靠母线侧，TA 的等电位点故障，图中 d10 点，此故障点在 5-6M 母线的母差保护范围内，切除 5-6MDL、FD1 及 5M 母线上其他断路器。

从上分析可知：分段断路器两侧布置 TA 时，电流互感器等电位点应设置在靠母线侧。

同理分析分段间隔（FD2）两侧布置 TA 时，电流互感器等电位点应设置在靠母线侧。

2）双母双分段带旁路接线且电流互感器分布在分段断路器右侧，如图 8-24 所示。

a. 出线间隔、旁路间隔、母联间隔的分析与双母双分段带旁路接线且电流互感器分布在分段断路器两侧的分析一样，即与 1）点相同分析。

b. 分段间隔（FD1）：①如图 8-24 所示，如果 TA 的等电位点安装位置靠断路器侧，TA 的等电位点故障，图中 d8 点，此故障点在 1-2M 母线的母差保护范围内，将切除 1-2MDL、FD1 及 1M 母线上其他断路器，故障点仍然存在（即形成保护死区点），故障电流无法快速切除，继续流向故障点 d8，这样要启动分段死区（或失灵）保护切除 5M 母线上的所有元件才能完全切除故障，导致跳闸范围扩大。②如图 8-24 所示，如果 TA 的等电位点安装位置靠 5M 母线侧，TA 的等电位点故障，图中 d7 点，此故障点在 5-6M 母线的母差保护范围内，将切除

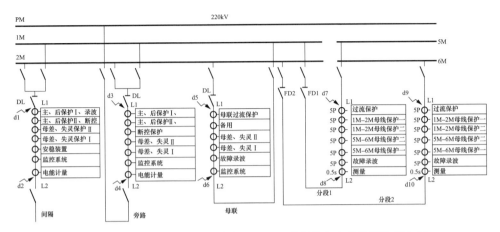

图 8-24　双母双分段带旁路接线且电流互感器分布在分段断路器右侧

5-6MDL、FD1 及 5M 母线上其他断路器，故障即被隔离。

从上分析可知：分段断路器右侧布置 TA 时，电流互感器等电位点应设置在靠母线侧。

同理分析分段间隔（FD2）右侧布置 TA 时，电流互感器等电位点应设置在靠母线侧。

3）双母双分段带旁路接线且电流互感器分布在分段断路器左侧，如图 8-25 所示。

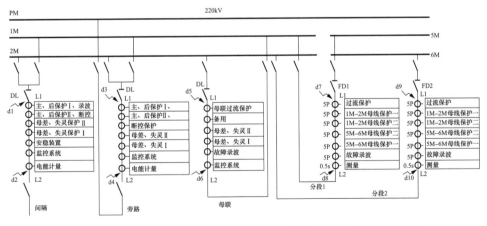

图 8-25　双母双分段带旁路接线且电流互感器分布在分段断路器左侧

a. 出线间隔、旁路间隔、母联间隔的分析与双母双分段带旁路接线且电流互感器分布在分段断路器两侧的分析一样，即与1）点分析相同。

b. 分段间隔（FD1）：①如图 8-25 所示，如果 TA 的等电位点安装位置靠断路器侧，TA 的等电位点故障，图中 d7 点，此故障点在 5-6M 母线的母差保护范围内，将切除 5-6MDL、FD1 及 5M 母线上其他断路器，故障点仍然存在（即形成保护死区点），故障电流无法快速切除，继续流向故障点 d7，这样要启动分段死区（或失灵）保护切除 1M 母线上的所有元件才能完全切除故障，导致跳闸范围扩大。②如图 8-25 所示，如果 TA 的等电位点安装位置靠 1M 母线侧，TA 的等电位点故障，图中 d8 点，此故障点在 1-2M 母线的母差保护范围内，将切除 1-2MDL、FD1 及 1M 母线上其他断路器，故障即被隔离。

从上分析可知：分段断路器左侧布置 TA 时，电流互感器等电位点应设置在靠母线侧。

同理分析分段间隔（FD2）左侧布置 TA 时，电流互感器等电位点应设置在靠母线侧。

七、 电流互感器等电位点调整方法

电流互感器等电位点调整方法如图 8-26 所示。

为了在反措中不影响 TA 原有的变比、极性等，结合 TA 本身的结构，采用调整 TA 外壳一次换接排方法来实现等电位点的改变。如图 8-26 左图所示，先拆除 C2 导电杆上与外壳连接的 C2 端直角转换排，再将拆除下来的直角转换排作为右图的 C1 导电杆上与 TA 外壳连接的 C1 端直角转换排，现场调整后最终如图 8-26 右图所示；反之也成立。

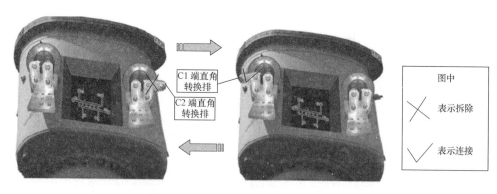

图 8-26　电流互感器等电位点调整方法

第二节　电流互感器二次回路上工作发生事故的典型案例分析及防范措施

一、二次回路安全措施不正确导致保护装置误动事故

某变电站第八串 5083 边断路器停运，运维人员进行 TA 隔离措施时，由于方法不正确，将 5083 边断路器 B 相与 N 相短接时，产生电流分流，造成 500kV MN 线线路零序反时限保护动作跳闸的人为责任事故，如图 8-27 所示。

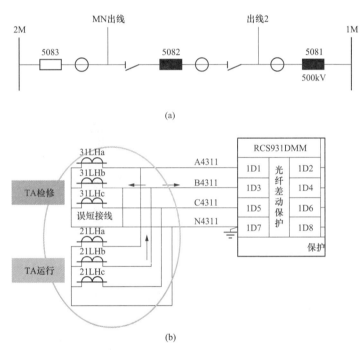

图 8-27　500kV MN 线线路零序反时限保护动作跳闸

（a）主接线图；（b）误短接示意图

1. 暴露问题

（1）不同电压等级厂站接线方式有较大区别，保护作业规范、风险点等均有很大不同；

（2）保护人员培训不足，负责 220kV 及以下厂站检修的保护人员，未经培训无法胜任 500kV 厂站检修工作。

2. 给出的警示

(1) 保护人员培训应与检修资质等相结合；

(2) 未经培训保护人员不得跨越电压等级作业。

3. 防范措施

(1) 500kV3/2断路器接线作业要求：应先断开端子，再短接端子。

(2) 220kV单断路器接线作业要求：先短接端子，再断开端子。

二、 跨专业工作对二次回路风险辨识不到位导致保护装置误动事故

××年××月××日，检修专业人员对500kV第五串5052断路器TA接线盒下部二次电缆保护管进行钻孔作业时，如图8-29所示，扳手触碰到TA二次接线柱，造成C相二次绕组接地，导致MN1线主二保护动作，重合不成功三相跳闸，事件时的运行主接线如图8-28所示，5051、5052断路器停电检修。

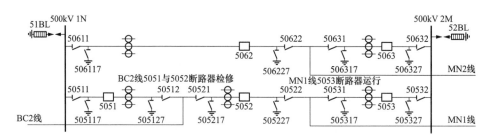

图 8-28 事件时的运行主接线图

图 8-29 保护误动

（1）原因分析。如图 8-30 所示。

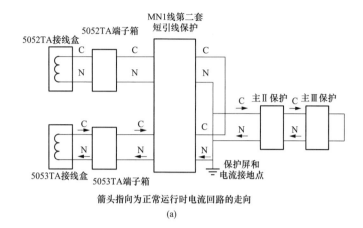

箭头指向为正常运行时电流回路的走向

(a)

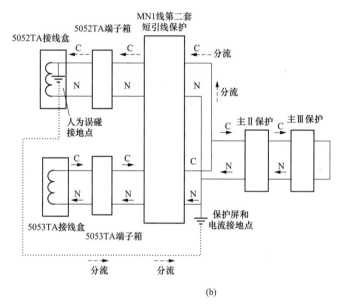

(b)

图 8-30　原因分析

（a）正常运行电流流向图；（b）人为误碰接地电流流向图

（2）暴露的问题。

1）检修专业人员对 500kV 线路 5052 断路器 TA 接线盒防潮封堵工作风险辨识不足，未能辨识出一次设备转检修后，相关二次回路仍和运行设备有关联的风险；只辨识出钻孔时对二次电缆损伤的风险，但没有辨识出采用扳手插入钢管的方式保护电缆所带来触碰 TA 二次回路的风险。

2）运行值班人员许可工作票时，未能辨识出一次设备转检修后，相关二次回路仍和运行中设备有关联的风险。

三、 施工单位编制的施工方案安全风险分析不全面、 针对性不强导致保护装置误动事故

××年××月××日施工单位人员在实施 5611 断路器 C 相汇控箱隔离措施时，将应打开的 41、42、43 号电流端子连接片误打开为 40、41、42 号电流端子连接片，监护人员也未及时发现，如图 8-31 所示。造成施工人员在使用"通灯"进行 C 相 TA 本体至汇控箱电流二次线进行核查时，C 相电流二次回路通过未打开的端子连接片、两点接地以及"通灯"形成了一个闭合的回路。通过该回路的电流为 0.77A，大于母差保护差动定值 0.4A，导致差动保护动作。如图 8-32 所示。

图 8-31　5611 断路器 C 相汇控箱未打开连接片

C 相电流二次回路通过未打开的端子连接片、两点接地以及"通灯"形成了的闭合回路电流理论计算如下，如图 8-33 所示。

电缆长度为 200m，电缆线芯为 4mm²，根据公式

$$R = \rho \frac{L}{S}$$

式中　R——回路电阻；

　　　L——电缆长度；

　　　S——电缆长度截面积；

　　　ρ——铜的电阻率 0.0178。

电缆电阻为 $R = 0.89\Omega$，忽略母差保护装置内电流互感器阻抗；

"通灯"小灯泡电阻约为 3Ω，每只干电池电压为 1.5V，共 2 只。闭合回路中的电流为 1.5×2/(0.89＋3)＝0.77A，大于母差保护差动定值 0.4A。

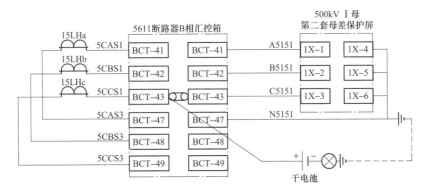

图 8-32　第二套母差保护电流回路示意图

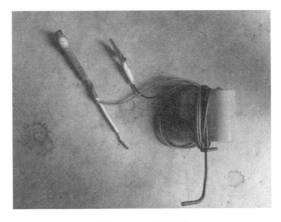

图 8-33　"通灯"

暴露的问题：风险辨识不到位。断路器平台位置狭窄且离地高度近 1.5m，作业人员未选择合适的工作位置，漏打开电流端子连接片；监护人员在安措实施后未爬上平台进行平视检查，由于视觉误差，未检查出连接片打开错漏的情况；线芯核查时也未发现连接片打开错漏。施工方案审核把关不严，危险点管控不到位，未辨识出 5611 断路器电流二次线核对时对母线保护造成误动的风险。作业人员对作业中存在的风险分析、回路状况调查不全面，致使未能意识到此隐患可能导致的后果，并采取有效控制措施。

四、　保护定值整定错误导致保护装置误动事故

××年××月××日，500kV 某变电站区外一条 500kV 某线路发生 A 相瞬

时故障，此时该站的 500kV 3 号主变压器两套零差保护（保护型号均为×××978）动作跳开主变压器各侧断路器。保护装置提供的故障电流波形：500kV 线路故障时，流经变压器保护的零序差流为 $0.35I_n$（定值为 $0.2I_n$），因此变压器零差保护动作。

经现场检查：Ⅰ侧 2 支路零差平衡系数不正确是本次区外故障零差保护误动的原因。而Ⅰ侧 2 支路零差调整系数之所以为 0，因为厂家工作人员现场工作的疏忽，在固化保护程序后未下载典型定值，导致装置中"Ⅰ侧为一个半开关接线"定值为"0"，没有整定为"1"，从而使得保护装置自身计算出Ⅰ侧 2 支路零差调整系数为 0，造成零差保护误动。如图 8-34 所示。

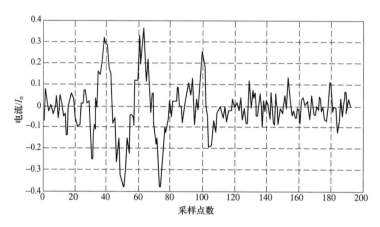

序号	定值名称	:数值	序号	定值名称	:数值
01	Ⅰ侧1支路平衡系数	:04.000	09	Ⅱ侧2支路二次额定电流	:00.745A
02	Ⅰ侧2支路平衡系数	:04.000	10	Ⅲ侧二次额定电流	:03.137A
03	Ⅱ侧1支路平衡系数	:02.947	11	零差Ⅰ侧1支路平衡系数	:00.999
04	Ⅱ侧2支路平衡系数	:02.947	12	零差Ⅰ侧2支路平衡系数	:00.000
05	Ⅲ侧平衡系数	:00.700	13	零差Ⅱ侧1支路平衡系数	:01.599
06	Ⅰ侧1支路二次额定电流	:00.519A	14	零差Ⅱ侧2支路平衡系数	:00.000
07	Ⅰ侧2支路二次额定电流	:00.519A	15	零差公共绕组平衡系数	:01.666
08	Ⅱ侧1支路二次额定电流	:00.745A	16	:	:

（错误定值，指向序号 12 零差Ⅰ侧2支路平衡系数 :00.000）

图 8-34　保护定值整定错误事故

五、 TA二次绕组准确级选用错误导致保护装置误动事故

××年××月××日，110kV N变电站110kV NGⅡ回线差动保护15ms、接地距离Ⅰ段保护17ms动作跳三相，断路器2109ms重合成功（对侧热备用），故障点离110kV N变电站0.636km（110kV N变电站离220kV M变电站1.378km）。与此同时220kV M变电站220kV 2号主变压器第二套保护纵差比率差动58ms动作跳主变压器三侧202、102、302断路器。电网接线简图如8-35所示。

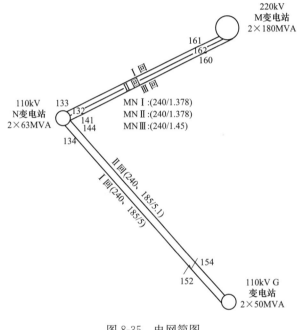

图8-35　电网简图

1. 保护动作原因分析

事件发生后，收集220kV M变电站2号主变压器第一套、第二套保护录波图、110kV线路保护故障信息。经过对比发现，在220kV M变电站主变压器故障录波的同时，NGⅡ回线B相故障，导致110kV MNⅠ、Ⅱ、Ⅲ回线B相有较大故障电流流过。2号主变压器第二套保护（XX-978YN）比率差动保护动作，差动电流值1653.37A（$3.5I_e$），故障录波故障相别B相。2号主变压器第一套保护（XX-978YN）差流值基本为0A，因此可以初步判断：由于区外故障引起2号主变压器第二套保护稳态比率差动保护动作，此次事件是由于2号主变压器

110kV 侧 TA 饱和后使得第二套保护稳态比率差动保护动作。

2. 现场核查

现场对中压侧套管 TA 回路二次接线（三相接线一致，选单相示意，如图 8-36 所示）进行核实时发现，2 号主变压器第二套保护接入至测量级的二次绕组（抽头标记 1-5），该绕组抗饱和能力差，穿越性电流很容易使该 TA 绕组饱和。

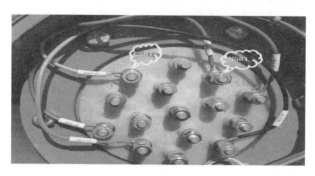

(a)

型号规格	电流比	出头标记	额定负荷		准确度
LR-110 测量级	600/5	1 — 2	50	VA	0.5
	750/5	1 — 3	50		0.5
	1000/5	1 — 4	50		0.5
	1200/5	1 — 5	50		0.5
LRB-110 保护级	600/5	6 — 7	80	VA	5P20
	750/5	6 — 8	100		5P20
	1000/5	6 — 9	100		5P20
	1200/5	6 — 10	100		5P20
LRB-110 保护级	600/5	11 — 12	80	VA	5P20
	750/5	11 — 13	100		5P20
	1000/5	11 — 14	100		5P20
	1200/5	11 — 15	100		5P20

电 流 互 感 器

注意 次级不能开路

(b)

图 8-36　套管 TA

（a）套管 TA 接线盒接线示意图；（b）套管 TA 铭牌参数

3. 暴露问题

（1）设计图纸存在错误，存在图实不符问题，误将保护用电流回路设计接至测量绕组。

（2）施工人员照图施工，未认真核对设计端子图、原理图与变压器厂家内部配线是否相符，也未核对实际设备铭牌及 TA 测试数据，仅按照设计端子图及接线图和经验进行施工接线。

（3）参加验收人员存在有章不循的现象，未按照新设备投运验收规范的相关要求，结合设计图纸、厂家说明书、实际设备铭牌及现场试验报告核实实际接线，导致验收阶段仍未消除隐患。

六、电流回路极性接反导致保护装置误动事故

××年××月××日，因竣工图接线设计错误，××发电厂3号主变压器零差保护误动作。

1. 事件经过及原因分析

××发电厂对3号主变压器中性点电流互感器进行端子紧固和回路检查，发现现场与图纸不符，如图 8-37 所示。

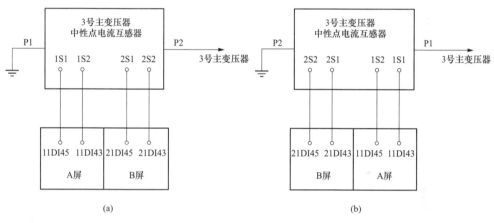

图 8-37　现场实际接线图及竣工设计图

（a）现场实际接线图；（b）竣工设计图

经讨论分析后，在检修申请票内容中未列明电流互感器极性调整工作内容的情况下，按照竣工设计图纸（错误），作业人员对3号主变压器中性点电流互感器原端两个绕组的二次电缆进行调整。

该3号主变保护采用南瑞继保 RCS-985 系列变压器保护装置，主变零差保护为矢量差计算，且保护装置软件固化电流互感器极性要求（如图 8-38）接入主变压器零差保护的高压侧自产零序电流应与主变中性点外接零序电流方向一致，即采用0°接线方式，实际电流互感器极性与装置要求不符，但设计单位未根据保护原理及电流互感器一次安装方式调整电流互感器二次接线设计，仍采用0°接线方式，造成正常运行时存在零序差流，超过保护定值，保护动作出口。

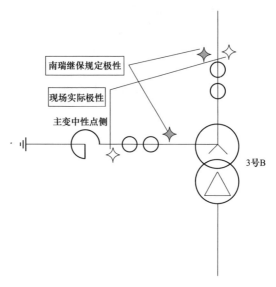

图 8-38　极性要求

2. 暴露的问题

（1）未对检查发现的问题做深入分析，未考虑到图纸设计错误的可能，导致原本正确的 TA 二次接线调反。

（2）未向调度机构汇报发现的缺陷及主要回路的调整工作，调度纪律意识薄弱。

（3）未采取空充励磁涌流或区内、外故障等正确的极性校验方法校验极性正确后再投入主变压器零差保护。

第九章　电压互感器运行维护技术

第一节　电压互感器特性

一、电压互感器极性

电压互感器（TV）：是将一次回路的高电压成正比地变换为二次低电压以供给测量、计量、继电保护及其他的电气设备使用。一次额定电压 U_1 与二次额定电压 U_{II} 之比值等于一次绕组匝数 N_1 与二次绕组匝数 N_2 之比，即：$U_1/U_2 = N_1/N_2$ 如图 9-1 所示。

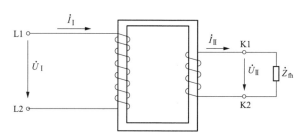

图 9-1　电压互感器原理图

电压互感器采用减极性标注，即当一次和二次绕组中同时由同名端通入电流时，它们在铁芯中所产生的磁通方向应相同。如图 9-2 所示 L1 和 K1 为同极性端子。

根据电磁感应定律，当一次绕组电流从极性端流入时（如图 9-2 所示的 L1），在二次绕组中感应出的电流应从极性端流出（如图 9-2 所示的 K1），两侧电流在磁路中产生的磁通是相反方向的，因此称为减极性标注。

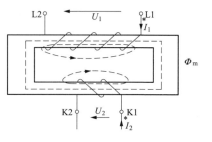

图 9-2　减极性标注

标示电压互感器极性的方法是用相同符号或相同注脚表示同极性端子，制造厂家一般在同极性端子标以星号"＊"，表示为同极性端子。

二、 电压互感器二次回路的切换

第一种情况是互为备用的电压互感器之间的切换。当两段母线并列运行时，各段母线上的电压互感器就互为备用，用于电压互感器检修、试验等情况时相互切换使用。

第二种情况是在双母线系统中一次回路所在母线变更时，继电保护的电压回路应与一次回路保持一致而进行相应切换。

在设计手动和自动电压切换回路时，都应有效地防止在切换过程中对一次侧停电的电压互感器进行反充电。电压互感器的二次反充电，可能会造成严重的人身和设备事故。为此，切换回路应采用先断开后接通的接线。在断开电压回路的同时，有关保护的正电源也应同时断开，并对切换继电器位置进行监视。

三、 防止电压切换回路的二次侧非正常并列的预控措施

（1）充电操作时，测量空载母线 TV 二次侧空气开关装置侧有无电压。

如果需要空出一段母线对其他设备充电，检查电压切换回路的二次侧是否存在非正常并列情况，在断开母联断路器前，断开空载母线 TV（以 1M 母线 TV 为例）二次侧空气开关，测量 TV 二次侧空气开关装置侧有无电压，有电压，则存在非正常并列情况；无电压，则不存在非正常并列情况。

（2）结合日常操作，发现不可靠的隔离开关辅助接点。

日常操作中，如线路停电操作、主变压器停电操作，操作结束后，保护装置应该发"TV 断线"告警信号，如果保护装置未发"TV 断线"告警信号，则说明保护装置仍有电压引入，接入电压切换回路的隔离开关辅助接点分位置接点动作不可靠，未能使电压切换继电器返回线圈得电，将电压回路断开。

当母线分列运行时，母线上不同电源电压在二次侧非正常并列，将会产生很大的环流，将电压切换继电器插件烧毁。

在断开母联断路器前，断开任一母线 TV 二次侧空气开关，测量 TV 二次侧空气开关装置侧有无电压，有电压，则存在非正常并列情况；无电压，则不存在非正常并列情况。

第二节　电压互感器二次回路作业过程中危险点分析及控制

电压互感器二次回路作业常出现的危险点有：

（1）电压互感器二次回路多点接地引起的保护不正确动作。

（2）短路引起二次失压。

（3）电压互感器二次侧向一次侧反充电事故。

一、电压互感器二次回路的接地点

电压互感器二次回路与电流互感器二次回路共同点是一点接地，但在同一变电站内有几组电压互感器二次回路，只能在控制室将 N600 一点接地。接线图如图 9-3 所示。

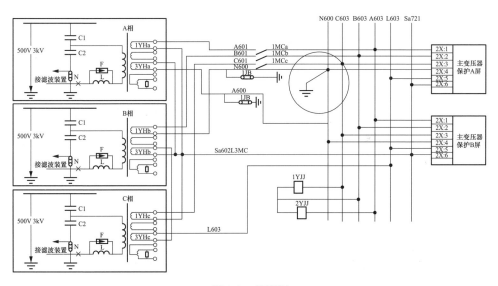

图 9-3　接线图

防范电压互感器二次回路多点接地的措施：

（1）为了避免多点接地，必须在端子箱、保护屏、控制屏处等环节逐级检查电压互感器二次回路的接地情况，确保在控制室电压互感器并列屏处一点接地。YMN 小母线专门引一条半径至少为 2.5mm² 永久接地线至接地铜排。

（2）经控制室零相小母线（N600）连通的几组电压互感器二次回路，只应在控制室将 N600 一点接地，各电压互感器二次中性点在开关场地接地点应断开；为保证接地可靠，各电压互感器二次回路的中性线（即 N 线）不得接有可能断开的断路器、熔断器或接触器。如图 9-4 所示。

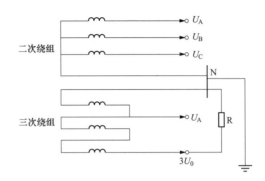

图 9-4　常见的电压互感器二次回路和三次回路接线

二、　短路引起二次失压

在电压互感器二次回路上工作引起电压短路的事故最多，严重时会引起保护不正确动作。

（1）案例 1：保护定检操作不当引起电压互感器二次短路。

1）定检带自保持电压切换继电器的保护，未进行断电处理，误将试验仪的电流输出线接入带电的电压回路中，造成电压互感器二次短路。试验仪接线如图 9-5 所示。电压互感器二次短路点的二次原理图如图 9-6 所示。

图 9-5　试验仪接线

2）在保护定检时，忘记把电压回路解除（或忘记将电压互感器二次回路空气开关断开），将试验仪的电流输出线接入带电的电压回路中，造成电压互感器

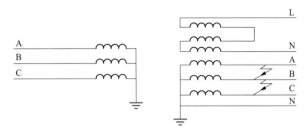

图 9-6 电压互感器二次短路点二次原理图

二次短路。试验仪接线如图 9-7 所示。电压互感器二次短路点的二次原理图如图 9-6 所示。

图 9-7 试验仪接线

3）在主变保护定检时，误将试验仪的电流输出线接入主变压器保护的旁路电压回路，造成电压互感器二次短路。试验仪接线如图 9-8 所示。电压互感器二次短路点的二次原理图如图 9-6 所示。

4）用同型号端子（凤凰端子），未将电流电压回路分开标识，在定检时误将试验仪的电流输出线接入电压回路，造成电压互感器二次短路。试验仪接线如图 9-9 所示。电压互感器二次短路点的二次原理图如图 9-6 所示。

以上 4 种情况的防范措施：

1）严格执行厂站二次设备及回路工作安全技术措施单。

2）必须有专人监护和专人操作。

3）定检工作前必须将电压线拆除并用绝缘胶布包扎好（或拨开电压端子中间可动连接片），测量电压端子排无电压后方可进行加量试验，工作完毕后必须

263

图 9-8　试验仪接线

图 9-9　试验仪接线

恢复。

4）必须将电流回路和电压回路的端子分开并区别标识。

（2）案例 2：电压二次回路上工作时，操作不当引起电压互感器二次短路。

1）将电能表的电压二次接线拆除，未用绝缘胶布包扎好，误碰造成电压互感器二次短路。如图 9-10 所示。电压互感器二次短路点的二次原理图如图 9-6 所示。

2）用斜口剪同时剪断两根及以上二次电压线，造成电压互感器二次短路。如图 9-11 所示。电压互感器二次短路点的二次原理图如图 9-6 所示。

3）在屏顶小母线侧的电压二次接线未拆除时，先拆除保护屏端子排处的电压二次接线，由于未用绝缘胶布包扎好，误碰造成电压互感器二次短路。如图 9-12 所示。电压互感器二次短路点的二次原理图如图 9-6 所示。这种情况在更换保护屏时，最容易发生。

图 9-10 拆除电能表电压二次接线

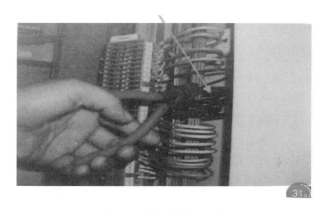

图 9-11 斜口剪剪电压线

图 9-12 拆除保护屏端子排上的电压二次接线，未包扎

以上 3 种情况的防范措施：

1）严格执行厂站二次设备及回路工作安全技术措施单。

2）必须有专人监护和专人操作。

3）严格执行现场工作细则。

4）如果出现电压互感器二次短路现象，应及时申请停用保护进行处理。处理完毕且检查无误后再投入保护。

5）拆除电压线时都必须用绝缘胶布包扎好。

6）在拆除电压接线时，严禁用斜口剪同时剪断两根及以上二次电压线。

（3）案例 3：仪表使用方法不正确造成电压互感器二次短路。

1）误将万用表置于电流档，在带电的电压回路上进行电压测量，造成电压互感器二次短路。如图 9-13 所示。电压互感器二次短路点的二次原理图如图 9-6 所示。

图 9-13　万用表测量电压

2）在扩建新间隔工作中或保护定检中，在带电的电压回路上误用绝缘电阻表进行绝缘检查，造成电压互感器二次短路。如图 9-14 所示。电压互感器二次短路点的二次原理图如图 9-6 所示。

3）测量电压时，误碰万用表表针，造成电压互感器二次短路。如图 9-15 所示。电压互感器二次短路点的二次原理图如图 9-6 所示。

以上 3 种情况的防范措施：

1）严格遵循作业指导书。

2）必须有专人监护和专人操作。

3）如果对电压回路进行绝缘检查，检查前必须将此电压回路停用，测量确认无电压后方可进行。

图 9-14　绝缘电阻表进行绝缘测量

图 9-15　测量时误碰万用表表针

4）在进行电压测量前必须将万用表置于电压挡。

5）测量电压回路时，防止误碰万用表表针，如果表针过长，应用绝缘胶布进行包扎，只露出针尖部分。

三、　电压互感器二次系统向一次系统反充电

电压互感器相当于一个内阻极小的电压源。在正常情况下电压互感器二次负载是计量表计的电压线圈和继电保护及自动装置的电压线圈，其阻抗很大。工作电流很小；而在二次回路向一次侧反充电过程中，通过并列回路直接作用于电压互感器本体的电压会产生极大的电流，容易使运行中的电压互感器二次熔断器熔断或使空气开关跳开，严重时还会造成人身和设备损坏事故。

电压互感器接线如图 9-16 所示。

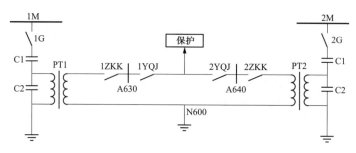

图 9-16　电压互感器接线

1. 存在的危险点

（1）双母线接线隔离开关辅助接点对电压切换回路的影响。隔离开关的常开辅助接点用于电压切换的启动回路。隔离开关常闭辅助接点用于电压切换的复归回路。而隔离开关常闭辅助接点有质量问题时不能启动复归回路，将导致在倒母线时形成的并列状态并未改变，使电压互感器二次处于非正常并列，导致电压互感器二次电压存在反充电的隐患。

（2）当切换用的中间继电器触点粘住，使电压互感器二次电压不能自动地跟随一次系统隔离开关的操作变化时，也会造成电压互感器二次回路反充电现象。

（3）隔离开关的辅助触点连杆断裂或操作失灵，使辅助触点不能正确导通或断开时，也会造成电压互感器二次反充电现象。

（4）现场使用操作箱的电压切换插件中设计"切换继电器同时动作"信号是采用切换回路中的不带保持继电器触点来发信的，即"切换继电器同时动作"信号是瞬时不带保持的，当某隔离开关动断辅助触点接触不良时，若进行该间隔的倒闸操作，就会造成 2 条母线的切换双位置继电器同时动作，而切换继电器同时动作告警继电器不动作的情况，操作人员不能及时发现两母线切换继电器同时动作情况，这也是导致电压互感器二次长期处于并列状态原因。

（5）误将保护试验用电压加到带电的系统电压互感器二次电压线上。

2. 防范措施

（1）现场的操作箱采用了自保持的电压切换继电器（见图 9-17，1YQ4、1YQJ5、1YQJ6、1YQJ7、2YQJ4、2YQJ5、2YQJ6、2YQJ7），目的是确保一次隔离开关辅助触点不良的情况下，保护装置不会失电。但同时也带来了一个弊端，即继电器的复归线圈不正确动作时，将会引起电压互感器二次非正常并列的反充电事故，故电压切换继电器同时动作信号采用图 9-17 中 1YQJ4-1、2YQJ4-1 继电器常开接点串联来实现，这样切换继电器同时动作信号可真实反映两个电压互感器二次切换回路的动作情况。以便于运行人员发现并及时排除电压切换不正常的故障。

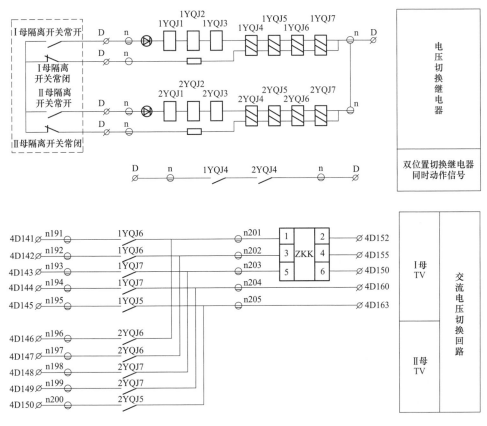

图 9-17 接线图

（2）多段母线接线方式的变电站，一条母线运行，一条母线停运方式下的调试工作，进行新上的一、二次设备在调试中一定要可靠断开电压回路，一、二次调试人员应加强沟通和协调。严格执行《电力安全工作规程》和《厂站二次设备及回路工作安全技术措施单》，严禁将外加电压接入停运的电压互感器二次回路。

（3）试验完毕后经测量核对后方能恢复；此外，运行人员投入停运电压互感器二次熔断器或空气开关时，一定要先测量下口电压应为零，确保下口不带电时方可投入电压互感器二次熔断器或空气开关，防止电压互感器二次并列反充电的发生。

（4）当停运某电压互感器的隔离开关时，一定要断开其相应的电压互感器二次熔断器或空气开关。

269

第三节　电压互感器二次回路接线问题引起设备跳闸事件的分析及防范措施

一、保护 N600 接线错误导致保护装置无故障跳闸的事故

××年××月××日，某电厂侧××线线路辅 A 保护 RCS925AMM 的过电压保护动作，对侧变电站辅助保护收信直跳。

经检查，某电厂侧××线路辅 A 保护 RCS925AMM 的 TV 电压二次绕组回路设计图纸错误，现场按图施工误将保护用 TV 二次绕组 N600 接线接至测量表计用 TV 二次绕组 N600 的接线端子上（见图 9-18）。造成中性点电位的偏移，使得装置测量电压异常，最终导致辅 A 保护装置过电压保护误动跳闸，对侧变电站辅助保护收信直跳。

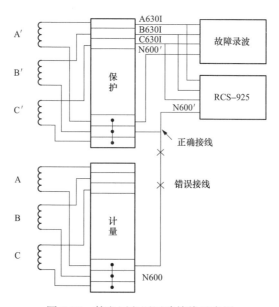

图 9-18　某电厂电压回路接线示意图

暴露问题：

（1）图纸设计错误。设计单位误将保护用 N600 接线接至测量用 N600 接线端子，造成施工人员照图施工后接线错误。

（2）现场电压互感器二次回路接地设计不符合反措要求。电压互感器不同的

二次绕组分别在相应的保护屏接地，且相互独立，造成每个保护小室存在多个接地点。

（3）基建验收把关不严，未能及时发现电压互感器二次回路存在的问题。电厂自 2006 年底投产至今，未安排保护全检工作，造成相关隐患未能及时发现。

二、保护 N600 多点接地造成上一级保护无故障跳闸事故

××年××月××日，某电网 110kV 某线路 A 相瞬时故障，线路保护正确动作，重合成功。同时 220kV MN 线路Ⅰ回、Ⅱ回无故障跳闸，重合成功。一次系统图如图 9-19 所示。

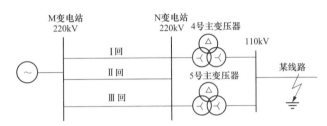

图 9-19　N 变电站 110kV 某线路 A 瞬接地故障一次系统图

原因分析：N 变电站 10kV Ⅰ、Ⅱ母 TV 二次、三次绕组中性点并列后在 TV 端子箱接地，与保护控制室内的 TV 并列屏接地点形成多点接地。在 110kV 某线路故障时，引起 220kV MN 双回保护用 $3U_0$ 电位发生偏移，造成 MN Ⅱ回 N 变电站侧 LFP901B 零序功率达到动作值，误判为正方向而停信，导致 M 变电站侧高频零序方向保护误动。MN Ⅱ回跳开后，随着线路故障电流的转移，MN Ⅰ回两侧零序电流同时增加，两侧 LFP901B 纵联零序保护均判为正向故障动作跳闸，重合成功（站内 TV 多点接地接线情况见图 9-20 所示）。

暴露问题

（1）10kV 开关制造厂家在设备安装期间未按现场设计图纸要求解除母线 TV 柜内的 N600 短接线，造成 10kV Ⅰ、Ⅱ母 TV 二次分别在开关场接地运行。

（2）220kV N 侧 10kV 系统改造设备投运前，现场运行维护单位未能认真执行对相关重要回路的验收工作，造成站内长期处于 TV 多点接地。

三、××换流站 3 号主变压器保护屏 2 阻抗保护动作跳闸事故分析

500kV 3 号主变压器中压侧断路器 2203 在热备用状态，220kV 1 号 M、2 号

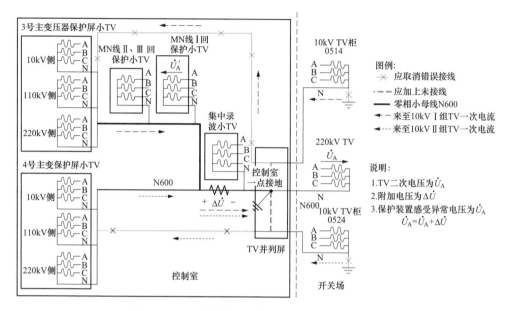

图 9-20 N 变电站电压二次回路 N600 多点接地图

M、5 号 M、6 号 M 联络运行。220kV 出线 4 挂 220kV 5 号 M 运行（220kV 5 号 M 连接出线 4，功率为 0MW）。当按照中调指令进行 3 号主变压器复电，在操作"将 3 号主变压器中压侧断路器由热备用转运行"操作中，合上 2203 断路器后，监控系统发：电压切换继电器电源丢失、阻抗保护动作、2056 断路器跳开、2015 断路器跳开。系统运行图如图 9-21 所示。

1. 保护跳闸原因分析

其中第一套主保护、第二套主保护各配置一套独立的南瑞继保 CJX 电压切换装置，用于 220kV 母线电压的输入切换。

500kV 3 号主变中压侧接地、相间阻抗 I 段保护判据为：$Z_{set} = U/I = 7\Omega$（其中 U 为 220kV 母线电压，I 为中压侧出线断路器 TA 电流），延时 $T = 0.6s$ 跳开 220kV 母联断路器、分段断路器关。

从保护动作时刻 500kV 3 号主变中压侧电压、电流波形可知，500kV 3 号主变压器中压侧 2203 断路器合闸时，中压侧三相电流由 0 增到约 0.4A，中压侧三相电压均为 0，小于中压侧接地、相间阻抗 I 段保护的动作定值 7Ω，满足动作判据。但因 RSC-978 保护装置的 TV 断线告警后闭锁相关保护延时为 1.25s，中压侧接地、相间阻抗 I 段保护出口延时为 0.6s，因此在满足保护判据后 0.6s 跳开

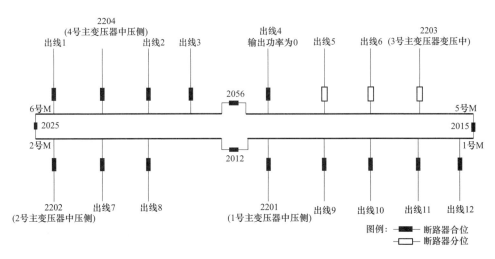

图 9-21 系统运行图

220kV 交流场分段断路器 2015、母联断路器 2056。

现场检查发现 500kV 3 号主变压器保护屏 2 内 RCS-978 保护装置中压侧无电压采样值，500kV 3 号主变压器保护屏 1 内 RCS-978 保护装置中压侧电压采样值正常；同时发现 500kV 3 号主变压器保护屏 2 内中压侧电压切换装置面板上指示均熄灭。中压侧电压切换装置原理如图 9-22 所示，正常情况下，L1 灯亮指示3 号主变压器中压侧连接至 5 号 M，L2 灯亮指示 3 号主变压器中压侧连接至 6 号 M。使用万用表测量发现输入中压侧电压切换装置的 220kV 5 号 M 电压和 220kV 6 号 M 电压回路均有压，而电压切换装置输出回路无压。故障原因为 500kV 3 号主变压器中压侧电压切换回路异常。对现场相关回路进行逐一排查，最终发现 500kV 3 号主变压器 2203 间隔就地控制柜（＝20D15＋V1）内反映隔离开关分合位回路的正电端子（89D01A：20）接触不良，如图 9-23 所示，正电无法送至中压侧电压切换装置励磁 1YQJ、2YQJ 继电器，导致电压切换装置内电压无法通过继电器的辅助接点送到保护装置。

2. 主控台未收到 CJX 电压切换装置失压告警原因分析

由图 9-22 可知，当 CJX 电压切换装置正电源或两把母线隔离开关在分位时，1YQJ1、2YQJ1 继电器返回，CJX 装置向主控台发切换继电器电源消失告警信号，告警回路如图 9-24 所示。本间隔考虑断路器在冷备用时不误发"切换继电器电源消失"告警信号，在回路设计上采用 1YQJ1、2YQJ1 常闭接点串联断路器三相常开接点的方式进行告警，如图 9-25 所示。因此，只有当两路 1YQJ1、

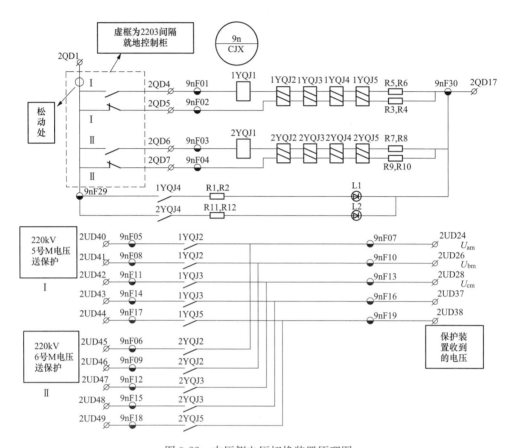

图 9-22 中压侧电压切换装置原理图

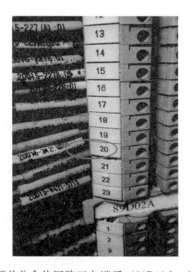

图 9-23 隔离开关分合位回路正电端子（89D01A：20）接触不良图

图 9-24　CJX 电压切换装置内部失压告警回路图

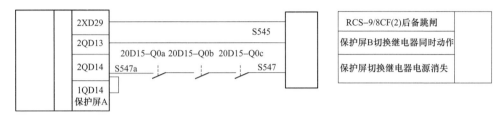

图 9-25　主变压器保护屏内 CJX 电压切换装置失压告警回路图

2YQJ1 继电器失电，同时断路器在合位时，主控台才会收到中压侧切换继电器电源消失的信号，即按图 9-24 设计的回路在断路器合闸前无法有效监视回路。

3. 防范措施

（1）结合间隔设备停电计划，全面开展回路可靠性检查，紧固相关端子。

（2）修编典型操作票，在隔离开关合闸与断路器合闸间增加二次设备屏内断路器、隔离开关等位置指示灯检查。但当断路器检修完毕，进行分、合闸试验时，还是会误发"切换继电器电源消失"告警信号。